环境土壤学实验教程与研究方法

HUANJING TURANGXUE SHIYAN JIAOCHENG YU YANJIU FANGFA

主　编　翟　胜　王巨媛
副主编　李永强　朱维琴

图书在版编目(CIP)数据

环境土壤学实验教程与研究方法/翟胜,王巨媛主编;李永强,朱维琴副主编. —武汉:中国地质大学出版社,2024.7. —ISBN 978-7-5625-5912-2

Ⅰ. X144

中国国家版本馆 CIP 数据核字第 2024H2R659 号

环境土壤学实验教程与研究方法	翟　胜　王巨媛　**主　编**
	李永强　朱维琴　**副主编**

责任编辑:唐然坤	选题策划:王凤林	责任校对:徐蕾蕾
出版发行:中国地质大学出版社(武汉市洪山区鲁磨路388号)		邮编:430074
电　　话:(027)67883511　　传　　真:(027)67883580		E-mail:cbb@cug.edu.cn
经　　销:全国新华书店		http://cugp.cug.edu.cn
开本:787毫米×1092毫米　1/16	字数:448千字	印张:17.5
版次:2024年7月第1版	印次:2024年7月第1次印刷	
印刷:湖北新华印务有限公司		
ISBN 978-7-5625-5912-2		定价:58.00元

如有印装质量问题请与印刷厂联系调换

《环境土壤学实验教程与研究方法》编委会

主　　编：翟　胜　王巨媛

副 主 编：李永强　朱维琴

其他编委：（按姓氏音序排列）

邓焕广　李婷婷　孙树臣

陶宝先　田晓飞　于　娜

前　言

　　2014年4月17日，环境保护部与国土资源部发布了《全国土壤污染状况调查公报》。公报指出，我国土壤环境状况总体不容乐观，部分地区土壤污染较重，耕地土壤环境质量堪忧，工矿业废弃地土壤环境问题突出；污染类型以无机型为主，有机型次之，复合型污染比重较小；工矿业、农业等人类活动以及土壤环境背景值高是造成土壤污染或超标的主要原因。2016年5月28日，国务院印发了《土壤污染防治行动计划》(简称"土十条")，共实施了10条35款230多项具体措施，包括全国30多个部委共同参与落实，彰显了国家对土壤污染防治的坚定决心。"土十条"从现状调查到依法治理，从分类准入到风险管控，从修复保护到责任落实，对我国土壤污染防治做出了全面系统规划和部署，明确规定了土壤污染防治的主要工作目标和指标，即：到2030年，全国土壤环境质量稳中向好，农用地和建设用地土壤环境安全得到有效保障，土壤环境风险得到全面管控；受污染耕地安全利用率达到95％以上，污染地块安全利用率达到95％以上；到本世纪中叶，土壤环境质量全面改善，生态系统实现良性循环。2018年8月31日，第十三届全国人民代表大会常务委员会第五次会议表决通过了《中华人民共和国土壤污染防治法》，提出了"预防为主、保护优先、分类管理、风险管控、污染担责、公众参与"的原则，明确了保护土壤、防止污染的义务和污染土壤要依法承担的法律责任，真正实现了土壤污染与防治工作有法可依。

　　然而，土壤污染修复和治理是一项非常复杂的系统性工程，不仅需要掌握多学科专业知识，更要熟悉土壤学与环境学相关学科的基本实验技能和测试方法。因此，全面、系统、规范、适用的土壤环境调查与分析方面的实验教程或研究方法尤为重要。本教材笔者结合多年来在环境土壤学理论和实践教学中的经验总结，发现当前环境土壤学教材相对缺乏，现有与环境土壤学相关教材内容主要侧重某一学科方向或专业方向，缺乏学科前沿及与新污染物相关的实验项目和研究内容，难以满足不同学科、不同专业方向的不同需求，也无法满足创新性人才的培养要求。为此，本教材笔者团队遵循突出基本实验原理、紧跟学科前沿、兼顾基础与创新、体现学科交叉、服务国家需求、尽可能满足相关学科和专业方向读者需求的指导思想，注重基础性、应用性与前沿性相结合，综合性、系统性和拓展性相结合，在每个实验中都尽可能全面补充实验注意事项、实验设计与研究探索、思考题等栏目，旨在通过实验过程培养学生严谨的治学态度，提升学生善于思考和分析解决问题的能力，强化学生科研思维和探究创新的意识。另外，本教材不仅对土壤物理、化学、生物、肥力等基础性、综合性实验项目进行了归类，也对土壤无机污染、有机污染和新污染物测定等设计性、研究性实验项目进行了更新，尽可能多地补充了环境土壤学领域的最新研究成果和典型新污染物的测定分析方法。本教材兼具理论性、资料性、时代性和实用性，不仅适用于高等院校土壤学、环境科学、农学、林学等学科及水土保持与荒漠化防治、资源利用与环境、土地资源管理、园林等专业的学生使用，也可供相关学科领域读者参考。

  本教材由聊城大学、山东农业大学、杭州师范大学的多位老师共同编写完成。聊城大学翟胜、王巨媛担任主编，山东农业大学李永强和杭州师范大学朱维琴担任副主编，聊城大学的孙树臣、田晓飞、于娜、李婷婷、邓焕广、陶宝先担任编委。全书共分8章，第一章实验室安全与基础知识，由王巨媛、翟胜编写；第二章土壤物理性质测定与分析，由孙树臣、王巨媛、翟胜编写；第三章土壤化学性质测定与分析，由朱维琴、邓焕广、陶宝先编写；第四章土壤生物学性质测定与分析，由翟胜、孙树臣、邓焕广编写；第五章土壤肥力测定与分析，由田晓飞、李永强、翟胜编写；第六章土壤无机污染物测定与分析，由李婷婷、朱维琴、翟胜编写；第七章土壤有机污染物测定与分析，由于娜、王巨媛、陶宝先编写；第八章土壤环境监测与质量评价，由李永强、邓焕广、王巨媛编写；各章参考文献由翟胜、朱维琴、王巨媛编写。本教材统稿工作由翟胜、王巨媛完成。本教材是在聊城大学校级规划教材建设项目(JC202116)、聊城大学2023年实验教学研究与改革重点建设项目(SY2023104)、聊城大学校级课程思政示范课程建设项目(XK2023007)资助下完成的。

  关于教材中主要参考文献的应用，在此特别声明：首先，由于本教材是实验实践性教材，大部分实验内容在专业上较为基础，故实验目的与要求、基本原理、应用范围、主要仪器设备与试剂、实验步骤、结果计算、注意事项等内容为多年来不同高等院校、科研院所环境土壤学相关教学团队经典内容的总结；其次，部分内容较为琐碎，并且时代久远（原始资料查阅较为困难）无法列出具体引用来源，同时也可能存在部分文献漏引等情况，故笔者对书中内容的相关引用无法做到一一对应，在每章结尾将涉及参考文献全部列出。在此对相关参考文献的作者表示歉意和感谢，如有不当之处，敬请谅解。

  虽然笔者在土壤最新研究分析方法和土壤新污染物检测分析手段方面尝试最大程度地做到与时俱进，以反映土壤学研究的新进展和新成就，但因教材篇幅所限和笔者学识有限，肯定还有不能令人满意的地方，热切欢迎读者批评指正并提出宝贵意见建议。

笔 者
2024年4月

目　录

第一章　实验室安全与基础知识 (1)
- 第一节　实验室安全细则 (1)
- 第二节　实验室主要危险品及意外伤害 (3)
- 第三节　实验室安全事故应对策略与应急处理 (4)
- 第四节　环境土壤学实验室安全使用规则与要求 (5)
- 第五节　常用非玻璃器皿及设备的使用 (6)
- 第六节　常用玻璃器皿一般用途及注意事项 (9)
- 第七节　玻璃器皿的清洗和存放 (12)
- 第八节　试剂的规格、配制及存放 (15)
- 参考文献 (17)

第二章　土壤物理性质测定与分析 (19)
- 第一节　土壤水分含量测定(烘干法) (19)
- 第二节　土壤水势测定(张力计法) (20)
- 第三节　土壤田间持水量测定(环刀法) (24)
- 第四节　土壤容重和孔隙度测定(环刀法) (27)
- 第五节　土壤机械组成测定与质地分析(比重计法) (28)
- 第六节　土壤水稳性团聚体测定(干湿筛法) (36)
- 第七节　土壤坚(紧)实度测定与分析(坚实度计法) (38)
- 第八节　土壤透水性(渗透性)测定(定水头法) (40)
- 参考文献 (42)

第三章　土壤化学性质测定与分析 (44)
- 第一节　土壤 pH 测定与酸碱缓冲能力分析(电位法) (44)
- 第二节　土壤交换性酸测定(氯化钾交换-中和滴定法) (48)
- 第三节　土壤可溶性盐浓度测定与盐渍化分析(电导法) (50)
- 第四节　土壤 CEC 测定与分析评价(三氯化六氨合钴分光光度法) (53)
- 第五节　土壤氧化还原电位测定(电位法) (56)
- 第六节　土壤可溶性碳酸根、重碳酸根测定 (61)
- 第七节　土壤水溶性氯根测定(硝酸银滴定法) (65)
- 第八节　土壤水溶性硫酸根测定(EDTA 络合滴定法) (67)
- 第九节　土壤水溶性钙、镁离子测定 (71)
- 第十节　土壤水溶性钾、钠离子测定 (76)
- 第十一节　土壤水溶性盐分测定(离子色谱法) (78)

参考文献 (80)

第四章 土壤生物学性质测定与分析 (82)

第一节 土壤磷酸酶活性测定(紫外分光光度法) (82)
第二节 土壤硝酸还原酶活性测定(酚二磺酸比色法) (84)
第三节 土壤亚硝酸还原酶活性测定(Грисс 比色法) (86)
第四节 土壤蔗糖酶活性测定(3,5-二硝基水杨酸比色法) (88)
第五节 土壤蛋白酶活性测定(茚三酮比色法) (90)
第六节 土壤脲酶活性测定(苯酚钠-次氯酸钠比色法) (92)
第七节 土壤过氧化氢酶活性测定 (94)
第八节 土壤微生物生物量碳测定 (97)
第九节 土壤微生物生物量氮测定(茚三酮比色法) (101)
第十节 土壤微生物生物量磷测定(无机磷测定法) (104)
第十一节 土壤呼吸速率测定与分析(静态箱-气相色谱法) (107)
第十二节 土壤 CH_4 排放通量测定与分析(静态箱-气相色谱法) (110)
第十三节 土壤 N_2O 排放通量测定与分析(静态箱-气相色谱法) (113)
参考文献 (116)

第五章 土壤肥力测定与分析 (118)

第一节 土壤有机质测定与分析(重铬酸钾容量法) (118)
第二节 土壤溶解性有机碳测定与分析(TOC 分析仪) (121)
第三节 土壤全氮测定(半微量凯氏法) (124)
第四节 土壤铵态氮测定(KCl 浸提-靛酚蓝比色分法) (127)
第五节 土壤硝态氮测定(紫外分光光度法) (130)
第六节 土壤全磷测定(氢氧化钠熔融-钼锑抗比色法) (133)
第七节 土壤速效磷(有效磷)含量测定(碳酸氢钠浸提-钼锑抗比色法) (136)
第八节 土壤全钾测定(氢氧化钠熔融-火焰光度法或原子吸收分光光度法) (139)
第九节 土壤速效钾测定(乙酸铵浸提-火焰光度法或原子吸收分光光度法) (142)
参考文献 (145)

第六章 土壤无机污染物测定与分析 (147)

第一节 土壤硫化物测定与分析(亚甲基蓝分光光度法) (147)
第二节 土壤氰化物和总氰化物测定 (153)
第三节 土壤铜、锌、铅、镍、铬总量测定 (157)
第四节 土壤铅、镉总量测定 (162)
第五节 土壤汞、砷总量测定 (165)
第六节 土壤有效态镉、铅含量测定 (170)
第七节 土壤重金属(铅)形态测定(Tessier 连续提取法) (173)
第八节 土壤重金属(铅)形态测定(改进 BCR 连续提取法) (177)
第九节 土壤和沉积物中 19 种金属元素总量测定(电感耦合等离子体质谱法) (180)

参考文献 ··· (185)

第七章　土壤有机污染物测定与分析 ································· (187)
　第一节　土壤石油类测定(红外分光光度法) ································· (187)
　第二节　土壤二噁英类测定(同位素稀释/高分辨气相色谱-低分辨质谱法) ········· (191)
　第三节　土壤和沉积物有机氯农药测定(气相色谱-质谱法) ····················· (202)
　第四节　土壤和沉积物多环芳烃测定(高效液相色谱法) ························· (211)
　第五节　土壤多氯联苯混合物测定(气相色谱法) ······························· (218)
　第六节　土壤全氟辛基磺酸和全氟辛酸及其盐类测定(同位素稀释/液相色谱-三重四极杆质谱法) ··· (225)
　第七节　农田地膜源微塑料残留量测定 ······································· (232)
　　参考文献 ··· (236)

第八章　土壤环境监测与质量评价 ··· (238)
　第一节　采样准备 ··· (238)
　第二节　布点与样品数量 ··· (240)
　第三节　样品采集与转运 ··· (243)
　第四节　样品制备与保存 ··· (252)
　第五节　土壤样品预处理方法 ··· (255)
　第六节　样品分析、记录与监测报告 ··· (260)
　第七节　土壤环境质量评价 ··· (262)
　第八节　质量保证和控制 ··· (264)
　　参考文献 ··· (267)

第一章　实验室安全与基础知识

实验室安全事故发生会造成实验室人员的伤亡、设备损毁,甚至使家庭、社会及国家蒙受重大损失。推行实验室安全教育,目的在于减少或防止实验室事故的发生。而实验室安全事故的发生与化学药品的危害性、实验操作的规范性以及操作人员的安全防范意识和应急能力密切相关。

第一节　实验室安全细则

一、安全用电

(1)连线:仪器连线必须使用带有接地的3根线的护套线,不可使用普通的塑料胶线,严禁私拉乱扯。

(2)接地:仪器应有良好的接地,以提高仪器的稳定性及安全系数。

(3)维修:维修仪器时,必须切断电源。

(4)墙电:需要对墙电进行维修改造时,必须由持有市供电局和劳动局核发电工证的人员进行操作。

(5)检查:如遇线路老化或损坏应及时更换。

(6)触电:断电或绝缘脱离,及时进行急救。

二、安全用水

(1)上水:水龙头或水管漏水时应及时修理。

(2)下水:下水道排水不畅时应及时疏通。

(3)冷却水:输水管必须使用橡胶管,不得使用乳胶管,上水管与水龙头的连接处及上水管、下水管与仪器或冷凝管的连接处必须使用管箍夹紧,下水管必须插入水池的下水管中。

(4)纯净水:纯净水应按照操作规程进行操作,取水时应注意及时关闭取水开关,防止溢流。

三、安全用气

(1)气体钢瓶搬运:搬运或转动钢瓶时,不得手执开关阀移动。

(2)气体使用:按气瓶的类别选用解压器,安装时螺扣应拧紧,并检漏。打开钢瓶时,逆时针方向为开,先开总阀,后开减压阀;关闭钢瓶时顺时针方向为关,先关总阀,后关减压阀。进行气嘴保护时,用死扳手夹紧气嘴后再开总阀。

(3)气体安全:气瓶内的气体不可用尽。惰性气体应剩余 0.05 MPa 以上压力,可燃气体应剩余 0.2 MPa 以上压力,氢气应剩余 2.0 MPa 以上压力。

(4)气体存放:直立放置时要稳妥,气瓶要远离热源,避免暴晒和强烈震动。一般实验室内存放气体量不超过两瓶。氧气瓶和氢气瓶不能同存一处。例如乙炔气体极易燃烧,容易爆炸,使用时应装上回闪阻止器,还要注意防止气体回缩,用后应及时关闭总阀。乙炔气瓶应存放于通风良好处。当发现乙炔气瓶有发热现象时,说明乙炔已发生分解,应立即关闭气阀,并用冷水冷却瓶体,同时将气瓶移至安全区域并加以妥善处理。发生乙炔燃烧时,用干粉灭火器灭火。

四、安全用火

在进行蒸馏实验和消解样品时,应使用加热套和封闭式电炉,不应使用明火加热,并安全使用酒精灯。

实验室内严禁吸烟,在使用易燃气体和易燃试剂时实验室内不得使用明火。万一发生火情,应遵循早发现、早处理、早报告的原则,及时拨打火警电话 119,说明火源、火情、单位名称、地理位置或明显标志等,并沉着冷静使用灭火器灭火(一拔、二握、三瞄、四扫)。易燃固体、易燃气体、易燃液体和带电物体着火时,可用干粉灭火器灭火;导线或电器着火时,应先断电,再用干粉灭火器灭火,切不可用泡沫灭火器;衣服着火时,应尽快脱掉衣服,并用水灭火或就地滚动,切忌外跑。消除火灾隐患(电、火、气、试剂),备好逃生"四件宝"(灭火器、绳、手电筒、防毒面具)。

五、安全使用化学药品

存放化学药品的任何容器都必须贴上标签,注明其内容物及有效时间。使用低沸点有机溶剂时,一定要远离火源和热源。试剂瓶应封严并存放在阴凉处。浓酸、浓碱具有强烈的腐蚀性,如溅到皮肤上或眼睛内,应立即用流水冲洗至少 15 min,然后用质量分数 5% 碳酸氢钠($NaHCO_3$)溶液或质量分数 5% 硼酸(H_3BO_3)溶液冲洗。特别注意浓硫酸粘到皮肤时,不能直接用水洗,因为浓硫酸遇水稀释会产生大量的热而烧伤皮肤,应先用硼酸(H_3BO_3)溶液,再用碳酸氢钠溶液处理,严重的应处理后尽快就医。在使用任何化学药品前,一定要熟知化学药品的危险性。使用有毒有机溶剂或者腐蚀性试剂应在通风橱内操作,并使用防溅面罩,防止意外事故发生。

1. 防毒

实验前应了解所用药品的毒性及防护措施,确认清楚后才可使用。操作有毒气体(如 H_2S、Cl_2、NO_2)等应在通风橱内进行。有些药品能透过皮肤进入人体,应避免与皮肤接触。苯、四氯化碳、乙醚、硝基苯等的蒸气会引起中毒,它们虽有特殊气味,但久吸会使人嗅觉减弱,所以应在通风良好的情况下使用。氰化物、高汞盐、可溶性钡盐、重金属盐、三氧化二砷等剧毒药品应妥善保管,使用时要特别小心。

2. 防爆

使用可燃性气体时,要防止气体溢出,室内通风要良好。严禁将强氧化剂和强还原剂放在一起。久藏的乙醚在使用前应除去其中可能产生的过氧化物。进行容易引起爆炸的实验前，应有防爆措施。

3. 药品溢泼处理

溶剂：去最近的地方，拿喷洒吸收溶剂的干粉，由外而内撒在溅有溶剂处，避免点火及可能引起火花的任何动作，最后用铲子将吸收剂清理掉。

酸和碱：去最近的地方，取中和酸碱剂，由外向内喷洒，用试纸测试酸和碱是否还在此处，用肥皂及水清理溅洒处。

4. 有机试剂使用

使用三氯甲烷、四氯甲烷、乙醚、苯、丙酮、己烷等低沸点有机溶剂时，一定要远离火源和热源，装有上述溶剂的试剂瓶应封严并放在阴凉处保存。使用有毒有机溶剂时，应在通风橱内操作，防止意外事故发生。自配试剂应贴标签，并注明化合物名称、浓度、配置日期以及配置人姓名。浓酸、浓碱具有强烈的腐蚀性，使用浓硝酸、浓盐酸、浓硫酸、高氯酸及氨水时，应在通风橱中操作。如上述试剂溅到皮肤上或眼睛内，应立即用水冲洗，然后用质量分数5％碳酸氢钠或质量分数5％硼酸冲洗。

六、安全使用仪器

安全使用仪器，要注意以下方面。

（1）仪器使用者必须认真阅读操作规程，经过培训方可上机操作。

（2）必须严格按照仪器操作规程进行操作。

（3）在使用仪器之前应按要求进行登记；完成样品测定后，应及时登记。

（4）在样品的测定过程中，应保持仪器、实验台面及实验室的整洁。

（5）遇到仪器发生故障，应立即向管理人员报告，不得擅自处理。

（6）按实验室管理规程使用水、电。发现安全隐患应立即报告，及时处理。离开实验室时应检查仪器、水、电、门、窗是否关好，夏季应检查空调是否关闭。

（7）不得擅自挪用与公用仪器相关的辅助设备和零配件，以及实验室内的一切公用设施。

第二节　实验室主要危险品及意外伤害

化学药品有一定的特殊性，有的本身就是有害品或危险品，有的化学药品在实验操作中可能存在危险。危险品具有突然性、渐进性、潜在性等特征。

一、实验室危险品类型

实验室危险品主要包括强氧化剂、强还原剂、强腐蚀性剂、易燃液体及气体等。例如与水发生强烈反应燃烧的物质，有金属钠、钾、CaC_2（电石）；低沸点的有机物，有乙醚、丙酮、苯等；强氧化或强还原剂，有过氧化物、高锰酸钾、碱金属；多硝基化合物，有三硝基酚（苦味酸）、硝基铵、亚硝基铵、重氮盐、炔的盐、重氮及叠氮化合物、乙炔铜；易自燃的物质，有黄磷、金属有机物；有害有毒物，有致癌物质、有毒物质、致敏物质、刺激物质等。

二、实验室意外伤害及原因

实验操作中的意外伤害主要包括急慢性中毒导致的人体损伤，火灾、爆炸引起的人身伤害，如烫伤、腐蚀、触电、机械性伤害等。发生的主要原因有：①实验操作人员对危险药品、试剂的危害性认识不足；②实验操作人员操作不规范、不熟练；③实验操作人员安全意识淡薄，不严格遵守实验室规章制度；④实验室安全防范措施和装备不齐全。

第三节　实验室安全事故应对策略与应急处理

一、安全事故应对策略

(1)在实验室里，如果有意外发生，首先应该蹲下。因为一般实验台都有一定高度，如果发生爆炸，蹲下也许可以躲避爆炸飞出的玻璃等伤害，降低气浪的伤害。

(2)若发生大的突发事故，人身安全才是最主要的。首先，尽快离开事故现场，等事故得到控制之后再来处理其他事情；其次，在事故未得到控制之前，不要返回现场，如拿东西等。

(3)听从指挥，禁止使用电梯。发生事故时，很可能会断电，如果正在使用电梯，很可能被困电梯发生危险。

(4)逃离火场时，应捂住口鼻，弯腰匍匐前进。

(5)如果火封住了门，被困室内，应该尽量想办法从窗户等出口逃走。如果实在无法逃出，应尽可能地在室内控制火势，洒水降温，保持清醒，发出呼救信号，等待救援。

(6)发生重大事故，要立刻联系相关部门或报警，尽早控制事故以免进一步扩大。

二、事故应急处理

1. 创伤

创伤处不能用手抚摸，也不能用水洗涤。若是玻璃创伤，应先把碎玻璃从伤处挑出，然后用酒精棉清洗，涂上红药水、紫药水（或红汞、碘酒），必要时撒些消炎粉或敷些消炎膏包扎。严重时，采取止血措施，并立即就医。

2. 烫伤

烫伤处皮肤未破时，可涂擦饱和碳酸氢钠溶液或用碳酸氢钠粉调成糊状敷于伤处，也可抹烫伤膏，还可以在伤处先涂上玉树油或75%医用酒精再涂蓝油烃；如果伤处皮肤已破，可涂些紫药水或质量分数1%高锰酸钾溶液，如果创面较大，深度达真皮，应小心消毒处理，再涂上烫伤油膏后包扎，送往医院就诊。

3. 受酸腐蚀致伤

如果沾上浓硫酸，不要用水冲洗，应先用棉布吸取浓硫酸，再用大量水冲洗，然后用饱和碳酸氢钠溶液（或稀氨水、肥皂水）洗，最后再用水冲洗。必要时涂上甘油，若有水泡，应涂上龙胆紫。至于其他酸灼伤，可立即冲洗，然后进行处理。如果酸液溅入眼睛内，用大量水冲洗后,再用质量分数5%碳酸氢钠溶液冲洗,并送医院诊治。

4. 受碱腐蚀致伤

受碱腐蚀致伤时,用质量分数1%硝酸银、质量分数5%硫酸铜或浓高锰酸钾溶液洗涤伤口,然后包扎。

5. 受溴腐蚀致伤

受溴腐蚀致伤时,用苯或甘油洗伤口,再用水洗。

6. 受碱灼伤

受碱灼伤时,先用大量水冲洗,再用体积分数2%醋酸溶液或饱和硼酸溶液洗,最后再用水冲洗。如果碱溅入眼中,用硼酸溶液洗或体积分数2%醋酸清洗。

7. 吸入刺激性或者有毒气体

当吸入刺激性或者有毒气体时,应先将中毒者撤离现场,转移到通风良好的地方,让中毒者呼吸新鲜的空气。当吸入氯气、氯化氢气体时,可吸入少量酒精和乙醚的混合蒸气使之解毒。当吸入硫化氢或一氧化碳气体而感不适时,应立即到室外呼吸新鲜空气。应注意氯气、溴中毒不可进行人工呼吸,一氧化碳中毒不可施用兴奋剂。若发生休克昏迷,可给中毒者吸入氧气,并迅速送往医院。

8. 触电

触电后,应迅速切断电源,将触电者上衣解开进行人工呼吸,不要注射兴奋剂,当触电者恢复呼吸立即送往医院治疗。

9. 起火

起火后,要防止火势蔓延(如采取切断电源、移走易燃药品等措施)。灭火时要根据起因选用合适的方法。一般的小火可用湿布、石棉布或沙子覆盖燃烧物,火势大时可用泡沫灭火器灭火。若电器设备或带电系统所引起的火灾,切勿用水泼救,只能使用二氧化碳或四氯化碳灭火器灭火。若金属钠、钾、镁、铝粉、电石、过氧化钠等着火,应用干沙灭火。若比水轻的易燃液体,如汽油、苯、丙酮等着火,可用泡沫灭火器灭火。有灼烧的金属或熔融物的地方着火时,应用干沙或干粉灭火器。实验人员衣服着火时,切勿惊慌乱跑,赶快脱下衣服,或用石棉布覆盖着火处,伤势较重者应立即送医院就诊。

第四节　环境土壤学实验室安全使用规则与要求

(1)做环境土壤学实验时必须穿好实验服,保持实验台面干净,台面器皿等摆放整齐有序,保持实验室整洁。

(2)禁止在环境土壤学实验室内饮食,也不准将食物、饮料等带入实验室。

(3)保持环境土壤学实验室安静,不得大声喧哗和谈笑,进入实验室将手机关闭或调至静音。

(4)使用有毒有害有腐蚀性的试剂和药品时,必须加强保护措施,必须佩戴手套、口罩加强防护,且必须在通风橱内操作。

(5)节约用水,安全用电,不浪费药品,爱护仪器,出现异常或意外损坏必须及时上报,使用精密仪器前后要做好使用记录。

(6)严禁随意拿他人的实验用具和试剂,借用的器皿和试剂等要及时归还。

(7)环境土壤学实验室内一切物品,未经本实验室负责老师批准,严禁带出实验室,借物必须办理登记手续。

(8)环境土壤学实验室内严禁吸烟,易燃易爆物品必须在水浴或沙浴中进行,要远离火源操作和放置。

(9)开启易挥发液体试剂之前,先将试剂瓶放在自来水流中冷却几分钟,开启时瓶口不要对人,必须在通风橱中进行。

(10)移动、开启大瓶液体试剂时,不能将试剂瓶直接放在水泥地板上,最好用橡皮布或草垫垫好,若为石膏包封的可用水泡软后打开,严禁锤砸、敲打,以防破裂。

(11)配制试剂时必须及时贴上标签,实验结束后及时归置试剂。

(12)有毒有害废液集中回收,严禁将其直接倒入水池。

(13)实验前要认真预习,明确实验目的,了解实验内容、原理和操作过程以及实验过程中应注意的问题。

(14)实验过程中要做到独立操作和互相配合相结合,认真及时做好实验原始记录。

(15)实验过程中必须认真观察和分析实验现象,对实验内容和安排不合理的地方可以提出改进意见;对实验中出现的异常现象应进行讨论,并大胆提出个人看法或观点,做到主动学习、积极思考。

(16)实验完毕,必须将玻璃器皿等清洗干净,将各种仪器设备和试剂归位,清理实验台面和地面。

第五节 常用非玻璃器皿及设备的使用

1. 厚壁瓷器皿

厚壁瓷器皿包括蒸发皿、瓷坩埚等。在高温蒸发和灼烧操作中,应避免温度突然变化和加热不均匀现象,以防瓷坩埚等器皿破裂。在瓷研钵使用时要压磨,切忌用力砸。

2. 瓷器皿

瓷器皿对酸碱等化学试剂的稳定性较好,但不能和氢氟酸接触。

3. 定量(定性)滤纸

滤纸分为定性滤纸和定量滤纸两种。定性滤纸的灰分含量较高,其灰分含量低于0.2%,可供一般的定性分析用,不能用于定量分析。定量滤纸的灰分含量较低,其灰分含量范围为0.003 5%~0.022 0%,定量滤纸适用于定量分析。定量滤纸经盐酸和氢氟酸处理,再经蒸馏水处理,可适用于精密的定量分析。此外,还有用于色谱分析用的层析滤纸。

定量滤纸主要有快速、中速和慢速3种类型,其色带标志依次为白色、蓝色和红色。其中,快速滤纸纸张组织松软,过滤速度最快,适用于保留粗度沉淀物,如氢氧化铁等;中速滤纸纸张组织较密,过滤速度适中,适用于保留中等细度沉淀物,如碳酸锌等;慢速滤纸纸张组织最密,过滤速度最慢,适用于保留微细度沉淀物,如硫酸钡等。滤纸选择要根据分析工作对过滤沉淀的要求和沉淀物性质及其量的多少来决定。

4. 酒精灯

乙醇体积不能超过酒精灯总容积的2/3。用前先检查灯芯,绝对禁止向燃烧的酒精灯里添加酒精;也不可用燃烧的酒精灯去点燃另一酒精灯(以免失火);酒精灯的外焰温度最高,应在外焰部分加热,先预热后集中加热。防止灯芯与热的玻璃器皿接触(以防玻璃器皿受损);实验结束时,应用灯帽盖灭,以免灯内酒精挥发而使灯芯留有过多的水分,不仅浪费酒精而且不易点燃,绝不能用嘴吹灭,否则可能引起灯内酒精燃烧,发生危险;万一酒精在桌上燃烧,应立即用湿抹布扑盖。

5. 水浴锅

当被加热的物体要求受热均匀且温度不超过100 ℃时,可用水浴锅水浴加热。应注意及时加水避免烧干。

6. 石棉网

使用石棉网时注意不能与水、酸、碱接触。

7. 坩埚钳

注意坩埚钳不要沾上酸等腐蚀性物质,放置时钳头应朝上。

8. 天平

天平是一种称量仪器,一般精确到0.01 g。天平不能称量热的物体,被称物体不能直接放在托盘上,易潮解或腐蚀性药品必须在玻璃器皿中称量。

9. 试管夹

试管夹用于夹持试管,给试管加热,使用时从试管底部往上套,夹在试管的中上部。

10. 铁架台

铁架台用于固定和支持多种仪器,常用于加热、过滤、滴定等操作。

11. 坩埚

坩埚有瓷、石墨、铁、镍、铂等材料制品,可用于熔融、灼烧固体。根据灼烧物质性质,选用不同材料的坩埚。坩埚耐高温,可直接用火加热,但不宜骤冷。铂坩埚使用要遵照特殊说明。

12. 注射器

使用注射器时要防止针头刺伤及针筒破碎而伤害手部,针头和针筒要旋紧以防渗漏。用过的注射器一定要及时洗净。

13. 温度计

温度计一般有低温酒精温度计、酒精温度计、水银温度计、高温石英温度计及热电偶温度传感器等。低温酒精温度计测量范围为－80～50 ℃;酒精温度计测量范围为0～80 ℃;水银温度计测量范围为0～360 ℃;高温石英温度计测量范围为0～500 ℃;热电偶温度传感器测量范围为－200～300 ℃,特殊情况下可达－270～2800 ℃,但一般在实验室中不常用。温度计不能当搅拌棒使用,以免折断、破损,导致其他危害。水银温度计破碎后,要用吸管吸去大部分水银,置于特定密闭容器并做好标识,等待废化学试剂公司进行处理,然后用硫磺覆盖剩余的水银,数日后进行清理。

14. 真空泵

真空泵是用于过滤、蒸馏和真空干燥的设备,常用的真空泵有空气泵、高真空油泵、循环水泵3种。循环水泵和空气泵可抽真空到20～100 mmHg,高真空油泵可抽真空到0.001～5 mmHg,使用时应注意下列事项:①油泵前必须接冷阱;②循环水泵中的水必须经常更换,以免残留的溶剂被马达火花引爆;③使用完之前,先将蒸馏液降温,再缓慢放气,达到平衡后再关闭;④油泵必须经常换油;⑤油泵的排气口上要接橡皮管并通到通风橱内。

15. 通风橱

通风橱能保护实验室人员远离有毒有害气体,但也不能排出所有毒气。使用时应注意下列事项:①化学药品和实验仪器不能在出口处摆放;②在做实验时不能关闭通风。

16. 离心机

离心机在固液分离时,特别是对含很小的固体颗粒悬浮液进行分离时,离心分离是一种非常有效的途径。在使用离心机时应注意以下几点:①在使用离心机时,离心管必须对称平衡,否则应用水作平衡物以保持离心机平衡旋转;②离心机启动前应盖好离心机的盖子,先在较低的速度下进行启动,然后再调节至所需的离心速度;③当离心操作结束时,必须等到离心机完全停止运转后再打开盖子,决不能在离心机未完全停止运转前打开盖子或用手触摸离心机的转动部分;④玻璃离心管要求较高的质量,塑料离心管中不能放入热溶液或有机溶剂,以免在离心时管子变形;⑤离心的溶液一般控制在离心管体积的一半左右,切不能放入过多的液体,以免离心时液体散逸。

17. 气体钢瓶

气体钢瓶内的物质经常处于高压状态,当钢瓶倾倒、遇热、遇不规范操作时都可能会引发爆炸等危险。钢瓶压缩气体除易爆、易喷射外,许多气体易燃、有毒且具腐蚀性。因此,气体钢瓶的使用应注意以下几点。

(1)正常安全气体钢瓶的特征为:①钢瓶表面要有清楚的标签,注明气体名称;②气瓶均具有颜色标识;③所有气体钢瓶必须装有减压阀。

(2)气体钢瓶的存放应注意以下几个方面:①压缩气体属一级危险品,尽可能减少存放在实验室的气体钢瓶数量,实验室内严禁存放氢气;②气体钢瓶应当靠墙直立放置,并采取防止倾倒措施,应当避免暴晒、腐蚀性材料和潜在的冲击,远离热源,同时钢瓶不得放于走廊与门厅,以防紧急疏散时受阻及其他意外事件的发生;③易燃气体钢瓶与助燃气体钢瓶不得混合放置,可燃、易燃压力气体钢瓶离明火距离不得小于10 m,易燃气体及有毒气体钢瓶必须安放在室外,并放在规范的、安全的铁柜中。

(3)气体钢瓶的使用应注意以下几个方面:①打开减压阀前应当擦净钢瓶阀门出口的水和灰尘,钢瓶使用完,将钢瓶主阀关闭并释放减压阀内过剩的压力,必须套上安全帽(原设计中无需安全帽者除外)以防阀门受损,取下安全帽时必须谨慎小心以免无意中打开钢瓶主阀;②不得将钢瓶完全用空(尤其是乙炔、氢气、氧气钢瓶),必须留存一定的正压力;③气体钢瓶必须在减压阀和出气阀完好无损的情况下,且在通风良好的场所使用,涉及有毒气体时应增加局部通风;④在使用装有有毒或腐蚀性气体的钢瓶时,应穿戴防护眼镜、面罩、手套和工作服。严禁敲击和碰撞压力气体钢瓶;⑤氧气钢瓶的减压阀、阀门及管路禁止涂油类或脂类;⑥钢瓶转运时,应使用钢瓶推车并保持直立,同时关紧减压阀;⑦开启高压气体钢瓶时,应缓慢,并不得将出气口对人。

18. 冰箱和冰柜

实验室中的冰箱均无防爆装置,不适用存放易燃、易爆、挥发性溶剂,要求为:①严禁在冰箱和冰柜内存放个人食品;②所有存放在冰箱和冰柜内的低沸点试剂均应有规范的标签;③放于冰箱和冰柜内的所有容器须密封,定期清洗冰箱及清除不需要的样品和试剂。

第六节 常用玻璃器皿一般用途及注意事项

玻璃主要分软质玻璃(又称普通玻璃)和硬质玻璃(又称硬料),此外,根据某些分析工作的要求,还有石英玻璃、无硼玻璃、高硅玻璃等。其中,软质玻璃中含有 SiO_2、CaO、K_2O、Al_2O_3、B_2O_3、Na_2O 等成分,有一定的化学稳定性、热稳定性和机械强度,透明性较好,易于灯焰加工焊接,但热膨胀系数大,易炸裂、破碎,因此多制成不需要加热的仪器,如试剂瓶、漏斗、量筒、玻璃管等。硬质玻璃的主要成分是 SiO_2、K_2CO_3、Na_2CO_3、$MgCO_3$、$Na_2B_4O_7 \cdot 10H_2O$、ZnO、Al_2O_3 等,也称为硼硅玻璃。硬质玻璃的耐温、耐腐蚀及抗击性能好,热膨胀系数小,可耐较大的温差(一般在 300 ℃ 左右),可制成加热的玻璃器皿,如各种烧瓶、试管、蒸馏器等,但不能用 B、Zn 等元素的测定。

常用玻璃器皿主要分为定量玻璃器皿和一般玻璃器皿两大类。定量玻璃器皿是指用于定量实验,需要定期校准的玻璃器皿,包括(但不仅限于)容量瓶、滴定管、移液管、量筒(量杯)等。一般玻璃器皿是指不用于定量且不需要定期校准的玻璃仪器,如烧杯、TLC 用玻璃板等。

1. 烧杯

烧杯有一般型、高型,有刻度、无刻度等种类。

用途:滴定回响器、配制溶液和溶解固体物质等,也可用于较大量物质间的反应,还可用于简易水浴。

注意事项:加热前先将外壁水擦干,再放置石棉网上;回响液体不超过容积的 2/3,加热液体不超过容积的 1/3。

2. 试管

试管可作少量试剂的反应容器,也可用作收集少量气体的容器,或用于装置小型气体发生器。

3. 锥形瓶

锥形瓶有具塞、无塞等。锥形瓶作回响容器,制止液体大量蒸发;也可用于滴定中的受滴容器和装置气体发生器,但所盛溶液不超过锥形瓶容积的1/3;其他功能同烧杯。

4. 烧瓶

烧瓶有平底、圆底,长颈、短颈,细口、广口,圆形、茄形、梨形,二口、三口等种类。

用途:在常温加热条件下可作回响容器,因受热面积大可作为液体蒸馏容器。圆底烧瓶耐压,但平底烧瓶不耐压故不能作为减压蒸馏容器。多口烧瓶可装配温度计、搅拌器、加料管,与冷凝器连接。

注意事项:盛放的回响液体或物料不超过烧瓶容积的2/3,但也不宜过少。加热前,先将烧瓶外壁水擦干,放在石棉网上。加热时,烧瓶要固定在铁架台上。圆底烧瓶放在桌面上,下面要有木环或石棉环,以免翻滚损坏。

5. 量杯和量筒

上口大、下口小的叫量杯,长圆筒状的叫量筒,有具塞和无塞等种类。量杯和量筒用于粗略地量取确定体积的溶液。

注意事项:不能加热,不能在量筒里进行化学反应,也不能用作混合液体或稀释的容器;不能量取热的液体;量取亲水溶液的浸润液体时,人的视线要与液面水平,读取与弯月面最低点相切的刻度。

注意:在量液体时,要根据所量的体积来选择大小恰当的量筒(否则会造成较大的误差),读数时应将量筒垂直平稳放在桌面上,并使量筒的刻度与量筒内的液体凹液面的最低点保持在同一水平面。

6. 吸管

吸管又叫吸量管,有分刻度线直管型和单刻度线大肚型两种,还可分完全流出式和不完全流出式。吸管可用于切实量取确定体积的溶液。

注意事项:用后立刻洗净;具有切实刻度线的量器不能放在烘箱中烘干,更不能用火加热烘干;吸管读数方法同量筒。

7. 试剂瓶

试剂瓶有广口、细口,磨口、非磨口,无色、棕色等种类。

用途:广口瓶盛放固体试剂,细口瓶盛放液体试剂或溶液,棕色瓶盛放见光易分解和不稳定的试剂。

注意事项:不能加热;盛碱溶液要用胶塞或软木塞;使用过程中不要弄乱、弄脏塞子;试剂瓶上的标签务必保证完好。

8. 滴瓶

滴瓶有无色和棕色两种,滴管配有橡皮胶帽。滴瓶用于盛放液体或溶液。

注意事项:滴管不能吸得太满,也不能倒置,保证液体不进入胶帽;滴管专用,不能弄乱、弄脏；滴管要保持垂直，不能使管端接触容器内壁，更不能插入其他试剂中。

9. 称量瓶

称量瓶分扁形和高形，用于称量测定物质的水分。

注意事项：不能加热；盖子是配套磨口的，不能互换；不用时洗净，在磨口处垫上纸条。

10. 漏斗

漏斗有长颈、短颈、粗颈、细颈、无颈等种类。

用途：用于过滤；倾注液体导入小口容器中，长颈漏斗用于向反应容器内注入液体，若用来制取气体则长颈漏斗的下端管口要插入液面以下，形成"液封"，防止气体从长颈斗中逸出；粗颈漏斗可用来转移固体试剂。

注意事项：不能用火加热，过滤的液体也不能太热；过滤时漏斗尖端要贴紧承接容器的内壁。

11. 分液漏斗

分液漏斗有球形、梨形、筒形、锥形等。

用途：主要用于分离两种互不相溶且密度不同的液体；也可用于向反应容器中滴加液体，可控制液体的用量；对液体洗涤和萃取；作回响器的加液装置。

注意事项：不能用火直接加热；漏斗活塞不能互换；萃取时，振荡初期应放气数次。

12. 干燥器

干燥器分普通干燥器和真空干燥器两种。

用途：存放试剂，防止吸潮，在定量分析中将灼烧过的坩埚放在其中冷却。

注意事项：放入干燥器的物品温度不能过高；吸湿的干燥剂要及时更换；使用中要注意防止盖子滑动打碎；真空干燥器接真空系统抽去空气，干燥效果更好。

13. 冷凝器

冷凝器有直形、球形、蛇形、空气冷凝管等多种，还有标准磨口冷凝管。

用途：在蒸馏中作冷凝装置，球形的冷凝面积大，加热回流最适用；沸点高于 140 ℃ 的液体蒸馏，可用空气冷凝管。

注意事项：装配仪器时，先装冷却水胶管，再装仪器；通常从下支管进水，从上支管出水，开头进水需缓慢，水流不能太大。

14. 蒸发皿

蒸发皿用于溶液的浓缩或蒸干。

15. 容量瓶

容量瓶只能用于准确配制溶液，不能储存溶液。因为溶液可能会对瓶体进行腐蚀，从而使容量瓶的精度受到影响。容量瓶用毕应及时洗涤干净，塞上瓶塞，并在塞子与瓶口之间夹一条纸条，防止瓶塞与瓶口粘连。

注意事项：容量瓶的容积是特定的，刻度不连续，所以一种型号的容量瓶只能配制同一体积的溶液。在配制溶液前,先要弄清楚需要配制溶液的体积,然后再选用相同规格的容量瓶。

易溶解且不发热的物质可直接用漏斗倒入容量瓶中溶解,其他物质基本不能在容量瓶里进行溶解,应将溶质在烧杯中溶解后转移到容量瓶里,用于洗涤烧杯的溶剂总量不能超过容量瓶标线。因为一般的容量瓶是在20 ℃的温度下标定的,若将温度较高或较低的溶液注入容量瓶,容量瓶会热胀冷缩,所量体积会不准确,导致配制的溶液浓度不准确。

16. 移液管

移液管是一种量出式仪器,只用来测量它所放出溶液的体积。移液管(无刻度)和吸量管(有刻度)所移取的体积通常可准确到0.01 mL。

17. 广口瓶(内壁是磨砂的)

广口瓶(内壁是磨砂的)常用于盛放固体试剂,也可用作洗气瓶。

18. 玻璃棒

玻璃棒可用于搅拌加速溶解或混匀,在转移液体时进行引流。

第七节 玻璃器皿的清洗和存放

玻璃器皿主要分为:①容器类,包括试剂瓶、烧杯、烧瓶等,根据它们能否受热又可区分为可加热的和不宜加热的器皿;②量器类,包括量筒、移液管、滴定管、容量瓶等,量器类一律不能受热;③其他器皿,包括具有特殊用途的玻璃器皿,如冷凝管、分液漏斗、干燥器、分馏柱、砂芯漏斗、标准磨口玻璃仪器等。

玻璃器皿洗涤的原则是"用毕立即洗刷"。如待污物干结后再洗,必将事倍功半。烧杯、三角瓶等玻璃器皿,一般用自来水洗刷,并用少量纯水淋洗2～3次即可。每次淋洗必须充分沥干后再洗第二次,否则洗涤效率不高。一般污痕可用洗衣粉(合成洗涤剂)刷洗或用铬酸洗液浸泡后再洗刷。含砂粒的洗衣粉不宜用来擦洗玻璃器皿的内壁,特别是不可用来刷洗量器(量筒、容量瓶、滴定管等)的内壁以免擦伤玻璃。用以上方法都不能洗去的特殊污垢,必须将水沥干后根据污垢的化学性质和洗涤剂的性能,选用适当的洗涤液浸泡刷洗。例如多数难溶于水的无机物(铁锈、水垢等)用废弃的稀HCl或稀HNO_3;油脂用铬酸洗涤液(温度视玻璃的质量和洗涤的难易而定)或碱性酒精洗涤液或碱性$KMnO_4$洗液;盛$KMnO_4$后遗下的MnO_2氧化性还原物用$SnCl_2$的HCl液或草酸的H_2SO_4液,难溶的银盐($AgCl$、Ag_2O等)用$Na_2S_2O_3$液或氨水;铜蓝痕迹和钼磷喹啉、钼酸(白色MoO_3等)用稀$NaOH$溶液;四苯硼钾用丙酮等。用过的各种洗液都不能倒回原瓶。

1. 定量玻璃器皿的清洗流程

整个清洗过程不得使用毛刷,以免影响玻璃器皿的精密度。

(1)用适当的溶剂除去玻璃器皿内壁的残留物(如样品溶液、溶剂)及外壁的标记(如标签)。

(2)用洗液或特定的实验室专用清洗剂润洗定量玻璃器皿内表面。

(3)用自来水冲洗玻璃器皿3～4次。

(4)用纯水冲洗玻璃器皿直到符合玻璃器皿洁净标准。

(5)用于色谱检测的样品瓶必须使用超纯水淋洗干净。

2. 一般玻璃器皿的清洗流程

(1)用适当的溶剂除去玻璃器皿内壁的残留物(如样品溶液、溶剂)及外壁的标记(如标签)。

(2)用自来水冲洗玻璃器皿1~2次。

(3)如器皿内表面有可见异物附着,可用适量清洁剂清洗。

(4)如用清洁剂清洗,用自来水冲洗玻璃器皿3~4次,以去除清洁剂。

(5)用洗液或特定的实验室专用清洗剂润洗玻璃器皿内表面,然后用自来水冲洗玻璃器皿3~4次。

(6)用纯水冲洗玻璃器皿直到符合玻璃器皿洁净标准。

3. 新购置玻璃器皿的清洗方法

新购置的玻璃器皿含游离碱较多,一般用体积分数2%盐酸或洗涤液清洗,再用自来水冲洗干净,最后用蒸馏水冲洗,晾干。

4. 常用玻璃器皿的清洗方法

根据实验,将实验室常用的玻璃器皿分为一般性分析玻璃器皿、残留油类(皂化值实验)玻璃器皿、金属元素分析玻璃器皿(含消化杯)、糖类实验玻璃器皿、不溶性膳食纤维实验用坩埚、盛装指示剂或染料的玻璃器皿、盛装黏性较大的日化原料的玻璃器皿等。

特殊情况的清洗:当用碱性乙醇洗液润洗或铬酸洗液浸泡8 h以上均无法清洗干净油污等有机物时,可加入碱性高锰酸钾洗液浸泡约30 min后清洗,再用酸性硫酸亚铁洗液或维生素C(简称VC)洗液洗涤,然后用自来水反复冲洗,最后用蒸馏水冲洗2~3次,晾干。

5. 微生物检测玻璃器皿的清洗方法

微生物检测玻璃器皿按一般性分析玻璃器皿进行清洗,无菌玻璃器皿需经180 ℃维持3 h灭菌,于室温下保存,保存期应小于一周。

6. 洗液的配制

(1)铬酸洗液(用于洗涤油污):称取10 g $K_2Cr_2O_7$ 置于烧杯中,加20 mL水溶解后,慢慢加入180 mL浓硫酸,边加边搅拌。配制好的溶液应为棕红色。待溶液冷却后转入玻璃瓶中备用,因浓硫酸易吸水,应用磨口塞子塞好。

(2)碱性高锰酸钾洗液(用于洗涤油污或其他有机物):称取4 g $KMnO_4$ 于烧杯中,加入少量水使之溶解,向该溶液中慢慢加入100 mL质量分数10% NaOH溶液,混匀后存放在带有橡皮塞的玻璃瓶中备用。

(3)碱性乙醇洗液(用于洗涤油污):溶解120 g NaOH于150 mL水中,用体积分数95%乙醇稀释至1000 mL即可。

(4)体积分数20%硝酸洗液(用于洗涤金属氧化物及金属离子):在800 mL蒸馏水中慢慢加入200 mL浓硝酸,边加边搅拌,搅拌均匀即可。

(5)酸性硫酸亚铁洗液(用于洗涤 $MnO_2 \cdot nH_2O$ 沉淀物或部分氧化物):取20 g硫酸亚铁

与 10 mL 浓硫酸充分反应,再加水至 100 mL 即可。

(6) VC 洗液(用于洗涤 $MnO_2 \cdot nH_2O$ 沉淀物):称取 10 g 维生素 C 溶于 100 mL 水中即得。

(7) 盐酸-乙醇洗液(用于洗涤被染色玻璃器皿):在 100 mL 体积分数 95% 乙醇中,缓慢加入 50 mL 浓盐酸,边加边搅拌,搅拌均匀即可。

(8) 盐酸(1∶1)洗液(用于洗涤碱性物质及大多数无机物残渣):在 100 mL 水中缓慢加入 100 mL 浓盐酸,边加边搅拌,搅拌均匀即可。

(9) 体积分数 5% 盐酸(用于洗涤一般碱性物质,约 0.6 mol/L):在 95 mL 水中慢慢加入 5 mL 浓盐酸,边加边搅拌,搅拌均匀即可。

7. 洗液配制、清洗注意事项

(1) 在洗液配制的过程中,配制人员需要佩戴好必要的防护用品,如防护眼镜、防毒口罩、橡胶手套等。

(2) 配制洗液的人员必须要熟悉相关试剂的化学性质及物理性质。

(3) 铬酸洗液使用前应先尽量除去仪器内的水,防止洗液被水稀释。铬酸洗液具有强氧化性和强酸性,腐蚀性很强,易烫伤皮肤,烧坏衣物,故使用时应特别小心;铬有毒,使用时应注意安全。

(4) 用碱性高锰酸钾洗液洗涤后的器皿上残留有 $MnO_2 \cdot nH_2O$ 沉淀物,可用酸性硫酸亚铁洗液或 VC 洗液洗去。

(5) 使用多种洗液洗涤时要注意逐一彻底清洗干净,以免不同洗液间产生反应。

(6) 洗液不可反复使用,不得随意倾倒至下水道,应按废物处置管理规定进行收集处置。

(7) 玻璃器皿清洗时应戴耐酸碱手套,以保证安全。

(8) 干净的玻璃器皿和待清洗的玻璃器皿必须分开放置,以防误用。

8. 玻璃器皿清洗干净的标准

玻璃器皿在用去离子水或者纯水冲洗时,器皿内壁应能被水均匀地润湿而无水的条纹,且无水珠挂壁。

9. 常用的干燥方法

晾干:将玻璃仪器洗净后,沥尽水分,倒置于无尘干燥处自然晾干。

烘干:一般玻璃仪器洗净并沥尽水分后,可置于电烘箱中,温度控制在 105～110 ℃,烘 1 h 左右。但带有刻度的量器不宜在高温下烘干,应在 60 ℃ 以下烘干。带有盖(塞)的玻璃仪器,如容量瓶、称量瓶等应去掉盖(塞)。

10. 玻璃器皿的保存和使用注意事项

(1) 玻璃器皿在清洗完成后,应存放在专用的储存架上或存放柜内,以防止器皿内积水、相互摩擦、碰撞而导致玻璃器皿的损坏。

(2) 实验过程应使用干净和干燥的玻璃器皿。

(3) 使用前应检查玻璃器皿,有裂缝、破裂、缺口等会影响实验操作和精度的玻璃器皿不能使用。

（4）对能修复的玻璃器皿，应在修复前清除其中所残留的化学药品；对于不能修复的玻璃器皿，应当按照废物处理。

（5）在橡皮塞或橡皮管上安装玻璃管时，应戴防护手套；先将玻璃管的两端用火烧光滑，并用水或油脂涂在接口处作为润滑剂。

（6）对黏结在一起的玻璃器皿，不要试图用力拉，以免伤手。

（7）破碎玻璃应放入专门的垃圾桶；破碎玻璃在放入垃圾桶前，应用水冲洗干净。

（8）在进行减压蒸馏时，应当采用适当的保护措施（如放置有机玻璃挡板），防止玻璃器皿发生爆炸或破裂而造成人员伤害。

（9）普通的玻璃器皿不适合进行压力反应，即使是在较低的压力下也有较大危险，因而禁止用普通的玻璃器皿进行压力反应。

（10）不要将加热的玻璃器皿放于过冷的台面上，以防止温度急剧变化而引起玻璃破碎。

第八节　试剂的规格、配制及存放

1. 试剂的规格

试剂规格又叫试剂级别或试剂类别。一般按试剂的用途或纯度、杂质的含量来划分规格标准。国外试剂厂生产的化学试剂规格趋向于按用途划分，其优点是简单明了，从规格可知此试剂的用途，用户不必在使用哪一种纯度的试剂上反复考虑。

我国试剂的规格基本上按纯度划分，共有高纯、光谱纯、基准、分光纯、优级纯、分析纯和化学纯7种。国家和主管部门颁布质量指标的主要是优级纯、分析纯和化学纯3种。

（1）优级纯：属一级试剂，标签颜色为绿色。这类试剂的杂质很低，主要用于精密的科学研究和分析工作，相当于进口试剂"G.R"（保证试剂）。

（2）分析纯：属于二级试剂，标签颜色为红色。这类试剂的杂质含量低，主要用于一般的科学研究和分析工作，相当于进口试剂的"A.R"（分析试剂）。

（3）化学纯：属于三级试剂，标签颜色为蓝色。这类试剂的质量略低于分析纯试剂，用于一般的分析工作，相当于进口试剂"C.P"（化学纯）。

除上述试剂外，还有许多特殊规格的试剂，如指示剂、生化试剂、生物染色剂、色谱用试剂及高纯工艺用试剂等。

2. 试剂的选用

土壤理化分析中一般都用化学纯试剂配制溶液。标准溶液和标定剂通常都用分析纯或优级纯试剂。微量元素分析一般用分析纯试剂配制溶液，用优级纯试剂或纯度更高的试剂配制标准溶液。精密分析用的标定剂等有时需选用更纯的基准试剂（绿色标志）。光谱分析用的标准物质有时必须用光谱纯试剂（S.P，spectroscopic pure），它近乎不含会干扰待测元素光谱的杂质。不含杂质的试剂是没有的，即使是极纯粹的试剂，对某些特定的分析或痕量分析，都并不一定符合要求。选用试剂时应当加以注意，如果所用试剂虽然含有某些杂质，但对所进行的实验事实上没有妨碍,若没有特别的约定,就可以放心使用。这就要求实验者应具备试剂原料和制造工艺等方面的知识,在选用试剂时把试剂的规格和操作过程结合起来考虑。不同级别的试剂价格有时相差很大。因此,不需要用高一级的试剂时就不用,否则会造成巨大浪费。

3. 试剂的配制

试剂的配制按具体的情况和实际需要的不同,有粗配和精配两种方法。

一般实验用试剂没有必要使用精确浓度的溶液,使用近似浓度的溶液就可以达到预期的结果。例如盐酸、氢氧化钠和硫酸亚铁等溶液中的物质都不稳定,或易于挥发吸潮,或易于吸收空气中的 CO_2,或易被氧化而使其物质的组成与化学式不相符。用这些物质配制的溶液只能得到近似浓度的溶液。在配制近似浓度的溶液时,只要用一般的仪器就可以。例如用粗天平来称量物质,用量筒来量取液体。通常只要 1 位或 2 位有效数字。这种配制方法叫粗配,近似浓度的溶液要经过用其他标准物质进行标定,才可间接得到其精确的浓度。例如酸、碱标准液,必须用无水碳酸钠、邻苯二甲酸氢钾来标定才可得到其精确的浓度。稀释浓硫酸时,必须在硬质耐热烧杯或锥形瓶中进行,只能将浓硫酸缓慢注入水中,边倒边搅拌,温度过高时,应冷却或降温后再继续进行,严禁将水倒入浓硫酸中,等稀释后的硫酸冷却后再定容。

有时候,实验用试剂必须使用精确浓度的溶液。例如在制备定量分析用的试剂溶液,即标准溶液时,就必须用精密的仪器,如分析天平、容量瓶、移液管和滴定管等,并遵照实验要求的准确度和试剂特点精心配制,通常要求浓度具有 4 位有效数字,这种配制方法叫精配。例如重铬酸盐、碱金属氧化物、草酸、草酸钠、碳酸钠等能够得到高纯度的物质,它们都具有较大的相对分子质量,储藏时稳定,烘干时不分解,具有物质的组成精确地与化学式相符合的特点,可以直接得到标准溶液。

试剂配制的注意事项和安全常识在定量分析中都有详细的论述,可参考有关的书籍。

4. 试剂的存放

试剂的种类繁多,储藏时应按照酸、碱、盐、单质、指示剂、溶剂、有毒试剂等分别存放。盐类试剂很多,可先按阳离子顺序排列,同一阳离子的盐类再按阴离子顺序排列。强酸、强碱、强氧化剂、易燃品、剧毒品、异臭和易挥发试剂应单独存放于阴凉、干燥、通风之处,特别是易燃品和剧毒品应放在危险品库或单独存放。试剂橱中不得放置氨水和盐酸等挥发性药品,否则会使全橱试剂都遭受污染。定氮用的浓硫酸和定钾用的各种试剂溶液尤其必须严防 NH_3 的污染,否则会引起分析结果的严重错误。氨水和 NaOH 吸收空气中的 CO_2 后,对 Ca、Mg、N 的测定也能产生干扰。开启氨水、乙醚等易挥发性试剂时须先充分冷却,瓶口不要对着人,严防试剂喷出发生事故。过氧化氢溶液能溶解玻璃的碱质而加速 H_2O_2 的分解,所以必须用塑料瓶或内壁涂蜡的玻璃瓶储藏;波长为 320～380 nm 的光线也会加速 H_2O_2 的分解,故最好储藏于棕色瓶中,并置于阴凉处。高氯酸的质量分数在 70% 以上时,与有机质如纸炭、木屑、橡皮、活塞油等接触容易引起爆炸,质量分数 50%～60% 高氯酸则比较安全。氢氟酸有很强的腐蚀性和毒性,除能腐蚀玻璃以外,滴在皮肤上会立即产生难以痊愈的烧伤,特别是滴在指甲上。因此,使用氢氟酸时应戴上橡皮手套,并在通风橱中进行操作。氯化亚锡等易被空气氧化或吸湿的试剂,必须注意密封保存。

参考文献

第一章　实验室安全与基础知识	本章文献编号
第一节　实验室安全细则	[9-10]
第二节　实验室主要危险品及意外伤害	[1-8]
第三节　实验室安全事故应对策略与应急处理	[2-3,5-8,11]
第四节　环境土壤学实验室安全使用规则与要求	[1,4-5,7-8,12-13,14-16]
第五节　常用非玻璃器皿及设备的使用	[4-8,12]
第六节　常用玻璃器皿一般用途及注意事项	[4-8,13]
第七节　玻璃器皿的清洗和存放	[1,5-8,17]
第八节　试剂的规格、配制及存放	[5-9,15,18]

[1]刘艳,贾继文,程冬冬.高校土壤学实验室安全现状分析与管理对策[J].实验室科学,2018,21(5):207-209,214.

[2]曾洁,张云怀,吴正松,等.新工科背景下高校实验室安全管理现状与对策[J].高教学刊,2023,9(15):149-152.

[3]焦昕倩,董招君,牛姝.高校实验室安全管理现状分析及对策研究[J].教育教学论坛,2020(21):25-27.

[4]于晓伟.浅议土壤肥料学实验室的安全管理规范[J].品牌与标准化,2021(5):104-106.

[5]胡洪超.实验室安全教程[M].北京:化学工业出版社,2018.

[6]黄志斌,赵应声.高校实验室安全通用教程[M].南京:南京大学出版社,2021.

[7]敖天其.实验室安全与环境保护[M].成都:四川大学出版社,2015.

[8]吴丹.普通高校生化类实验室安全管理现状研究及对策[J].大学教育,2021(7):102-104.

[9]刘之广,李成亮,王淳,等.土壤学实验室化学试剂的贮存管理[J].农业科技与信息,2016(8):90.

[10]黄坤,李彦启.我国高校实验室安全管理现状分析与对策[J].实验室研究与探索,2015,34(1):280-283.

[11]张敏,刘俊波.高校实验室安全管理现状与对策研究[J].实验技术与管理,2018,35(10):234-236.

[12]刘之广,李成亮.农业院校土壤肥料学实验室安全管理的研究[J].中国农业信息,2016(10):24-25.

[13]王燕,周素文.由德国实验室的安全设施引发的思考[J].环境科学与管理,2013,38(1):8-9,49.

[14]林大仪.土壤学实验指导[M].北京:中国林业出版社,2004.

［15］胡慧蓉,王艳霞.土壤学实验指导教程[M].北京:中国林业出版社,2020.

［16］张金波,黄涛,黄新琦,等.土壤学实验基础[M].北京:科学出版社,2022.

［17］郭建中,李坤,刘少恒,等.新时期高水平实验室安全管理探索与实践:陕西省高校实验室安全管理现状、分析及对策[J].实验技术与管理,2020,37(4):4-8.

［18］徐红岩,曾令宇,陆召军.地方高校科研实验室安全管理现状分析与对策[J].实验室研究与探索,2017,36(12):282-285.

第二章　土壤物理性质测定与分析

第一节　土壤水分含量测定(烘干法)

测定土壤水分是为了解土壤水分状况,以作为土壤水分管理,如确定灌溉定额的依据。在分析工作中,由于分析结果一般是以烘干土为基础表示的,也需要测定湿土或风干土的水分含量,以便进行分析结果的换算。土壤水分的测定方法很多,一般采用烘干法、酒精烘烤法和酒精烧失法。

一、实验目的与要求

(1)掌握烘干法测定土壤含水量的基本原理。
(2)熟悉烘干法测定土壤含水量的操作步骤。
(3)能对实验数据进行计算分析和制作规范图表,对现象和结果进行合理分析与解释。
(4)能从实验中挖掘课程思政元素,实现立德树人目标。

二、基本原理

将土样置于(105±2)℃的烘箱中烘至恒重,即可使其所含水分(包括吸湿水)全部蒸发完,以此求算土壤水分含量。在此温度下,有机质一般不会大量分解损失影响测定结果。

三、应用范围

本方法适用于除石膏性土壤和有机土(含有机质5%以上的土壤)外的各类土壤的水分含量测定。

四、主要仪器设备与材料

主要包括铝盒、天平(感量为0.01 g)、烘箱、小土铲、干燥器、铁锹或土钻。

五、实验步骤

(1)取12个干净、干燥、空铝盒标记后称重,记为W_1。
(2)将称重后铝盒带到试验场地,选取3个取样点,分别按照0~10 cm、10~20 cm、20~30 cm三个层次(9个铝盒)进行等间距取样。另取表层风干壤样,取样前,最好用小土铲先将0~3 cm表层土去掉。
(3)加土样为1/3~2/3铝盒容积,取样过程尽量快,并及时盖上盖子,带回实验室称重,

记为 W_2。

(4) 将铝盒盖放在铝盒下,放入烘箱,在 105～110 ℃ 下烘烤 6 h,一般可达恒重,取出放入干燥器内,冷却 20 min 可称重。必要时,如前法再烘 1 h,取出冷却后称重为 W_3,两次称重之差不得超过 0.05 g,取最低一次计算。

注意:质地较轻的土壤、土样较少时,烘烤时间可以缩短至 3～4 h。

六、结果计算与分析

$$土壤水分含量(\%) = \frac{W_2 - W_3}{W_3 - W_1} \times 100\% \qquad (2-1)$$

七、注意事项

(1) 重复测定结果的标准差,含水量小于 5% 的风干土壤样品不应超过 0.2%,含水量为 5%～25% 的潮湿土壤样品不应超过 0.3%,含水量大于 25% 的大粒(粒径约 10 mm)黏重潮湿土壤样品不应超过 0.7%。

(2) 对于黏粒含量高的土壤,测定含水量时烘箱温度必须保持在 100～110 ℃ 范围内。

(3) 有机质含量高的土壤样品不宜采用本方法,因为在 105 ℃ 条件下烘干样品时,会造成某些有机质的损失。烘干法适用于有机质含量不超过 5% 的土壤。当有机质的含量在 5%～10% 时,也可用烘干法,但必须注明有机质含量。对于有机质含量很高的土壤样品,需要采用真空干燥法测定含水量。

八、实验设计与研究探索

不同质地土壤在使用烘干法测定土壤含水量时,烘干时长对土壤含水量可能存在较大的影响。因此,可以探索不同烘干时长对不同质地土壤含水量的影响。

分别测定沙土、壤土、黏土等不同土壤质地的土壤含水量,烘干时长分别设置为 2 h、4 h、6 h、8 h,分析烘干时长对不同质地土壤含水量的影响,并加以解释。从此实验探究中能得到哪些启示?

九、思考题

(1) 在烘干土样时,为什么温度不能过高(超过 110 ℃)、过低(低于 90 ℃)?

(2) 某学生在测定含 5.9% 有机质的土壤样品的含水量时,采用烘干法测定的土壤含水量为 18.9%,分析这个数据的可靠性,并给出可能的原因。

(3) 为使测定的土壤含水量更具代表性,在 1 hm²(1 hm² = 0.01 km²)的农田内,应如何采集土壤样品使测得的土壤含水量更具代表性?

第二节 土壤水势测定(张力计法)

土壤水分的运动能力一般以土壤水势(也称土水势)表示,它包括基质势(土壤水吸力)、压力势、溶质势(渗透势)、重力势等若干分势。除盐碱土外,基质势和重力势是与土壤水运动最密切相关的分势。重力势是地球重力对土壤水作用的结果,其大小由土壤水在重力场中相对于基准面的位置来决定,而基准面的位置可任意选定。重力势一般不用测定,只与被测定点的相对位置有关。基质势是由于土壤基质孔隙对水的毛管力和基质颗粒对水的吸附力共同作用而产生的。

一、实验目的与要求

(1)理解土壤水势测定的基本原理,能独立完成土壤水势的测定。
(2)能注意和领悟实验操作步骤容易出问题的细节。
(3)能对实验数据进行计算分析和制作规范图表,对现象和结果进行合理分析与解释。
(4)能从实验中挖掘课程思政元素,实现立德树人目标。

二、基本原理

目前,最常用的土壤水势测定方法是张力计法和压力膜法。张力计由陶土管、塑料管、集气管、计量指示器(真空表)等部件组成。测定时,先在张力计内部充满无气水(将水煮沸排除溶解于水中的气体,然后将煮沸的水与大气隔绝,降至室温,即为无气水),使陶土头饱和,并与大气隔绝。将张力计埋设在土壤中,陶土头要与土壤紧密接触。当土壤处于非饱和水状态时,土壤通过瓷头从张力计中吸取少量水分,当与张力计瓷头接触土壤的土壤水势与张力计瓷头处的水势相等时,由张力计向土壤中的水运动停止,这时记录张力计读数并计算出土壤的基质势。

土壤水吸力是土壤水蚀的强度指标,与土壤水分流动和土壤水对植物的有效性均有密切关系。与土壤含水率的含义不同,土壤水吸力重在土壤水势的强弱上,而不是在多少上反映土壤的干湿程度。一般来说,土壤水吸力越大,土壤含水量越少;土壤水吸力越小,土壤含水量越多。张力计读数也能大致反映土壤的含水量状况。

三、应用范围

土壤水势测定的应用范围为地面以下 0~80 cm 土壤。

四、主要仪器设备与材料

主要仪器设备包括张力计(吸力计)、土钻等。试剂为无气水。

五、实验步骤

1. 仪器除气

(1)制备无气水:将自来水煮沸 20 min,与大气隔绝,冷却备用。
(2)注水:开启集气管的盖子,并将仪器倾斜,用塑料瓶缓慢注入无气水,直到加满为止,仪器直立 10~20 min(不要加盖子),让水把陶土管湿润,并见水从陶土管表面滴出。
(3)排气:将仪器注满无气水,用干布或吸水性能好的纸从陶土管表面吸水(或在注水口处塞入一个插有注射针头的橡皮塞,用注射器进行抽气。抽气时注意针尖必须穿过橡皮塞并深入仪器内部。同时用左手顶住橡皮塞,不让其松动漏气)。此时,可以看到真空表的指针指向 40 kPa(300 mmHg)左右,并有气泡从真空表内逸出,逐渐聚集在集气管中。缓缓拔去塞子,让真空表指针缓慢退回零位。继续将仪器注满无气水,重复 3~7 次上述抽气步骤,即可除去大部分真空表内的空气。

(4)集气:将仪器注满无气水,加上塞子,密封,并将仪器直立,让陶土头在空气中蒸发,约 2 h 后,即可见真空表的指针指向 40 kPa(300 mmHg)或更高。此时,从陶土管、真空表、塑料管及集气管中会有埋藏的气泡逸出,轻轻将仪器上下倒置,使气泡集中到集气管中。

(5)再蒸发:将陶土管浸入无气水中,此时可见真空表指针退回零位,打开盖子,重新注满无气水,加上盖子,再让陶土管在空气中蒸发。此时,真空表的指针可升至 50 kPa(375 mmHg)或更高。轻轻将仪器上下倒置,收集逸出的空气。

(6)重复:按以上步骤重复 2~3 次,每进行一次之后真空表的指针可升得更高,直到指针达到 80 kPa(600 mmHg)时将陶土管浸入无气水中,真空表指针转动退回零位。打开盖子,注满水,盖紧盖子将陶土头浸在无气水中备用。

2. 校正零位

仪器密封后,真空表至测点(陶土头中部)间存在一个静水压力值。如果精确测量,此静水压力差应予以消除,这就需要进行零位校正。

校正方法:仪器灌水后在空气中蒸发,使负压升至 20 kPa(150 mmHg)时,将陶土管的一半浸入水中,真空表指针缓缓退回零位,直到不动。当真空表指针退回直至不动时的读数即为零位校正值。测量值减去零位校正值就是测点的土壤吸力。

3. 仪器安装

在需要测量土壤吸力的地方,首先,用钻孔器开孔到待测的深度(从地面至陶土头中心计算),倒入少许泥浆,垂直插入张力计,使陶土管与土壤紧密接触;然后,将周围填土捣实(切勿踩实),以免降水沿管壁周围松土下渗到测点,致使测量不准;同时,注意不要过多地扰动和踩踏张力计周边的土壤,避免造成土壤压实,影响测定结果。仪表部件上要套上防护袋(塑料袋等)加以保护。

4. 数据采集

仪器安装完毕后,平衡 24 h,便可观测读数。土壤水吸力受温度、容重等影响,应注意不要踩实仪器周围的土壤,尽量在温度变化小的时间采集数据(最好在清晨),以避免测点和仪器因温度不同而造成误差。如对数据有所怀疑,可轻轻叩打真空表,以消除可能产生的误差。当集气管中空气达到该管容积的 1/2 时必须除气,操作方法是在读数后开启盖子,注满水后再封闭。

六、结果计算

张力计读数减去零位校正值为真正的土壤水吸力。一般在测量表层土壤水吸力时,因为仪器较短,零位校正值很小,可以忽略不计。

$$\text{土壤水吸力} = \text{张力计读数} - \text{零位校正值} \tag{2-2}$$

张力计测定结果的单位目前用 Pa 表示,但张力计真空压力表上的读数用 mmHg 表示,两者可以进行的换算为:1 mmHg＝1.333 223 7 mbar＝133.322 37 Pa。

如果用 mmH_2O 或 cmH_2O 表示,换算为:1 atm(标准大气压)＝1.013 25 bar＝1 013.25 mbar＝760 mmHg＝1033 cmH_2O(4 ℃时)＝101 325 Pa,1 mmH_2O＝9.806 6 Pa,1 bar＝10^3 mbar＝1020 cmH_2O＝100 J/kg＝10^5 Pa＝0.1 MPa。

土壤水势在相关文献上的定量表示与单位换算见表 2-1。

表 2-1 土壤水的能量水平

| 土壤水势 | | | | 土壤吸力[②] | | 20 ℃时水汽压 | 20 ℃时相对湿度 |
| 单位质量[①] | | 单位容积 | | 压力水头 | | | |
erg/g	J/kg	bar	cmH_2O	bar	cmH_2O	Torr[③]	%
0	0	0	0	0	0	17.535 0	100.000
-1×10^4	−1	−0.01	−10.2	0.01	10.2	17.534 9	100.000
-5×10^4	−5	−0.05	−51.0	0.05	51.0	17.534 4	99.997
-1×10^5	−10	−0.1	−102.0	0.1	102.0	17.533 7	99.993
-2×10^5	−20	−0.2	−204.0	0.2	204.0	17.532 4	99.985
-3×10^5	−30	−0.3	−306.0	0.3	306.0	17.531 2	99.978
-4×10^5	−40	−0.4	−408.0	0.4	408.0	17.529 9	99.971
-5×10^5	−50	−0.5	−510.0	0.5	510.0	17.528 6	99.964
-6×10^5	−60	−0.6	−612.0	0.6	612.0	17.527 3	99.955
-7×10^5	−70	−0.7	−714.0	0.7	714.0	17.526 0	99.949
-8×10^5	−80	−0.8	−816.0	0.8	816.0	17.524 7	99.941
-9×10^5	−90	−0.9	−918.0	0.9	918.0	17.523 4	99.934
-1×10^6	−100	−1.0	−1020	1.0	1020	17.522 2	99.927
-2×10^6	−200	−2.0	−2040	2.0	2040	17.508 9	99.851
-3×10^6	−300	−3.0	−3060	3.0	3060	17.496 1	99.778
-4×10^6	−400	−4.0	−4080	4.0	4080	17.483 3	99.705
-5×10^6	−500	−5.0	−5100	5.0	5100	17.470 4	99.637
-6×10^6	−600	−6.0	−6120	6.0	6120	17.457 2	99.556

注:①单位质量的能:尔格每克(erg/g)或焦耳每千克(J/kg),常用来作为势的基本单位;尔格,功的单位,非法定,1 erg＝10^{-7} J;②不存在渗透作用(即溶液中没有可溶盐)时,土壤水吸力与基质势吸力相等,不然它就是基质势吸力和渗透吸力的和;③托,压力单位,非法定,1 Torr＝1 mmHg＝133.322 37 Pa＝1/760 atm。

七、注意事项

(1)张力计测定范围在地面以下 0~80 cm。由于田间温度(如 30 ℃左右)下,张力计内水分在低压(80 cm 以下土层)下会发生大量汽化(达沸点),张力计的工作状态被破坏。因此,张力计一般只能测到地面以下 80 cm 土层内的土壤水势。

(2)陶土管切忌沾上油污,以免堵塞微孔,使仪器失灵。

(3)本方法测定土壤基质势时,土壤盐分一般对测定结果无影响。但在土壤盐分含量较高时,其溶质势或溶质水吸力应分别测定。

(4)关闭盖子时,应缓缓拧入,将多余水从陶土管渗出。切不可将橡皮塞快速按入仪器内,否则仪器内将产生高的正压力,使真空表和传感器损坏。

(5)使用过程中,当集气管中空气达到该管容积的 1/2 时,必须除气,操作方法是在读数后开启盖子,注满水后再封闭。

(6)张力计用完后一定要将上面的盖子打开,把水倒出或直接放到无气水中浸泡,否则容易损坏指针。

(7)当气温下降到冰点前,应将埋设在室外的仪器撤回,以免冻裂。

八、实验设计与研究探索

土壤水吸力受温度、容重等因素影响,不同温度及土壤容重条件下土壤水吸力可能存在较大的差异。因此,可以探索不同温度、土壤容重下的土壤水吸力,并解释其原因。

(1)不同温度对土壤水吸力的影响:分别测定同一土壤不同温度条件下的土壤水吸力,分析温度对土壤水吸力的影响,并加以解释。

(2)不同容重对土壤水吸力的影响:分别测定不同容重条件下(土壤含水量应保持一致)的土壤水吸力,对比分析不同容重条件下土壤水吸力的变化,并分析其原因。

九、思考题

(1)张力计在安装前需要做哪些准备工作?

(2)某学生在使用张力计测定土壤水吸力时,读数结束后,发现集气管中空气大于该管体积的 1/2,该学生按照规定注满水后再封闭,请问测得的数据是否可靠?分析其原因。

第三节 土壤田间持水量测定(环刀法)

土壤田间持水量是指在地下水较深和排水良好的土壤充分灌水或降水后,允许水分充分下渗并防止水分蒸发,经过一定时间后土壤所能维持的、较稳定的水含量(土壤水势或土壤水吸力达到一定数值)。它是土壤所能稳定保持并对作物有效的最大土壤水含量,通常是一个常数,可用作计算灌溉上限和灌水定额的指标。不同质地土壤的田间持水量相差较大,一般为黏土>壤土>砂土,结构较好的土壤田间持水量大于结构差的土壤田间持水量。测定土壤田间持水量的方法有田间围框法和室内压力膜(板)法两种。前者测定结果较符合田间实际情况,但渗透性很差的土壤和水源不足的地方不适用。

一、实验目的与要求

(1)掌握环刀法测定土壤田间持水量的基本原理和实验操作步骤。
(2)认识土壤田间持水量在农田合理灌溉中的重要意义。
(3)能对实验数据进行计算分析和制作规范图表,对现象和结果进行合理分析与解释。
(4)能从实验中挖掘课程思政元素,实现立德树人目标。

二、基本原理

土壤田间持水量是指土壤中的毛管悬着水达到最大量时的土壤含水量,在形式上包括吸湿水、膜状水和毛管悬着水。当土壤充分灌水后,土壤水分达到饱和状态,即全部土壤孔隙充满水,然后在重力作用下重力水充分下渗,并防止土壤表面水分蒸发。经过一定时间后,土壤能保持的水含量即为土壤田间持水量。

本实验介绍利用室内压力板-环刀法测定土壤田间持水量的简易方法。利用环刀采集原状土壤,带回实验室后,在人为作用下使土壤样品含水量达到饱和,排除重力水后,测定的土壤含水量即为土壤田间持水量。

三、应用范围

本方法可适用于除砾石和根系较多的土壤之外的其他各类土壤田间持水量的测定。

四、主要仪器设备与材料

主要仪器设备包括分析天平(感量为 0.01 g)、环刀(容积为 100 cm^3 或 200 cm^3)、孔径 2 mm 筛、烘箱、干燥器、铝盒、小土铲、削土刀、铁锹等。试剂为凡士林。

五、实验步骤

1. 原状土壤采集

当田间土壤处于半干半湿的水分状态且具有一定的可塑性时,适合用环刀采集原状土壤。清除采样点土壤表面杂物,挖掘土壤剖面。去除环刀两端的盖子,再将环刀(刀口端向下)垂直平稳压入土中,切忌左右摆动,在土柱冒出环刀上端后,用铁铲挖周围土壤,取出充满土壤的环刀,用削土刀削去环刀两端多余的土壤,使环刀内的土壤体积恰为环刀的容积。盖上底盖,环刀上端盖上顶盖。擦去环刀外的泥土,带回实验室备用。一般同一样地相同土层采集 3~6 个原状土壤样品。

2. 土壤充分浸泡灌水

将环刀有孔盖的一面朝下、无孔盖的一面朝上放入平底容器中,缓慢加入水中,保持水面比环刀上缘低 1~2 mm,当土壤表面出现一层水膜时,表明土壤浸泡至饱和状态。通常砂土、壤土浸泡 24 h,黏土浸泡 48 h。

3. 下层土壤模拟

将相同土层的散装土壤样品去除石块、杂物,风干,磨碎,过 2 mm 筛,装入无孔底盖的环刀中,轻拍压实,保持土壤表面平整并高出环刀边缘1~2mm,在土壤表面覆盖一张略大于环刀口外径的滤纸,置于水平台上。

4. 排除重力水

将装有水分充分饱和的原状土壤样品的环刀从浸泡容器中取出,移去底部有孔的盖子,放置在盖有滤纸装有风干土壤样品的环刀上,将两个环刀边缘对齐并用2 kg左右的重物压实,使其接触紧密,以利于重力水下渗。

5. 测定土壤田间持水量

经过8 h水分下渗过程后,取上层环刀中的原状土15~20 g,放入干燥的铝盒(M_0),立即称重(精确至0.01 g,M_1)。然后放置在(105±5)℃的烘箱中烘干至恒重(约12 h),取出后放入干燥器中冷却至室温,称重(M_2),计算含水量,即为土壤田间持水量。

六、结果计算

$$土壤田间持水量(\%) = \frac{M_1 - M_2}{M_2 - M_0} \times 100\% \qquad (2-3)$$

式中:M_0为铝盒质量(g);M_1为铝盒加湿土质量(g);M_2为铝盒加烘干土质量(g)。

七、注意事项

(1)在将环刀打入土壤的过程中,要均匀用力,避免环刀倾斜和摇晃造成自然土壤结构的破坏。如出现上述情况,应重新取样。

(2)在取样过程中,如果环刀内部的土壤有掉出、松动或发现取样体积内有石块等情况,应重新取样。

(3)在环刀内壁涂抹一层凡士林,可以降低环刀壁与土壤之间的摩擦阻力。

(4)重复测定的土壤田间持水量绝对误差应不大于1%。

八、实验设计与研究探索

土壤田间持水量受土壤质地及有机质含量等的影响较大,因此可探索不同土壤质地及有机质含量对土壤田间持水量的影响,并解释原因。

(1)土壤质地对田间持水量的影响:分别测定黏土、壤土和砂土的田间持水量,对比分析不同质地土壤类型田间持水量的差异,并解释原因。

(2)有机质含量对土壤田间持水量的影响:分别测定同一质地土壤条件下,不同有机质含量土壤的田间持水量,分析有机质含量对土壤田间持水量的影响,并分析原因。

九、思考题

(1)不同土层深度的土壤田间持水量是否一致?说明原因。

(2)某学生为了解农田耕作后表层土壤田间持水量,计划取样1次,重复3次,然后开展研究工作。该学生取样是否合适?解释其原因。

第四节　土壤容重和孔隙度测定(环刀法)

土壤容重又叫土壤的假比重,是指田间自然状态下,每单位体积烘干土的质量,通常用 g/cm^3 表示。土壤容重除用来计算土壤总孔隙度外,还可估计土壤通气状况、土壤松紧度和结构状况的好坏。

一、实验目的与要求

(1)掌握测定土壤容重与孔隙度的基本原理。
(2)熟悉测定土壤容重与孔隙度的操作步骤。
(3)能对实验数据进行计算分析和制作规范图表,对现象和结果进行合理分析与解释。
(4)能从实验中挖掘课程思政元素,实现立德树人目标。

二、基本原理

用一定容积的钢制环刀(一般为 100 cm³ 或 200 cm³),切割自然状态下的土壤,使土壤恰好充满环刀容积,放入烘箱烘干至恒重,计算每单位体积的烘干土重即为土壤容重。

三、应用范围

本方法适用于除砾石和根系较多的土壤外的其他各类土壤容重、孔隙度的测定。

四、主要仪器设备与材料

主要包括环刀、环刀托、削土刀、小铁铲、铁锹、天平(感量为 0.01 g)、烘箱、卷尺、干燥器、铁锨等。

五、实验步骤

(1)在室内先称量环刀(连同底盘和顶盖)质量(W_1),记录环刀容积(V,100 cm³ 或 200 cm³),同时做好编号。

(2)将已称量的环刀带至田间采样。采样前,将采样点土面铲平,去除环刀两端的盖子,再将环刀(刀口端向下)垂直平稳压入土中,切忌左右摆动,在土柱冒出环刀上端后,用铁铲挖周围土壤,取出充满土壤的环刀,用削土刀削去环刀两端多余的土壤,使环刀内的土壤体积恰为环刀的容积。盖上底盖,环刀上端盖上顶盖。擦去环刀外的泥土,立即带回室内。

(3)将取好土的环刀放入 105~110 ℃下烘箱内烘烤 24 h,恒重后称重(W_2)。

六、结果计算

$$土壤容重(g/cm^3) = \frac{W_2 - W_1}{V} \qquad (2-4)$$

$$土壤孔隙度(\%) = 1 - \frac{土壤容重}{土壤比重} \times 100\% \qquad (2-5)$$

式中：W_1 为环刀质量（g）；W_2 为环刀加烘干土质量（g）；土壤比重（密度）取 2.65 g/cm。

七、注意事项

(1) 环刀压入土壤时，要避免用力过大而将环刀压入太深，这会使环刀内部的土壤压实，导致测定的土壤容重偏大。

(2) 对于较为疏松的耕作层土壤，在环刀法取样过程中易压实土壤，造成结构的改变，因此刚刚耕作完的土壤不宜采集环刀样品。

(3) 对于砾石和根系较多的土壤，不宜使用环刀法进行取样，可考虑使用挖坑法。

(4) 刚降水后或者灌溉后的土壤，含水量较高，用环刀取样容易造成土壤压实和变形，因此不宜在土壤太湿的时候进行取样。同样，太干的土壤也不宜进行环刀样品的采集。

(5) 对于变异性较大的土壤，可使用体积较大的环刀，或增加重复次数，以增加容重取样的代表性。

八、实验设计与研究探索

土壤容重、孔隙度受土壤质地和有机质含量等的影响相差较大。因此，可探索不同土壤质地及有机质含量对土壤容重及孔隙度的影响，并解释原因。

(1) 土壤质地对土壤容重及孔隙度的影响：分别测定黏土、壤土和砂土的土壤容重并计算孔隙度，对比分析不同质地土壤类型土壤容重及孔隙度的差异，并解释原因。

(2) 有机质含量对土壤容重及孔隙度的影响：分别测定不同有机质含量、土壤容重及孔隙度，分析有机质含量对土壤容重及孔隙度的影响，并分析原因。

九、思考题

(1) 不同土层深度的土壤容重与孔隙度是否一样？并解释原因。

(2) 为什么不同质地土壤的容重和总孔隙度不同？

(3) 某学生为了解退耕还林还草后土壤容重和孔隙度的变化规律，计划在耕地、草地和林地分别选取一个样点进行取样，每个样点重复 3 次，然后开展研究工作。该学生取样计划是否合适？并解释原因。

第五节 土壤机械组成测定与质地分析（比重计法）

土壤是由不同比例、粒径大小不一、性状和组成各异的颗粒（土粒）组成，一般分为石砾、砂粒、粉粒和黏粒 4 级。以土壤中各种粒径的颗粒百分组成，作为土壤分类的标准，叫作按土壤质地分类，又名按土壤机械组成分类。测定土壤机械组成，就是测定不同粒径土壤颗粒的组成，进而确定土壤质地。土壤机械组成在土壤形成和农业利用中具有重要意义。土壤质地直接影响土壤的水、肥、气、热的保持和运动，并与作物的生长发育有密切的关系。

一、实验目的与要求

(1)理解比重计法测定土壤机械组成的基本原理。
(2)熟悉比重计法测定土壤机械组成的基本方法和步骤。
(3)能对实验数据进行计算分析和制作规范图表,对现象和结果进行合理分析与解释。
(4)能从实验中挖掘课程思政元素,实现立德树人目标。

二、基本原理

土壤机械组成分析,就是把土粒按其粒径大小分成若干级,并测定出各级的量,从而得出土壤的机械组成。对于粒径大于 0.2 mm 的砂粒,一般采用过筛的方法,将土样逐级过筛并称重;对于粒径较小的土粒,则先用分散剂将其充分分散,再使其在一定容积的悬液中自由沉降,根据土粒沉降速度,分别测定不同粒级的含量。这一过程依据物理学上的 Stokes 定律公式,为

$$v = \frac{2}{9} g r^2 (d - d_1)/\eta \tag{2-6}$$

式中:v 为颗粒在介质中的沉降速度(cm/s);g 为重力加速度(取值 980 cm/s^2);r 为颗粒半径;d 为颗粒比重(土粒平均比重为 2.65 g/cm^3);d_1 为介质比重(g/cm^3);η 为介质的黏滞系数[g/(cm·s)]。

在特定条件下,d、d_1、η 均为常数,因此,$v \propto r^2$,即土粒下降的速度与其粒径的平方呈正比,土粒愈大沉降速度愈快;再根据量筒的高度 H,利用 $H = vt$,就可以计算出开始下降后的不同时刻仍悬浮的土粒粒径。比重计法测量的即是悬浮的土粒含量。

比重计所排开的悬浮质量等于其自身质量时,它就悬停在某一深度上,据此可换算出悬液中土粒的浓度。专门设计的甲种比重计的刻度是以 20 ℃液温为标准制作的,因此每次测量后应根据实际液温对比重计读数进行校正。

三、应用范围

本方法适用于各类土壤机械组成的测定。

四、主要仪器设备与材料

主要包括烘箱、铝盒、电热板、天平、50 mL 量筒、玻璃棒、150 mL 三角瓶、1000 mL 量筒、1 mm 孔径土壤筛、温度计、土壤甲种比重计、秒表、pH 计、搅拌棒等。

五、试剂

(1)0.5 mol/L 氢氧化钠溶液:称取 20 g 氢氧化钠,用蒸馏水溶解后定容至 1000 mL。
(2)0.25 mol/L 草酸钠溶液:称取 33.5 g 草酸钠,用蒸馏水溶解后定容至 1000 mL。
(3)0.5 mol/L 六偏磷酸钠溶液:称取 51 g 六偏磷酸钠,用蒸馏水溶解后定容至 1000 mL。
(4)质量分数 6% 过氧化氢溶液:取 200 mL 质量分数 30% 过氧化氢稀释至 1000 mL。

(5)质量分数2%碳酸钠溶液:称取20 g碳酸钠,用蒸馏水溶解后定容至1000 mL。

(6)软水:将100 mL质量分数2%碳酸钠溶液加入7500 mL自来水中,静置过夜后的上部清液即为软水。

(7)其他试剂:纯异戊醇或无水95%乙醇。

六、实验步骤

1. 称样

用天平准确称取10~50 g通过1 mm孔筛的风干土壤样品(精确到0.01 g)置于150 mL三角烧瓶中,通常黏土取10~20 g,其他质地土壤取20~50 g。

2. 分散处理

(1)分散有机团聚体:加少量蒸馏水湿润土样,然后加入10~20 mL过氧化氢(据有机质含量高低适当增减用量),用玻璃棒搅拌或用手顺时针摇动三角瓶,使有机质充分与过氧化氢反应,但尽量减少土样粘到内壁上,反应过程中会产生大量气泡,为防止样品溢出可加异戊醇(或无水乙醇)5 mL消泡,直至没有气泡产生为止。过量过氧化氢用加热方法去除。

(2)分散无机团聚体:根据土壤酸碱性分别选用不同的分散剂,完全破坏土壤团聚体结构。其中石灰性土壤加入30~60 mL 0.5 mol/L 六偏磷酸钠,酸性土壤加入20~40 mL 0.5 mol/L氢氧化钠,中性土壤加入10~20 mL 0.25 mol/L草酸钠,充分破坏土壤团聚体结构。为确保土壤颗粒充分分散,还必须对土样进行物理分散处理,如煮沸法(10~20 min)、振荡法(150~180 r/min,30~50 min)、研磨法(10~20 min)、超声法(10~20 min)。

3. 制备悬浊液

将用三角瓶充分振荡分散的土壤及液体倒入1000 mL量筒中,并多次用软水冲洗三角瓶,将冲洗的液体倒入量筒,直至将瓶中土壤完全转移至量筒,最后用软水定容至1000 mL。

4. 测定悬液比重

用搅拌棒搅拌量筒中的悬液30次,使悬液混合均匀,取出搅拌棒,分别从搅拌棒离时、1 min和2 h时用甲种比重计读取读数,读数后将比重计快速取出,最终具体沉降时间见表2-2。

表2-2 小于某粒径颗粒沉降时间表

温度/℃	粒径<0.05 mm	粒径<0.01 mm	粒径<0.005 mm	粒径<0.001 mm
4	1 min 32 s	43 min	2 h 55 min	48 h
5	1 min 30 s	42 min	2 h 50 min	48 h
6	1 min 25 s	40 min	2 h 50 min	48 h
7	1 min 23 s	38 min	2 h 45 min	48 h
8	1 min 20 s	37 min	2 h 40 min	48 h
9	1 min 18 s	36 min	2 h 30 min	48 h
10	1 min 18 s	35 min	2 h 25 min	48 h
11	1 min 15 s	34 min	2 h 25 min 1 s	48 h

续表 2-2

温度/℃	粒径<0.05 mm	粒径<0.01 mm	粒径<0.005 mm	粒径<0.001 mm
12	1 min 12 s	33 min	2 h 20 min 1 s	48 h
13	1 min 10 s	32 min	2 h 15 min 1 s	48 h
14	1 min 10 s	31 min	2 h 15 min 1 s	48 h
15	1 min 8 s	30 min	2 h 15 min 1 s	48 h
16	1 min 6 s	29 min	2 h 5 min 1 s	48 h
17	1 min 5 s	28 min	2 h 0 min 1 s	48 h
18	1 min 2 s	27 min 30 s	1 h 55 min 1 s	48 h
19	1 min	27 min	1 h 55 min 1 s	48 h
20	58 s	26 min	1 h 50 min 1 s	48 h
21	56 s	26 min	1 h 50 min 1 s	48 h
22	55 s	25 min	1 h 50 min 1 s	48 h
23	54 s	24 min 30 s	1 h 45 min 1 s	48 h
24	54 s	24 min	1 h 45 min 1 s	48 h
25	53 s	23 min 30 s	1 h 40 min 1 s	48 h
26	51 s	23 min	1 h 35 min 1 s	48 h
27	50 s	22 min	1 h 30 min 1 s	48 h
28	48 s	21 min 30 s	1 h 30 min 1 s	48 h
29	46 s	21 min	1 h 30 min 1 s	48 h
30	45 s	20 min	1 h 28 min 1 s	48 h
31	45 s	19 min 30 s	1 h 25 min 1 s	48 h
32	45 s	19 min	1 h 25 min 1 s	48 h
33	44 s	19 min	1 h 20 min 1 s	48 h
34	44 s	18 min 30 s	1 h 20 min 1 s	48 h
35	42 s	18 min	1 h 20 min 1 s	48 h
36	42 s	18 min	1 h 15 min 1 s	48 h
37	40 s	17 min 30 s	1 h 15 min	48 h
38	38 s	17 min 30 s	1 h 15 min	48 h

七、结果计算

$$砂粒占比(\%) = \frac{刚放入时比重计读数 - 1\,min\,时比重计读数}{刚放入时比重计读数} \times 100\% \quad (2-7)$$

$$粉粒占比(\%) = \frac{1\,min\,时比重计读数 - 2\,h\,时比重计读数}{刚放入时比重计读数} \times 100\% \quad (2-8)$$

$$黏粒占比(\%) = \frac{2\,h\,时比重计读数}{刚放入时比重计读数} \times 100\% \quad (2-9)$$

根据算出的值,参考土壤质地三角图(图 2-1)及土壤石砾和质地分类(表 2-3、表 2-4),

查出土壤样品的质地类型。

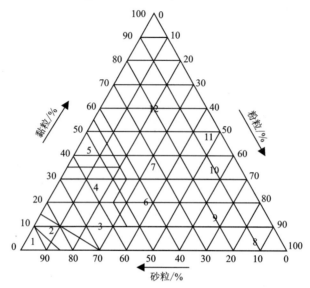

图 2-1 土壤质地三角图(美国制)

1.砂土；2.壤质砂土；3.砂质壤土；4.砂质黏壤土；5.砂质黏土；6.壤土；
7.黏质壤土；8.粉砂土；9.粉砂壤土；10.粉砂黏壤土；11.粉砂黏土；12.黏土

表 2-3 土壤石砾含量分级

1~3 mm 石砾含量	<1%	1%~10%	>10%
石砾分级	无砾质(质地名称前不冠)	砾质	多砾质

表 2-4 卡庆斯基土壤质地分类标准　　　　　　　　　　　　单位:%

质地名称		物理性黏粒(<0.01 mm)		
		灰化土、草原土	红壤、黄壤	碱化土、壤土
砂土	松砂土	0~5	0~5	0~5
	紧砂土	5~10	5~10	5~10
壤土	砂壤土	10~20	10~20	10~15
	轻壤土	20~30	20~30	15~20
	中壤土	30~40	30~45	20~30
	重壤土	40~50	45~60	30~40
黏土	轻黏土	50~65	60~75	40~50
	中黏土	65~80	75~85	50~65
	重黏土	>80	>85	>65

八、注意事项

(1)沉降筒应放在昼夜温差较小处,避免阳光直射影响土粒自由沉降。

(2)搅拌悬液时上下速度均匀,向下触及沉降筒底部,向上有孔金属片不露出液面,一般到液面下3~5cm高度即可。

(3)测定时比重计轻取轻放,尽可能避免摇摆与振动,应放在沉降筒中心,浮泡不能与四周接触,比重计读数以弯液面上缘为准。

(4)比重计应在尽可能短的时间内放入悬液,一般提前10~15s,读数后立即取出比重计,放入蒸馏水中冲洗,以备后用。

(5)若液面有气泡,可加滴异戊醇(或无水乙醇)消泡。

(6)每次读数后,要立即测温,温度计放入沉降筒中部,精确到0.1℃,再根据表2-5校正。

表2-5 比重计读数的温度校正值

悬液温度/℃	比重计读数减去校正值/g·L^{-1}	悬液温度/℃	比重计读数减去校正值/g·L^{-1}	悬液温度/℃	比重计读数加上校正值/g·L^{-1}	悬液温度/℃	比重计读数加上校正值/g·L^{-1}
6.0	2.2	13.0	1.6	20.0	0	27.0	2.5
6.5	2.2	13.5	1.5	20.5	0.2	27.5	2.6
7.0	2.2	14.0	1.4	21.0	0.3	28.0	2.9
7.5	2.2	14.5	1.4	21.5	0.5	28.5	3.1
8.0	2.2	15.0	1.2	22.0	0.6	29.0	3.3
8.5	2.2	15.5	1.1	22.5	0.8	29.5	3.5
9.0	2.1	16.0	1.0	23.0	0.9	30.0	3.7
9.5	2.1	16.5	0.9	23.5	1.1	30.5	3.8
10.0	2.0	17.0	0.7	24.5	1.5	31.5	4.2
10.5	2.0	17.0	0.8	24.0	1.3	31.0	4.0
11.0	1.9	18.0	0.5	25.0	1.7	32.0	4.6
11.5	1.8	18.5	0.4	25.5	1.9	32.5	4.9
12.0	1.8	19.0	0.3	26.0	2.1	33.0	5.2
12.5	1.7	19.5	0.1	26.5	2.2	33.5	5.5

九、实验设计与研究探索

土壤机械组成受土壤质地影响较大,同时受实验条件(温度)的影响也较大。因此,可探索不同质地及不同温度条件下的土壤机械组成,并解释其原因。

(1)土壤质地对土壤机械组成的影响:分别测定不同土壤质地(砂土、壤土、黏土)的土壤机械组成,对比其差异,并解释原因。

(2)温度对土壤机械组成的影响:分别在不同温度条件下测定同一土壤的机械组成,对比不同温度对土壤机械组成的影响,并解释其原因。

十、思考题

(1)为什么过氧化氢要适当加过量?

(2)过量过氧化氢要用加热方法去除,具体加热到多少摄氏度?为什么?

(3)为什么读数后要立即取出比重计,而不是一直放在其中等到读数结束?

(4)综合整个实验过程,全面分析影响土壤机械组成的因素有哪些?这些因素具体如何影响土壤机械组成?

(5)某学生在使用比重计法测定土壤机械组成时,没有加入分散剂对土壤颗粒进行分散从而得出数据,请思考该学生测得的数据是否可靠?并分析原因。

(6)某学生在使用比重计法测定土壤机械组成时,将沉降筒放在有太阳直射的地方进行土壤机械组成的测定,进而得出土壤质地类型,请问该学生得出的质地类型是否可信?并解释原因。

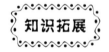 **野外定性判定土壤质地类型**

在野外测定土壤质地时,因携带仪器、药品不方便,所以常用速测法(指感法)。本法以手指对土壤的感觉为主,结合视觉和听觉来确定土壤质地,方便易行,熟悉后也较为准确,适用于田间土壤质地的鉴别。常用速测法可分为干测法和湿测法,两种方法可相互补充,一般以湿测法为主。

操作步骤:取一小块土,去除石砾和根系等杂质,放在手中捏碎,加少量水,以土粒充分浸润为宜,根据能否搓成球、条以及弯曲时断裂与否来加以判断(表1)。另外,可参照国际和苏联制土壤质地手测法鉴定标准,详见表2。

表1 土壤质地手测法判断标准

质地名称	干燥状态下在手指间挤压或摩擦的感觉	在湿润条件下揉搓成形时的表现
砂土	感觉粗糙,研磨时有沙沙响声	不能呈球形,用手捏成团,但一松即散,不能成片
砂壤土	砂粒为主,混有少量黏粒,很粗糙,研磨时有响声,干土块用小力即可捏碎	勉强可呈厚且短的片状,能搓成表面不光滑的小球,不能搓成条

续表1

质地名称	干燥状态下在手指间挤压或摩擦的感觉	在湿润条件下揉搓成形时的表现
轻壤土	干土块稍用力挤压即碎,手捻有粗糙感	片长不超过1cm,片面较平整,可搓成直径约3mm的土条,但提起后易断裂
中壤土	干土块用较大力才能挤碎为粗细不一的粉末,砂粒和黏粒的含量大致相同,稍有粗糙感	可成较长的薄片,片面较平整,但无反光,可以搓成直径约3mm的小土条,弯成2~3cm的圆形时会断裂
重壤土	干土块用大力才能破碎成为粗细不一的粉末,黏粒含量较多,略有粗糙感	可成较长的薄片,片面光滑,有弱反光,可以搓成直径约2mm的小土条,能弯成2~3cm的圆形,压扁时有裂缝
黏土	干土块很硬,用力不能压碎,细而均一,有滑腻感	可成较长的薄片,片面光滑,有强反光,可以搓成直径约2mm的细条,能弯成2~3cm的圆形,且压扁时无裂缝

表2 国际制和苏联制土壤质地手测法鉴定标准

质地名称		土壤状态	干捻感觉	能否湿搓成球(直径厘米级)	湿搓成条状况(2cm粗)
国际制	苏联制				
砂土	砂土	松散的单粒状	研磨有沙沙声	不能成球	不能成条
砂质壤土	砂壤土	不稳固的土块轻压即碎	有砂质感觉	可成球,轻压即碎,无可塑性	勉强成断续短条,一碰即断
壤土	轻壤土	土块轻搓即碎	有砂质感觉,绝无沙沙声	可成球,压扁时,边缘有多而大的裂缝	可成条,提起即断
粉砂壤土		有较多的云母片	面粉的感觉	可成球,压扁边缘有大裂缝	可成条,弯成2cm直径圆即断
黏壤土	中壤土	干时结块,湿时略黏	干土块较难捻碎	湿球压扁边缘有小裂缝	细土条弯成的圆环外缘有细裂缝
壤黏土	重壤土	干时结大块,湿时黏韧	土块硬,很难捻碎	湿球压扁边缘有细散裂缝	细土条弯成的圆环外缘无裂缝,压扁后有裂缝
黏土	黏土	干土块放在水中吸水很慢,湿时有滑腻感	土块坚硬捻不碎,用锤击亦难粉碎	湿球压扁的边缘无裂缝	压扁的细土环边缘无裂缝

第六节　土壤水稳性团聚体测定(干湿筛法)

土壤团聚体是指土壤中大小、形状不一且具有不同孔隙度和机械稳定性、水稳定性的结构单位。团聚体的稳定性是指团聚体内部的黏结抵抗冲击、剪切和磨损等外力和有内部残留的压缩气体排出(崩解)及各类膨胀造成的内力,防止其分散或破坏的能力。团聚体稳定性可用作一项反映土壤抵抗水蚀、表层气闭或结皮形成导致入渗和下层土壤透气性下降的土壤压实指标,也是评价土壤结构性的重要指标。土壤团聚体的测定有利于了解土壤水分的径流、入渗、再分布、通气以及根系生长。随着测定方法的发展,良好的土壤团聚体(尤其是团粒结构)具有调节土壤水分与空气、协调土壤养分消耗和积累、稳定土壤温度、改善土壤耕性的作用,有利于作物根系伸展。土壤团粒结构的多少,是评估土壤质量的一个重要指标。通常将粒径大于 0.25 mm 的结构单位称为大团聚体,大团聚体分为非水稳定性和水稳定性两种。非水稳定性大团聚体组成用干筛法测定,水稳定性大团聚体用湿筛法测定。

一、实验目的与要求

(1)掌握土壤水稳性团聚体测定的基本原理。
(2)熟悉土壤水稳性团聚体的测定方法及步骤。
(3)深入理解土壤团聚体(团粒结构)在土壤生态系统中的重要作用。
(4)能对实验数据进行计算分析和制作规范图表,对现象和结果进行合理分析与解释。
(5)能从实验中挖掘课程思政元素,实现立德树人目标。

二、基本原理

TTF-100 型土壤团聚体分析仪由电动机通过传动轴、减速机、带动架、摆动架上的主偏心轮旋转,带动主轴做上下运动,主轴再带动 4 套筛子。在筛子的上下运动过程中,非水稳性团聚体分解落入相应的筛子,而水稳性团聚体相对稳定,保留在相应的筛子上,经过一定时间的上下运动,取下筛子,分别将筛子上的土壤团聚体风干称重,即可计算水稳性土壤团聚体的含量。

三、应用范围

本方法适用于各类土壤水稳性团聚体的测定。

四、主要仪器设备与材料

主要有 TTF-100 型土壤团聚体分析仪,不锈钢水桶(4个),孔径 5 mm、2 mm、1 mm、0.5 mm、0.25 mm 的土壤筛,电子天平,铝盒,烘箱,干燥器等。

五、实验步骤

1. 土壤样品采集与处理

在野外采取土样时,要求不破坏土壤结构,土壤不宜过干或过湿,一个样品采集 1.5～

2.0 kg,放入塑料袋,做好标记。在采回来的土样中,将大的土块按其自然结构轻轻剥开成直径 10 mm 左右的团块,挑去石块、石砾、明显杂质和根系,放在纸上风干 2~3 d(不宜太干)。

2. 干筛

将剥样风干后的小样块,通过 5 mm、2 mm、1 mm、0.5 mm、0.25 mm 的筛组进行干筛,筛完后,将各级筛子上的样品分别称重(精确到 0.01 g),计算各级干筛团聚体和小于 0.25 mm 团聚体的百分含量,并做好记录。然后按照其百分含量,配成 3 份 50 g(精确到 0.01 g)的土样,进行湿筛分析和测定烘干重。

3. 湿筛

(1)冲洗干净套筛后按筛孔大的在上、小的在下的顺序套好,即从上到下的顺序孔径为 5 mm、2 mm、1 mm、0.5 mm、0.25 mm,将配成的 50 g 样品转移到团粒分析仪的土壤套筛组的最上层土壤筛(不要把小于 0.25 mm 的团聚体倒入湿筛样品),尽量使土块均匀分散在筛孔上,不能过于集中堆叠,不让土样留在筛子边沿。

(2)加入适量的水以使不锈钢水桶的水面高出套筛组上边缘 8~10 cm,确保套筛组最上面筛子的上缘部分在任何时候都不会露出水面。

(3)慢慢浸入事先盛好水的水桶中静置 10 min,直至全部土样达到水分饱和状态,逐渐排出土壤团聚体内部及团聚体间的全部空气,以免被封闭的空气破坏团聚体。

(4)打开土壤团聚体分析仪电源开关,调节好升降速度为 30 次/min,进行上下运动 15 min。

(5)转移各级土壤样品并烘干称重。

由上而下将每个套筛边沿停留的土样全部赶离,切忌直接冲刷土样,每冲洗完一个立即将停留在筛孔上的土样全部洗入铝盒中,不可放置在实验台面或其他地方。静置 15 min 后倾出上清液,将铝盒放入烘箱烘干称重(精确到 0.01 g),即为各级水稳性团聚体重量。

六、结果计算

$$土壤水稳性团聚体含量(\%) = \frac{各级团聚体烘干重}{土壤样品烘干重} \times 100 \qquad (2-10)$$

土壤各级稳定团聚体含量之和为土壤样品总团聚体含量。

七、注意事项

(1)取样时应注意保持土壤的原状,不能使土壤受到挤压而破坏土壤结构,剥开土壤样品时应避免受到机械压力而变形。

(2)调整筛子的高度,确保在筛分过程中装置上行时团聚体能够完全进入水中,或者装置下行时团聚体能刚好没入水面以下。

(3)下行过程会对团聚体造成额外的破坏,如水对团聚体的摩擦,建议使用统一的方法将团聚体有效地拿出水面或将其浸没在水中。

八、实验设计与研究探索

土壤水稳性团聚体受土壤质地和土壤有机质等因素的影响较大。因此,可探索不同质地和不同有机质条件下水稳性团聚体的差异,并解释原因。

(1)土壤质地对土壤水稳性团聚体的影响:分别测定黏土、壤土和砂土的水稳性团聚体,对比分析不同质地土壤类型水稳性团聚体的差异,并解释原因。

(2)土壤有机质含量对土壤水稳性团聚体的影响:分别测定不同有机质含量的土壤样品的水稳性团聚体,对比分析不同有机质含量的土壤水稳性团聚体的差异,并解释原因。

九、思考题

(1)某学生在测定土壤水稳性团聚体时使用了 0.1 dS/m 的水进行筛分,得出的数据是否可靠?为什么?

(2)某学生在进行筛分过程中,未充分调整筛子的高度,使得筛分过程中装置上行时的团聚体未能完全进入水中,得出的数据是否可靠?为什么?

第七节 土壤坚(紧)实度测定与分析(坚实度计法)

土壤坚实度是指柱塞(或锥体)插入土壤时与垂直压力相当的土壤阻力,又称穿透阻力。土壤坚实度的大小可影响作物根系的穿扎和生长,是一个重要的土壤物理特性指标,常用于评价土壤耕性。土壤坚实度通常采用坚实度计进行测定。

一、实验目的与要求

(1)掌握土壤坚实度测定的基本原理。
(2)熟悉土壤坚实度测定的基本方法和步骤。
(3)能对实验数据进行计算分析和制作规范图表,对现象和结果进行合理分析与解释。
(4)能从实验中挖掘课程思政元素,实现立德树人目标。

二、基本原理

当硬度计(土壤坚实度计)的探头被压入土中时,与探头所受到的阻力呈比例的弹簧也相应地被压缩,探头也随之相应地被压入硬度计内,压入探头所需要的压力与土壤硬度呈正比关系。

三、应用范围

本方法适用于含砾石较少或不含砾石的土壤。

四、主要仪器设备与材料

主要包括土壤坚实度计(具有弹簧游标),并附有各种型号的弹簧与探头。

五、实验步骤

(1)首先判断土壤的坚实状况,以便选用适当粗细的弹簧与探头类型。土壤松软的可用直径 16 mm 圆柱探头;土壤中等硬度,则用 10 mm 圆柱探头;土壤坚硬,则需要用 22.17 mm 锥形探头及粗弹簧。

(2)在工作前,套筒游标指示线应指在 5 cm 处,或指在探头体积所承受的压力"0 kg"处。

(3)在工作时,仪器应与土面(或土坑壁)垂直,探头揿入土内达到挡土板接触到土面时,即可从游标指示线所对准处读出厘米数(及探头入土深度)。

(4)根据探头的入土深度、探头的类型、弹簧的粗细,即可计算土壤坚实度的数值。

六、结果计算

土壤坚实度与探头体积(V)呈反比,与所承受压力(F)呈正比。

$$\Delta P = \frac{F}{V} = \frac{k_1 R}{\pi r^2 d} \text{(圆柱探头)} \quad (2-11)$$

$$\Delta P = \frac{h_1 h}{\frac{1}{3}\pi d^3 \frac{R^2}{D^2}} \text{(锥形探头)} \quad (2-12)$$

式中:ΔP 为土壤坚实度(khf/mm);k_1 为弹簧的弹性系数,粗弹簧为 0.2 kg/mm,细弹簧为 0.1 kg/mm;R 为锥形探头底半径(mm);r 为圆柱探头半径(mm);d 为探头入土深度(mm);h 为弹簧受力压缩的距离(mm);D 为锥形探头高度(mm)。

七、注意事项

(1)首先要判断土壤的坚实状况,依据初步判断的土壤坚实状况,选用适当粗细的弹簧与探头类型。

(2)在测定前,检测套头游标指示线的位置。

(3)在测定过程中,读数以探头锨入土内达到挡土板接触到土面时为准。

八、实验设计与研究探索

土壤的坚实度与土壤质地、土壤有机质含量等密切相关。因此,可探索不同土壤质地及不同有机质含量的土壤坚实度,并对比差异及分析原因。

(1)土壤质地对土壤坚实度的影响:分别测定黏土、壤土及砂土的坚实度,对比不同质地土壤类型的坚实度差异,并分析原因。

(2)土壤有机质对坚实度的影响:分别测定不同土壤有机质含量的坚实度,分析其差异并解释原因。

九、思考题

(1)谈谈土壤紧实度测定的基本原理。

(2)为什么不同质地和不同有机质含量的土壤紧实度不同？

第八节　土壤透水性(渗透性)测定(定水头法)

径流对土壤的侵蚀能力主要取决于地表径流量,而透水性强的土壤往往能在很大程度上减少地表径流量,土壤透水性强弱常用渗透率(或渗透系数)表示。当渗透量达到一个恒定值时的入渗量即为稳渗系数。

一、实验目的与要求

(1)掌握土壤渗透性测定的基本原理。
(2)熟悉土壤渗透性测定的方法和操作步骤。
(3)能对实验数据进行计算分析和制作规范图表,对现象和结果进行合理分析与解释。
(4)能从实验中挖掘课程思政元素,实现立德树人目标。

二、基本原理

在入渗初期一段时间内,土壤渗透速率较高,降水全部渗入土壤,此时土壤的渗透速率和降水速率等值,没有地表径流产生。随着降水时间延长,土壤含水量增高,渗透速率逐渐降低,当渗透速率小于降水速率时,地表产生径流。

三、应用范围

本方法适用于含砾石较少或无砾石的各类土壤透水性的测定。

四、主要仪器设备与材料

主要包括环刀、量筒、烧杯、漏斗、漏斗架、秒表等。

五、实验步骤

(1)在室外用环刀取原状土,带回实验室内,将环刀上、下盖取下,下端换上有网孔且带有滤纸的底盖并将该端浸入水中,同时注意水面不要超过环刀上沿。一般砂土浸 4~6 h,壤土浸 8~12 h,黏土浸 24 h。

(2)到预定时间后将环刀取出,在上端套上一个空环刀,接口处用胶布封好,再用融蜡粘合,严防从接口处漏水,然后将结合的环刀放在漏斗上,架上漏斗架,漏斗下面承接烧杯。

(3)往上面的空环刀中加水,水层 5 cm,加水后从漏斗滴下第一滴水时开始计时,以后每隔 1 min、2 min、3 min、5 min、10 min、t_i、……t_n,更换漏斗下的烧杯(间隔时间的长短视渗透快慢而定,注意要保持一定压力梯度),分别得出对应渗入量 Q_1、Q_2、Q_3、Q_4、Q_5、……Q_n。每更换一次烧杯要将上面环刀中水面加至原来高度,同时记录水温(℃)。

(4)试验一般时间约 1 h,渗水开始稳定,否则需观察到单位时间内渗出水量相等时为止。

六、结果计算

1. 渗出水总量(Q)

$$Q = \frac{(Q_1 + Q_2 + Q_3 \cdots + Q_n) \times 10}{S} \quad (2-13)$$

式中：Q_1、Q_2、Q_3、Q_n 分别为每次渗出水量(mL，即 cm^3)；S 为渗透桶的横截面积(cm^2)；10 为由 cm 换算成 mm 所乘的系数。这样就可以算出当地面保持 5 cm 水层厚度时，在任何时间内渗出水的总量。

2. 渗透速率(v)

$$v = \frac{10 \times Q_n}{t_n \times S} \quad (2-14)$$

式中：v 为渗透速率(mm/min)；Q_n 为间隔时间内渗透的水量(mL)；t_n 为每次渗透所间隔的时间(min)。由式(2-14)可知，渗透速率是在单位面积土壤上、在一定时间内渗透的水分量。

3. 渗透系数(K_t)

$$K_t = \frac{10 \times Q_n \times L}{t_n \times S \times (h+L)} = v \times \frac{L}{h+L} \quad (2-15)$$

式中：K_t 为温度为 t(℃)时的渗透系数(mm/min)；L 为土层厚度(cm)；h 为水层厚度(cm)。由式(2-15)可知，通过某一土层的水量与其断面积、时间和水层厚度(水头)呈正比，与渗透经过的距离(饱和土层厚度)呈反比，所以渗透系数是指在单位水压梯度下的渗透速度。

为了使不同温度下所测得的 K_t 便于比较，应换算成 10 ℃时的渗透系数。

$$K_{10} = \frac{K_t}{0.7 + 0.03\, t°} \quad (2-16)$$

式中：K_{10} 为温度 10 ℃时的渗透系数(mm/min)；$t°$ 为测定时的温度(℃)；0.7 和 0.03 为经验系数。

七、注意事项

(1) 将环刀浸入水中，水面不要超过环刀上沿。
(2) 套空环刀时，两个环刀间要做到密封不漏水。
(3) 在土壤渗透性测定过程中，要记录水温。

八、实验设计与研究探索

不同土壤类型及同一土壤类型不同植被类型下土壤的渗透性不同，不同温度条件对土壤渗透性也有较大的影响。

(1) 不同土壤类型对土壤渗透性的影响：分别测定不同土壤类型下的土壤渗透性，比较不同土壤类型下土壤渗透性的差异，并分析原因。
(2) 同一土壤类型下不同植被条件对土壤渗透性的影响：分别测定同一土壤类型条件下不同植被类型土壤的渗透性，分析不同植被类型对土壤渗透性的影响，并分析原因。

(3)温度对土壤渗透性的影响:分别测定不同温度下同一土壤类型的土壤渗透性,比较温度对土壤渗透性的影响。

九、思考题

(1)某学生在用环刀法测定土壤透水性时,两个环刀间有渗水现象,则得出的数据是否可靠?为什么?

(2)某学生在用环刀法测定不同质地土壤透水性时,未记录水温的变化,直接对得出的数据进行比较分析,则得出的数据与结论是否可信?为什么?

参考文献

第二章　土壤物理性质测定与分析	本章文献编号
第一节　土壤水分含量测定(烘干法)	[1-16]
第二节　土壤水势测定(张力计法)	[2-5,7-8,14]
第三节　土壤田间持水量测定(环刀法)	[2,5,8-9,14]
第四节　土壤容重和孔隙度测定(环刀法)	[1-3,7,9,14-15]
第五节　土壤机械组成测定与质地分析(比重计法)	[2-3,7-9,14-18]
第六节　土壤水稳性团聚体测定(干湿筛法)	[1-3,7-9,14-15,19]
第七节　土壤坚(紧)实度测定与分析(坚实度计法)	[1-3,5,7,14,16-18]
第八节　土壤透水性(渗透性)测定(定水头法)	[2,6,7,9-12,14,16-17,20]

[1]胡慧蓉,王艳霞.土壤学实验指导教程[M].北京:中国林业出版社,2020.

[2]乔胜英.土壤理化性质实验指导书[M].武汉:中国地质大学出版社,2012.

[3]张金波,黄涛,黄新琦,等.土壤学实验基础[M].北京:科学出版社,2022.

[4]邵明安,王全九,黄明斌.土壤物理学[M].北京:高等教育出版社,2006.

[5]刘光崧.土壤理化分析与剖面描述[M].北京:中国标准出版社,1996.

[6]CARTER M R,GERGORICH E G.土壤采样与分析方法[M].李保国,李永涛,任图生,等,译.北京:电子工业出版社,2022.

[7]全国农业技术推广服务中心.土壤分析技术规范[M].北京:中国农业出版社,2006.

[8]土壤环境监测分析方法编委会.土壤环境监测分析方法[M].北京:中国环境出版集团,2019.

[9]鲍士旦.土壤农化分析[M].3版.北京:中国农业出版社,2000.

[10]王鹤燕,李龙,李强,等.半干旱地区露天矿排土场复垦对土壤物理性质的影响[J].中国农业科技导报,2024,26(4):174-183.

[11]RAJMAN G,RAJENDRA K J,AMBUJ M,et al. Treeline ecotone drives the soil

physical, bio-chemical and stoichiometry properties in alpine ecosystems of the western Himalaya, India[J]. Catena, 2024, 239:107950.

[12] 郑洪兵,罗洋,隋鹏祥,等.秸秆还田对东北黑土水分特征及物理性质的影响[J].干旱地区农业研究,2024,42(1):226-236.

[13] 环境保护部.土壤　干物质和水分的测定　重量法:HJ 613—2011[S].北京:中国环境科学出版社,2011.

[14] 林大仪.土壤学实验指导[M].北京:中国林业出版社,2004.

[15] 鲁如坤.土壤农业化学分析方法[M].北京:中国农业科技出版社,2000.

[16] 李酉开.土壤农业化学常规分析方法[M].北京:科学出版社,1983.

[17] 劳家柽.土壤农化分析手册[M].北京:农业出版社,1988.

[18] 种云霄.农业环境科学与技术实验教程[M].北京:化学工业出版社,2016.

[19] 中华人民共和国农业部.土壤检测　第19部分:土壤水稳性大团聚体组成的测定:NY/T 1121.19—2008[S].北京:中国农业出版社,2008.

[20] 陈凤怡,黄艳萍,严美,等.琼西北3种林分类型枯落物与土壤的持水能力[J].森林与环境学报,2024,44(3):233-241.

第三章　土壤化学性质测定与分析

第一节　土壤pH测定与酸碱缓冲能力分析（电位法）

土壤酸碱性是土壤中存在着各种化学和生物化学反应，表现出不同的酸性或碱性。土壤酸碱度(pH)是土壤的重要化学性质，直接影响土壤养分的存在状态、转化和有效性，进而影响土壤肥力状况和作物生长发育。此外，土壤酸碱度也直接影响污染物的存在形态、迁移转化和富集，进而影响其生物毒性效应。因此，测定土壤pH具有十分重要意义。

一、实验目的与要求

(1)理解电位法测定土壤pH的基本原理。
(2)能独立测定土壤pH，比较分析土壤的酸碱缓冲能力。
(3)能对实验数据进行计算分析和制作规范图表，对现象和结果进行合理分析与解释。
(4)能从实验中挖掘课程思政元素，实现立德树人目标。

二、基本原理

pH复合电极由参比电极与显示电极(测量电极)组成，是一个原电池系统，其作用是将化学能转变成电能。pH复合电极插入土壤悬液或浸出液，测定其电动势，而pH复合电极内外的电位差(电动势)取决于试液中H^+的活度，主要来源于水浸液或盐浸液提取的土壤水溶性或交换性H^+。因此，电位差(Eh)与pH之间形成一一对应关系，公式为

$$Eh = E^o + \frac{0.059}{n}\lg\frac{(氧化态)}{(还原态)} - 0.059 pH$$

三、应用范围

本方法适用于各类土壤pH的测定。

四、主要仪器设备与材料

主要有酸度计、pH复合电极、50 mL小烧杯、玻璃棒、0.5～1 cm宽滤纸条、振荡器等。

五、试剂

(1) pH 4.01(25 ℃)标准缓冲溶液：称取10.21 g经105 ℃烘干2～3 h后的邻苯二甲酸氢钾，用无CO_2蒸馏水溶解定容至1 L。

(2)pH 6.87(25 ℃)标准缓冲溶液:称取 3.533 g 经 105 ℃ 烘干 2~3h 后的磷酸氢二钠和 3.388 g 磷酸二氢钾溶于无 CO_2 蒸馏水中,移入 1L 容量瓶中,用蒸馏水定容至刻度。

(3)pH 9.18(25 ℃)标准缓冲溶液:称取 3.800 g 经平衡处理的硼砂($Na_2B_4O_7 \cdot 10H_2O$)溶于无 CO_2 的蒸馏水中,溶解后定容至刻度。硼砂的平衡处理过程为:将硼砂放在盛有蔗糖与食盐饱和水溶液的干燥器内平衡两昼夜。

(4)0.1 mol/L HCl 溶液:将 0.83 mL 浓盐酸定容至 100 mL。

(5)0.1 mol/L NaOH 溶液:将 0.4 g 氢氧化钠溶解后定容至 100 mL。

(6)去除 CO_2 的蒸馏水:蒸馏水加热煮沸 15 min(或煮沸蒸发掉 10%)后密闭冷却备用。

六、实验步骤

1. 土壤溶液的制备

分别称取 10 g、5 g、2.5 g(精确至 0.05 g)通过 1 mm 孔径土壤筛的风干土样,置于 50 mL 小烧杯或离心管中,加 25 mL 去除 CO_2 的蒸馏水,配置水土比为 2.5:1、5:1、10:1 的土壤溶液各 3 份。1 份用于以玻璃棒搅拌或振荡方式使土样充分分散和土壤溶液混匀,静置 5 min 后进行测定;另 2 份用于酸碱缓冲能力测定。

2. 仪器校准

(1)接好电极,按下 ON/OFF 键。

(2)将 pH 复合电极和温度探棒清洗后放入 pH 6.87 标准缓冲溶液(校正液)中,仪器显示校正液的 pH 和温度。

(3)待读数稳定后再按 STAND 键,LCD 上的 STAND 会亮,SLOPE 会开始闪烁,此时已完成零点校正。

(4)将电极和温度探棒清洗后放入 pH 9.18 标准缓冲溶液(校正液)中,仪器显示校正液的 pH 和温度;如果所测温度无法在表 3-1 中找到,则采用插值法进行求算。

表 3-1 缓冲溶液 pH 在不同温度下的变化

温度/℃	pH4.01 标准缓冲溶液	pH6.87 标准缓冲溶液	pH9.18 标准缓冲溶液
0	4.003	6.984	9.464
5	3.999	6.951	9.395
10	3.998	6.923	9.332
15	3.999	6.900	9.276
20	4.002	6.881	9.225
25	4.008	6.865	9.180
30	4.015	6.853	9.139
35	4.024	6.844	9.102
38	4.03	6.84	9.081

续表 3-1

温度/℃	pH4.01 标准缓冲溶液	pH6.87 标准缓冲溶液	pH9.18 标准缓冲溶液
40	4.035	6.838	9.068
45	4.047	6.834	9.038

(5)读数稳定后再按 SLOPE 键，SLOPE 会停止闪烁，此时已完成斜率校正（在未按 MEA/EFF 键前可重复按 SLOPE 键），完成此步骤后即可测量。

3. 土壤溶液 pH 测定

将 pH 复合电极和温度探棒清洗后放入待测溶液中，按 MEA/EFF 键，LCD 上的 WAIT 开始闪烁，当 HOLD 亮时，即完成测试。若无法锁住，可到 pH 模式下测量，同时记录温度和与 Eh。

4. 土壤对酸缓冲能力测定

以蒸馏水做对比，蒸馏水体积应与土壤溶液体积一致。分别在两份土壤溶液中加入 10 滴或 0.5 mL 0.1 mol/L HCl 溶液和 10 滴或 0.5 mL 0.1 mol/L NaOH 溶液，摇晃或振荡 5～10 min 使土壤溶液充分混匀，分别测定 pH 并同时记下溶液温度和 Eh。

5. 土壤酸碱缓冲能力分析

以蒸馏水中滴加酸或碱引起的 pH 变化为对照，计算土壤溶液改变单位 pH 所需的酸或碱的量，进而判定土壤缓冲酸碱能力的强弱。

七、注意事项

(1)在用洗瓶冲洗复合电极的玻璃球泡时，避免瓶嘴与电极直接接触。
(2)将滤纸条放在球泡上静置吸干水分，尽量避免对电极玻璃球泡的摩擦。
(3)保护好电极，避免损坏电极的玻璃球泡。
(4)电极在从一溶液进入另一溶液前，必须用蒸馏水清洗干净，并用滤纸条吸干。
(5)振荡过程中要保证离心管水平放置，同时摆放方向一致，确保振荡效果一致。

八、实验设计与研究探索

不同土壤发生层次由于其成土因素差异和主导成土过程不同，其土壤溶液的酸碱性存在较大差异；此外，不同实验条件（如温度、搅拌时间等）对土壤酸碱性也有较大影响。为此，可以探索同一土壤剖面不同土层以及不同实验条件究竟对土壤溶液的 pH 有什么影响，并通过查阅教材和文献资料探究可能的原因。

(1)不同土壤发生层对土壤溶液 pH 的影响：分别测定土壤剖面各发生层次土壤溶液的 pH，分析土壤剖面各发生层次 pH 的变化规律，并加以解释。

(2)搅拌或振荡时间对土壤溶液 pH 的影响：搅拌或振荡时间分别设定为 10 min、20 min、30 min、40 min、50 min，室温条件下充分混匀后测定 pH。

(3)温度对土壤溶液 pH 的影响：温度分别设定为 10～12 ℃、20～22 ℃、30～32 ℃、40～42 ℃，将充分搅拌或振荡混匀的土壤溶液分别放入冰箱或恒温干燥箱，调整到设定温度时进行测定。

(4)土壤酸碱缓冲能力的影响因素分析:按照测定酸碱缓冲能力的方法,分别在不同水土比、不同振荡时间、不同温度条件下,加入相应浓度的酸碱混匀后,测定土壤溶液 pH,计算不同条件对土壤酸碱缓冲能力的影响。

九、思考题

(1)土壤剖面不同发生层的土壤样品,其土壤溶液的 pH 是否一致?为什么?

(2)相同土壤样品按照不同水土比例配制成 2.5∶1、5∶1、10∶1 的土壤溶液,其酸碱性和酸碱缓冲性是否一样?为什么?

(3)相同土样相同水土比,搅拌或振荡时间分别设为 10 min、20 min、30 min、40 min、50 min 后测定 pH 和酸碱缓冲性,结果是否一样?请加以解释。

(4)相同土样、相同水土比、相同振荡时间,但土壤溶液温度分别为 10~12 ℃、20~22 ℃、30~32 ℃、40~42 ℃,请问土壤酸碱性和酸碱缓冲性有何变化规律,并加以解释。

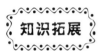

1. pH 电极存放方法及注意事项

测量完成后应把电极经蒸馏水清洗后,浸泡在 3 mol/L 氯化钾溶液中,以保持电极球泡的湿润,如果酸度计(pH 计)电极使用前发现保护液已流失,则应在 3 mol/L 氯化钾溶液中浸泡数小时,以使电极达到最好的测量状态。在实际使用酸度计(pH 计)电极时,有的分析人员把复合电极当作玻璃电极来处理,放在蒸馏水中长时间浸泡,这是不正确的。这会使复合电极内的氯化钾溶液浓度大大降低,导致在测量时电极反应不灵敏,最终导致测量数据不准确。因此,不应将复合电极长时间浸泡在蒸馏水中。

2. pH 电极活化方法及注意事项

pH 电极活化方法是在质量分数 4% 氢氟酸溶液中浸 3~5 s,取出用蒸馏水进行冲洗,然后在 0.1 mol/L 盐酸溶液中浸泡数小时后,用蒸馏水冲洗干净,再进行标定,即用 pH 6.87 (25 ℃)标准缓冲溶液进行定位,调节好后任意选择另一种 pH 标准缓冲溶液进行斜率调节,如无法调节到,则需更换电极。酸度计(pH 计)非封闭型复合电极,里面要加外参比溶液即 3 mol/L 氯化钾溶液,所以必须检查电极里的氯化钾溶液是否在 1/3 以上,如果不到,需添加 3 mol/L 氯化钾溶液。如果氯化钾溶液超出小孔位置,则把多余的氯化钾溶液甩掉,使溶液位于小孔下面,并检查溶液中是否有气泡,如有气泡要轻弹电极,把气泡完全赶出。在使用过程中,应把电极上面的橡皮剥下,使小孔露在外面,否则在进行分析时,会产生负压,导致氯化钾溶液不能顺利通过玻璃球泡与被测溶液进行离子交换,会使测量数据不准确。

第二节　土壤交换性酸测定（氯化钾交换-中和滴定法）

土壤潜性酸度是土壤酸度的一类，是指土壤胶体上吸着的氢离子（H^+）、铝离子（Al^{3+}）被盐类溶液中的盐基交换后所表现的酸度。土壤交换性酸控制着活性酸，因而决定了土壤的pH。土壤潜性酸的大小常用土壤交换性酸度或水解性酸度表示，两者在测定时所采用的浸提剂不同，因而测得潜性酸的量也有所不同。如果以中性盐溶液（如 1 mol/L KCl、NaCl 或 $BaCl_2$）的盐基将胶体上的 H^+、Al^{3+} 交换出来，称为交换性酸度或代换性酸度。用中性盐溶液浸提而测得的酸量只是土壤潜性酸量的大部分，而不是它的全部，因为用中性盐浸提的交换反应是个可逆的阳离子交换平衡反应，交换反应容易逆转。用弱酸强碱盐溶液（如 1 mol/L 醋酸钠）从土壤中交换出来的 H^+、Al^{3+} 所产生的酸度称为水解性酸度。由于醋酸钠水解，所得的醋酸解离度很小，而生成的 NaOH 又与土壤交换性 H^+ 作用，得到解离度很小的 H_2O，所以交换作用进行得比较彻底。另外，由于弱酸强碱盐溶液的 pH 大，使得胶体上的 H^+ 更易于解离出来，因此水解性酸度一般要比交换性酸度大得多，但这两者是同一来源的，本质上是一样的，都是潜性酸，只是交换作用的程度不同而已。

由于交换性 Al^{3+} 大量存在时，可使植物根系营养条件变差，损害植物生长和微生物活动。因此，了解土壤交换性酸尤其是交换性铝的状况对于农业生产具有重要的意义。土壤酸化加速了土壤中养分离子尤其是盐基离子的淋失，土壤日益贫瘠，导致土壤结构退化，释放出有害的 Al^{3+} 和其他重金属离子，降低土壤酶活性，使农作物减产、森林退化、污染地表和地下水。由此，对土壤酸化过程的研究以及酸化土壤的改良等问题得到越来越多学者的关注。土壤的交换性酸含量是评价土壤酸化程度的主要指标之一，能够反映出土壤中活性 Al^{3+} 的容量水平，从而可以预判出对植物的铝毒害程度。此外，作为土壤肥力的重要指标之一——土壤盐基饱和度，也直接受土壤交换性酸含量的影响。

一、实验目的与要求

(1)明确氯化钾交换-中和滴定法测定土壤交换性酸的基本原理。
(2)能独立掌握滴定法测定土壤交换性酸，判定土壤潜性酸的强弱。
(3)能对实验数据进行计算分析和制作规范图表，对现象和结果进行合理分析与解释。
(4)能从实验中挖掘课程思政元素，实现立德树人目标。

二、基本原理

在非石灰性土和酸性土中，土壤胶体吸附有一部分 H^+、Al^{3+}，当以 KCl 溶液淋洗土壤时，这些 H^+、Al^{3+} 便被钾离子交换而进入溶液。此时 H^+ 使溶液呈酸性，而 Al^{3+} 的水解增加了溶液的酸性。当用 NaOH 标准溶液直接滴定淋洗液时，所得结果（滴定度）为交换性酸（交换性 H^+、Al^{3+}）总量。

在淋洗液中加入足量 NaF，使铝离子形成络合离子，从而防止其水解，然后再用 NaOH

标准溶液滴定,即得交换性氢离子量。由两次滴定之差计算出交换性铝离子量。反应如下

$$AlCl_3 + 6NaF \longrightarrow Na_3AlF_6 + 3NaCl \tag{3-1}$$

三、应用范围

本方法适用于各类土壤交换性酸的测定。

四、主要仪器设备与材料

主要有恒温干燥箱、振荡器、土壤筛、100 mL 三角瓶、滴定管、1 L 容量瓶。

五、试剂

(1) 0.02 mol/L NaOH 标准溶液:取 100 mL 1 mol/L NaOH 溶液,加蒸馏水稀释至 5 L。准确浓度以邻苯二甲酸氢钾标定。

(2) 1 mol/L KCl 溶液:称取 74.5 g KCl(分析纯),溶于蒸馏水中,溶解后定容至 1 L。

(3) 质量分数 3.5% NaF 溶液:称取 3.5 g NaF(分析纯),溶于 100 mL 蒸馏水中,储存于涂蜡的试剂瓶中。

(4) 质量分数 1% 酚酞指示剂:称取 1 g 酚酞,溶于 100 mL 体积分数 95% 乙醇中。

六、实验步骤

(1) 称取相当于 4 g 烘干土(通过 0.25 mm 筛孔)的风干土样,置于 100 mL 三角瓶中。加约 20 mL 1 mol/L KCl 溶液,振荡后滤入 100 mL 容量瓶中。

(2) 同上多次用 1 mol/L KCl 溶液浸提土样,浸提液过滤于容量瓶中。每次加入 KCl 浸提液前必须待漏斗中的滤液滤干后再进行。当滤液接近容量瓶刻度时,停止过滤,取下用 KCl 溶液定容摇匀。

(3) 吸取 25 mL 滤液置于 100 mL 三角瓶中,煮沸 5 min 以除去 CO_2,加 2 滴酚酞指示剂,趁热用 0.02 mol/L NaOH 的标准溶液滴定,至溶液显粉红色即为终点。记下 NaOH 溶液的用量(V_1),据此计算交换性酸总量。

(4) 另取一份 25 mL 滤液,煮沸 5 min 以除去 CO_2,加足量的质量分数 3.5% NaF 溶液,冷却后加 2 滴酚酞指示剂,用 0.02 mol/L NaOH 溶液滴定至终点,记下 NaOH 溶液的用量(V_2),据此计算交换性氢离子量。

七、结果计算

$$\text{土壤交换性酸总量}(cmol/kg) = \frac{V_1 \times C \times \text{分取倍数}}{\text{烘土壤重}(g)} \times 100 \tag{3-2}$$

$$\text{土壤交换性氢}(cmol/kg) = \frac{V_2 \times C \times \text{分取倍数}}{\text{烘干土壤重}(g)} \times 100 \tag{3-3}$$

$$\text{土壤交换性铝}(cmol/kg) = \text{交换性酸总量} - \text{交换性氢} \tag{3-4}$$

式中:V_1 为滴定交换性酸总量消耗的 NaOH 体积(mL);V_2 为滴定交换性氢消耗的体积

(mL);C 为标准溶液的浓度(mol/L);分取倍数为 100 mL/25 mL＝4。

八、注意事项

(1)用 1 mol/L KCl 溶液浸提土样时,多次浸提液过滤于容量瓶中;每次加入 KCl 浸提液前必须待漏斗中的滤液滤干后再进行。

(2)测定交换性酸总量时,滤液煮沸 5 min 以除去 CO_2,加 2 滴酚酞指示剂,要趁热用 0.02 mol/L NaOH 标准溶液滴定。

(3)在测定交换性氢离子量时,淋洗液中加入足量的 NaF 溶液,使 Al^{3+} 形成络合离子,从而防止其水解,然后再用 NaOH 标准溶液滴定。

九、实验设计与研究探索

由于成土因素差异和主导成土过程不同,不同类型的土壤交换性酸差异较大。另外,不同实验条件(如温度、搅拌或振荡时间等)对土壤可交换性酸的溶出也有影响。为此,可以探索不同土壤类型、不同温度、不同搅拌(或振荡)时间对土壤交换性酸度的影响,并通过查阅资料探究可能的原因。

(1)不同土壤类型对土壤交换性酸度的影响:分别测定不同土壤类型的交换性酸度,分析各土壤类型的交换性酸度的差异,并加以解释。

(2)搅拌或振荡时间对土壤交换性酸度的影响:搅拌或振荡时间分别设定为 5 min、15 min、30 min、40 min、50 min,室温条件下充分混匀后测定交换性酸度。

十、思考题

(1)测定不同气候条件、不同成土过程产生的不同类型土壤的交换性酸度,结果是否一致?为什么?

(2)相同土样相同水土比,搅拌或振荡时间分别设定为 10 min、20 min、30 min、40 min、50 min 后测定交换性酸度,结果是否一样?并加以解释。

(3)相同土样、相同水土比、相同振荡时间,但土壤溶液温度分别为 10～12 ℃、20～22 ℃、30～32 ℃、40～42 ℃时,交换性酸度值有何变化规律,并加以解释。

第三节 土壤可溶性盐浓度测定与盐渍化分析(电导法)

土壤盐渍化是指土壤底层或地下水的盐分随毛管水上升到地表,水分蒸发后使盐分积累在表层土壤中的过程,是指易溶性盐分在土壤表层积累的现象或过程,也称盐碱化。盐碱土的可溶性盐主要包括钠、钾、钙、镁等的硫酸盐、氯化物、碳酸盐和重碳酸盐。硫酸盐和氯化物一般为中性盐,碳酸盐和重碳酸盐为碱性盐。中国盐渍土或称盐碱土的分布范围广、面积大、类型多,总面积约 10^8 hm^2,其中现代盐渍土占 37%,残积盐渍土占 45%,潜在盐渍土占 18%,主要发生在干旱、半干旱和半湿润地区。

一、实验目的与要求

(1) 理解电导法测定土壤可溶性盐总量的基本原理。
(2) 能独立使用电导仪测定土壤可溶性盐总量,判定土壤盐渍化程度。
(3) 能对实验数据进行计算分析和制作规范图表,对现象和结果进行合理分析与解释。
(4) 能从实验中挖掘课程思政元素,实现立德树人目标。

二、基本原理

电导率为电阻率的倒数,单位是西门子每米(S/m)。电导率的物理意义是表示物质导电的性能,电导率越大则导电性能越强,反之越小。

土壤可溶性盐是强电解质,其水溶液具有导电作用。在一定浓度范围内,溶液的含盐量与电导率呈正相关关系。因此,土壤浸出液的电导率数值能反映土壤含盐量的高低,但不能反映混合盐的组成。当土壤溶液中几种盐类彼此间的比值比较固定时,用电导率值测定总盐分浓度的高低是相当准确的。土壤浸出液的电导率可用电导仪测定,并可直接用电导率的数值来表示土壤含盐量的高低。盐离子浓度(C)与电导率(S)的关系为

$$C(g/L) = [S + 41.26]/2121 \tag{3-5}$$

三、应用范围

本方法主要适用于盐土、碱土、盐碱土等水溶性盐离子总量的测定。

四、主要仪器设备与材料

主要有电导仪、电导电极、振荡器、玻璃棒、0.5 cm 宽滤纸条、50 mL 小烧杯等。

五、试剂

0.01 mol/L 标准氯化钾溶液:称取 0.745 6 g 于 105 ℃ 干燥 2 h 并冷却后的氯化钾(优级纯),溶解于蒸馏水中,于 25 ℃ 下定容至 1000 mL。

六、实验步骤

1. 土壤溶液的配置

分别称取 10 g、5 g、2.5 g(精确至 0.05 g)通过 1 mm 孔径土壤筛的风干土样于 50 mL 小烧杯或塑料离心管中,加蒸馏水 25 mL,配置水土比为 2.5∶1、5∶1、10∶1 的土壤溶液,用玻璃棒搅拌(或振荡器上振荡)30~40 min,使土样充分分散混匀后测定。

2. 仪器校正

(1) 开机:分别将电导电极与温度传感器的插头插入相应位置,用蒸馏水清洗电导电极与温度传感器,再用待测液清洗一次,然后将电导电极与温度传感器浸入待测液中。按下"ON/OFF"键,等待数秒。

(2)电极常数设置:在电导率测量状态下,按下"电极常数"键,选择"▲"或"▼"键进行电极常数档次选择或常数调节,本电极常数档次为1.0(表3-2),电极常数标在电极上。

表3-2 电极常数与电导率测量范围

测量范围/$\mu S \cdot cm^{-1}$	0～2	2～200	200～2000	2000～20 000	20 000～200 000
推荐使用电导常数的电极	0.01、0.1	0.1、1.0	1.0	1.0、10	10

(3)电极校正:0.01 mol/L 标准氯化钾溶液:称取 0.745 6 g 于 105 ℃干燥 2 h 并冷却后氯化钾(优级纯),溶解于蒸馏水中,于 25 ℃下定容至 1000 mL。此溶液在 25 ℃时电导率为 1413 $\mu S/cm$。

(4)清洗电极:取出电极,用蒸馏水洗净,用滤纸条静置吸干水分后备用。

3. 电导率测定

将电导电极插入待测液中,使铂片全部浸没在液面下,并尽量插在液体的中心部位,测定待测液的电导率(S),记下读数。

4. 盐渍化程度判定

根据测定的电导率和盐度大小,判定土壤盐渍化程度(表3-3)。

表3-3 土壤饱和浸出液的电导率、盐分与植物生长关系

饱和浸出液电导率$(Ec_{25})/10^3 \mu S \cdot cm^{-1}$	盐分/$g \cdot kg^{-1}$	盐渍化程度	植物反应
0～2	<1.0	非盐渍化土壤	对作物不产生盐害
2～4	1.0～3.0	盐渍化土壤	对盐分极敏感的作物产量可能受到影响
4～8	3.0～5.0	中度盐土	对盐分敏感作物产量受到影响,但对耐盐作物(苜蓿、棉花、甜菜、高粱、谷子)无多大影响
8～16	5.0～10.0	重盐土	只有耐盐作物有收成,但影响种子发芽,而且出现缺苗,严重影响产量
>16	>10.0	极重盐土	只有极少数耐盐植物能生长,如盐植的牧草、灌木、树木等

七、注意事项

(1)开机前,必须检查电源是否接妥;电极连接必须可靠,防止腐蚀性气体侵入。

(2)保护好电导电极,避免损坏电极,滤纸条静置吸干电极上的水,不能用滤纸条摩擦电极的铂黑涂层,以免影响测量精度。

(3)电极在从一个溶液进入另一个溶液前,必须用蒸馏水冲洗干净并用滤纸条静置吸干。

(4)振荡过程中要保证离心管摆放方向一致,同时离心管水平放置,确保振荡效果一致。

八、实验拓展与研究探索

根据理论知识,不同土壤发生层次由于其成土因素差异和主导成土过程不同,土壤中可溶性盐分存在较大差异。另外,不同实验条件(如温度、搅拌或振荡时间等)对土壤可溶性盐的溶出也有影响。为此,可以探索同一土壤剖面不同发生层次、不同温度、不同搅拌(或振荡)时间对土壤可溶性盐浓度有什么影响,并通过查阅资料探究可能的原因。

(1)不同土壤发生层对可溶性盐含量的影响:分别测定土壤剖面各发生层次土壤溶液的电导率,分析土壤剖面各发生层次可溶性盐浓度变化规律,并加以解释。

(2)搅拌或振荡时间对土壤溶液电导率的影响:搅拌或振荡时间分别设为 5 min、15 min、30 min、40 min、50 min,室温条件下充分混匀后测定电导率。

(3)温度对土壤溶液电导率影响:温度分别设定为 10~12 ℃、20~22 ℃、30~32 ℃、40~42 ℃,将充分搅拌或振荡混匀的土壤溶液分别放入冰箱或恒温干燥箱,调整到设定温度时进行测定。

九、思考题

(1)土壤剖面不同发生层的土壤样品,其土壤溶液的可溶性盐浓度是否一致?为什么?

(2)相同土壤样品按照不同水土比例配制成 2.5∶1、5∶1、10∶1 的土壤溶液,其电导率值是否一样?为什么?

(3)相同土样相同水土比,搅拌或振荡时间分别设为 10 min、20 min、30 min、40 min、50 min 后测定电导率,结果是否一样?请加以解释。

(4)相同土样、相同水土比、相同振荡时间,土壤溶液温度分别为 10~12 ℃、20~22 ℃、30~32 ℃、40~42 ℃时,电导率值有何变化规律,请加以解释。

第四节 土壤CEC测定与分析评价
(三氯化六氨合钴分光光度法)

土壤阳离子交换量(cation exchange capacity,简称CEC),是 pH=7 时每千克土壤净负电荷的数量或者说土壤所能吸附和交换的阳离子数量(K^+、Na^+、Ca^{2+}、Mg^{2+}、NH_4^+、H^+、Al^{3+} 等),用每千克土壤的一价阳离子的厘摩尔数表示,单位为 cmol(+)/kg。CEC是土壤一个重要的化学性质,它直接反映了土壤的保肥、供肥性和缓冲能力。不同土壤的CEC不同,一般认为CEC大于 20 cmol(+)/kg 的土壤,其保肥、供肥和缓冲能力强;CEC为 10~20 cmol(+)/kg 的土壤,其保肥、供肥和缓冲能力中等;CEC小于 10 cmol(+)/kg 的土壤,其保肥、供肥和缓冲能力弱。因此,测定土壤的CEC可用来评价土壤保肥能力,也为改良土壤和合理施肥提供重要依据。此外,CEC是土壤缓冲性能的主要来源,直接影响土壤对酸碱和氧化还原的缓冲能力,进而影响土壤对污染物(尤其是重金属离子)的净化和去除。

一、实验目的与要求

(1)明确三氯化六氨合钴分光光度法测定土壤 CEC 的基本原理。
(2)能独立使用分光光度计测定土壤 CEC,判定土壤保肥及缓冲能力。
(3)能对实验数据进行计算分析和制作规范图表,对现象和结果进行合理分析与解释。
(4)能从实验中挖掘课程思政元素,实现立德树人目标。

二、基本原理

本实验是基于《土壤 阳离子交换量的测定三氯化六氨合钴浸提-分光光度法》(HJ 889—2017),该标准测定的 CEC 检出限为 0.8 cmol(+)/kg,测定下限为 3.2 cmol(+)/kg。在(20±2)℃条件下,用三氯化六氨合钴溶液作为浸提液浸提土壤,土壤中的阳离子被三氯化六氨合钴交换进入溶液中,三氯化六氨合钴在 475 nm 处有特征吸收,吸光度与浓度呈正比,根据浸提前后浸提液吸光度差值,即可计算土壤 CEC。

三、应用范围

本方法适用于各类土壤 CEC 的测定。

四、主要仪器设备与材料

主要有紫外可见分光光度计、电子天平(精确度 0.01 g)、振荡器、低速离心机、10 mL 离心管、50 mL 离心管、塑料吸管或胶头滴管、洗瓶。

五、试剂

1.66 cmol/L 三氯化六氨合钴溶液:准确称取 4.458 g 三氯化六氨合钴溶于水中,用超纯水定容至 1000 mL,在 4 ℃ 低温保存。

六、实验步骤

1. 标准曲线的绘制

分别量取 0 mL、1.00 mL、3.00 mL、5.00 mL、7.00 mL、9.00 mL 的 1.66 cmol/L 三氯化六氨合钴溶液于 6 个 10 mL 离心管中,分别用水稀释至刻度,三氯化六氨合钴溶液浓度分别为 0 cmol/L、0.166 cmol/L、0.498 cmol/L、0.830 cmol/L、1.160 cmol/L、1.490 cmol/L。以超纯水做参比,用 10 mm 比色皿在波长 475 nm 处测量吸光度,记录实验数据,以标准系列溶液中三氯化六氨合钴溶液浓度为横坐标,以其对应的吸光度为纵坐标,建立标准曲线,得出校准曲线方程、相关系数(0.999 以上为宜)。

2. 土壤样品的制备

将风干样品过 1.7 mm 的尼龙筛,充分混匀。称取 3.5 g(1.5 g)混匀后的样品置于 100 mL (50 mL)圆底塑料离心管中,加入 1.66 cmol/L 三氯化六氨合钴溶液 50.00 mL(20.00 mL),旋紧离心管密封盖,在(20±2)℃条件下振荡60 min,调节振荡频率为120~180次/min,使土壤浸提液混合物在振荡过程中保持悬浮状态。然后以4000 r/min离心20 min,收集上清液于比色管中进行比色。

3. CEC测定与校正

土壤中溶解性有机质较多时,有机质在475 nm处也有吸收,影响CEC的测定。因此,可同时在380 nm处测量试样吸光度,用来校正可溶有机质的干扰。具体校正方法为:假设A_1、A_2分别为试样在475 nm和380 nm处的吸光度,则试样校正吸光度$A=1.025A_1-0.205A_2$。

在土壤样品的测定过程中,加入的风干土壤水分极少,对三氯化六氨合钴溶液的浓度影响甚微。因此,本实验空白试样吸光度(A_0)可以直接量取1.66 cmol/L三氯化六氨合钴溶液测定。

七、结果计算

$$\mathrm{CEC} = \frac{(A_0 - A) \times V \times 3}{b \times m \times w_{dm}} \quad (3-6)$$

式中:CEC为土壤样品阳离子交换量[cmol(+)/kg];A_0为空白试样吸光度;A为试样吸光度或校正吸光度;V为浸提液体积(mL);3为$[Co(NH_3)_6]^{3+}$的电荷数;b为标准曲线斜率;m为取样量(g);w_{dm}为土壤样品干物质含量(%)。

八、注意事项

(1)离心前要将离心管按照对角线配平,以免损坏转子。

(2)离心管内液体不能太满,以确保离心管内土壤溶液能充分振荡,加速离子交换。

(3)离心后的离心管保持垂直,要轻拿轻放;用吸管轻轻吸取上清液于比色皿中,切忌直接倾倒,确保上清液清澈。

(4)待测液进行比色前,要测定每个比色皿的吸光度差异(皿差),扣除背景值。

(5)比色皿使用前一定要用酒精清洗干净,确保比色皿在比色时没有气泡,内外壁干净透明无杂质。

九、实验设计与研究探索

不同土壤发生层次由于其成土因素差异和主导成土过程不同,土壤有机质含量差异较大,其CEC也存在较大差异。此外,不同实验条件(如温度、振荡或搅拌时间等)对土壤CEC也有较大影响。为此,可以探索同一土壤剖面不同土层以及不同实验条件究竟对土壤CEC有什么影响,并通过查阅教材和文献资料探究可能的原因。

(1)不同土壤发生层对土壤CEC的影响:分别测定土壤剖面各发生层次土壤CEC,分析土壤剖面各发生层次CEC变化规律,并加以解释。

(2)不同土壤有机质含量对土壤CEC的影响:测定不同有机质含量的土壤CEC,分析土壤有机质对CEC的影响,并给出合理解释。

(3)搅拌或振荡时间对土壤溶液 CEC 的影响:搅拌或振荡时间分别设为 10 min、20 min、30 min、40 min、50 min,室温条件下充分混匀后测定 CEC。

(4)温度对土壤溶液 CEC 的影响:温度分别在 10~12 ℃、20~22 ℃、30~32 ℃、40~42 ℃下充分搅拌或振荡混匀土壤溶液后进行测定。

十、思考题

(1)为什么土壤有机质含量较高时,需要进行吸光度校正?

(2)为什么振荡时离心管内液体体积不能太满?

(3)结合本实验,是否可以根据实验条件和具体情况对实验方案进行适当调整?调整后是否对实验结果有影响?从中能得到什么启示?

(4)在做标准工作曲线时,如何判定标准工作曲线的有效性和准确性(浓度与吸光度关系)?

(5)本实验中,有机质在 475 nm 处也有吸收,影响 CEC 的测定。因此,可同时在 380 nm 处测量试样吸光度,用来校正可溶有机质的干扰,为什么?

第五节 土壤氧化还原电位测定(电位法)

土壤氧化还原电位,是土壤中的氧化态物质和还原态物质在氧化还原电极(常为铂电极)上达到平衡时的电极电位,是反映土壤氧化还原状况的重要指标,用 Eh 表示,单位为 mV。土壤氧化还原电位的高低,取决于土壤溶液中氧化态和还原态物质的相对浓度,一般采用铂电极和饱和甘汞电极电位差法进行测定。影响土壤氧化还原电位的主要因素有:①土壤通气性;②土壤水分状况;③植物根系的代谢作用;④土壤中易分解的有机质含量。

旱地土壤的正常 Eh 为 200~750 mV,若大于 750 mV,则土壤完全处于氧化状态,有机质消耗过快,有些养料由此丧失有效性,应灌水适当降低 Eh。若小于 200 mV,则表明土壤水分过多,通气不良,应排水或松土以提高其 Eh。水田土壤 Eh 变动较大,在淹水期间 Eh 可低至 −150 mV,甚至更低;在排水晒田期间,土壤通气性改善,Eh 可增至 500 mV 以上。一般地,稻田适宜的 Eh 在 200~400 mV 之间,若 Eh 经常在 180 mV 以下或低于 100 mV,则水稻分蘖或生长发育受阻。若长期处于 −100 mV 以下,水稻会严重受害甚至死亡,此时应及时排水晒田以提高其 Eh。

一、实验目的与要求

(1)理解电位法测定土壤氧化还原电位的基本原理。

(2)能独立使用电位仪测定土壤氧化还原电位,判定土壤氧化还原性的强弱。

(3)能对实验数据进行计算分析和制作规范图表,对现象和结果进行合理分析与解释。

(4)能从实验中挖掘课程思政元素,实现立德树人目标。

二、基本原理

将铂电极和参比电极插入新鲜或湿润的土壤中,土壤中的可溶性氧化剂或还原剂从铂电极上接受或给予电子,直至在电极表面建立起一个平衡电位,测量该电位与参比电极电位的差值,再与参比电极相对于氢标准电极的电位值相加,即得到土壤的氧化还原电位。

三、应用范围

本方法适用于各类土壤氧化还原电位的测定。

四、主要仪器设备与材料

(1)电位计:输入阻抗不小于10 GΩ,灵敏度为1 mV。

(2)氧化还原电极:铂电极,需在空气中保存并保持清洁。两种不同类型的铂电极结构见图3-1。

(3)氧化还原电极、参比电极相对于标准氢电极的电位见表3-4。银-氯化银电极应保存于1.00 mol/L或3.00 mol/L的氯化钾溶液中,氯化钾的浓度与电极中的使用浓度相同,或直接保存于含有相同浓度的氯化钾溶液的盐桥中。

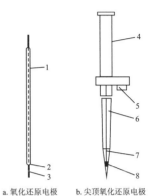

图3-1 氧化还原电极的结构
1.绝缘材料;2.铜杆;3.铂丝;4.把手;5.插孔;
6.钢杆;7.环氧树脂;8.暴露的铂丝束

表3-4 不同温度对应的参比电极相对于标准氢电极的电位值　　　　单位:mV

温度/℃	不同参比电极					
	甘汞电极 0.1 mol/L KCl	甘汞电极 1 mol/L KCl	甘汞电极 饱和 KCl	银-氯化银 1 mol/L KCl	银-氯化银 3 mol/L KCl	银-氯化银 饱和 KCl
50	331	274	227	221	188	174
45	333	273	231	231	192	182
40	335	275	234	227	196	186
35	335	277	238	230	200	191
30	335	280	241	233	203	194
25	336	283	244	236	205	198
20	336	284	248	239	211	202
15	336	286	251	242	214	207
10	336	287	254	244	217	211
5	335	285	257	247	221	219
0	337	288	260	249	224	232

(4)不锈钢空心杆:直径比氧化还原电极大2mm,长度应满足氧化还原电极插入土壤中所要求的深度。

(5)盐桥:连接参比电极和土壤。盐桥的结构见图3-2。

(6)手钻:直径大于盐桥参比电极3~5mm。

(7)温度计:灵敏度为±1℃。

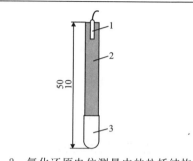

图3-2 氧化还原电位测量中的盐桥结构
1.银-氯化银电极;2.琼脂氯化钾溶液
(质量分数0.5%);3.陶瓷套

五、试剂

主要试剂有醌氢醌($C_{12}H_{10}O_4$)、铁氰化钾($K_3[Fe(CN)_6]$)、琼脂、氯化钾(KCl)、氧化还原缓冲溶液、亚铁氰化钾($K_4Fe(CN)_6 \cdot 3H_2O$)。

将适量粉末态醌氢醌加至pH缓冲溶液中(获得悬浊液)或等摩尔的铁氰化钾-亚铁氰化钾(mol/mol)混合溶液。标准氧化还原缓冲溶液的电位值见表3-5~表3-7。

表3-5 不同标准氧化还原缓冲溶液电位值(醌氢醌) 单位:mV

参比电极	pH=4			pH=7		
	20℃	25℃	30℃	20℃	25℃	30℃
饱和银-氯化银	268	263	258	92	86	79
饱和甘汞电极	223	218	213	47	41	34
饱和氢电极	471	462	454	295	285	275

表3-6 标准氧化还原缓冲溶液电位值(铁氰化钾—亚铁氰化钾) 单位:mV

pH	Eh	pH	Eh	pH	Eh
0	771	5	500	10	−150
1	770	6	390	11	−320
2	750	7	270	12	−480
3	710	8	160	13	−560
4	620	9	30	14	−620

注:用0.001 mol/L^{-1}的铁氰化钾和亚铁氰化钾溶液测量最为准确。铁氰化钾和亚铁氰化钾溶液的浓度均相等。

表3-7 标准氧化还原缓冲溶液电位值(标准氢电极)

浓度/mol·L^{-1}	0.01	0.007	0.004	0.002	0.001
Eh/mV	415	409	401	391	383

(1)1.00 mol/L氯化钾溶液:称取74.55 g KCl于1000 mL容量瓶中,用水稀释至标线,混匀。

(2)3.00 mol/L 氯化钾溶液:称取 223.65 g KCl 于 1000 mL 容量瓶中,用水稀释至标线,混匀。

(3)电极清洁材料:细砂纸、去污粉、棉布。

六、实验步骤

1. 电极和盐桥的布置

氧化还原电极和盐桥的现场布置见图 3-3。氧化还原电极和盐桥之间的距离应在 0.1~1 m 之间,两支氧化还原电极分别插入不同深度的土壤中。电极插入的土壤层的水分状态,按表 3-8 中的分类应为新鲜或潮湿。如表层土壤干燥,盐桥应放在新鲜或潮湿土层的孔内,参比电极避免阳光直射。

2. 测定

在每个测量点位,先用不锈钢空心杆在土壤中分别钻两个比测量深度浅 2~3 cm 的孔,再迅速插入铂电极至待测深度。每个测量深度至少放置两个电极,且两个电极之间的距离为 0.1~1 m,铂电极至少在土壤中放置 30 min,然后连接电位计。

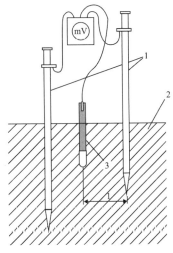

图 3-3 氧化还原电极和盐桥的布置
1. 氧化还原电极;2. 土壤;3. 盐桥

表 3-8 土壤水分状态评价

土壤评价	性质	土壤鉴别特征	
		>17% 黏土	<17% 黏土
干	水分含量低于凋萎点	固体,坚硬,不可塑,湿润后严重变黑	颜色浅,湿润后严重变黑
新鲜	水分含量介于田间土壤水分含量与凋萎点之间	半固体,可塑,用手碾成 3 mm 细条时会破裂和碎散,湿润后颜色轻微加深	湿润后颜色轻微加深
润湿	水分含量接近于田间水分含量,不存在游离水	可塑,碾成 3 mm 细条时无破裂,湿润后颜色保持不变	接触的手指轻微湿润,挤压时没有水出现,湿润后颜色保持不变
潮湿	存在游离水,部分土壤孔隙空间饱和	质软,可碾成小于 3 mm 的细条	接触的手指迅速湿润,挤压时有水出现
饱和	所有孔隙饱和,存在游离水	所有孔隙饱和,存在游离水	所有孔隙饱和,存在游离水
充满	表层土壤含有水分	表层土壤含有水分	表层土壤含有水分

在距离氧化还原电极 0.1~1 m 处的土壤中安装盐桥,并应保证盐桥的陶瓷套与土壤有良好接触。1 h 后开始测定,记录电位计的读数(E_m)。如果 10 min 内连续测量相邻两次测定值的差值不大于 2 mV,可以缩短测量时间,但至少需要 30 min。读取电位的同时,测量参比

电极处的温度。

在读数间隔期间要将铂电极从毫伏计上断开,因为氯化钾会从盐桥泄露到土壤中,2 h 会达到最大泄漏量。如果断开不能解决问题,要从土壤中取出盐桥,下次测量前再重新安装。

七、结果计算

土壤的氧化还原电位 Eh 计算公式为

$$Eh = E_m + E_r \tag{3-7}$$

式中:Eh 为土壤的氧化还原电位(mV);E_m 为仪器读数(mV);E_r 为测试温度下参比电极相对于标准氢电极的电位(mV)。

八、注意事项

(1)使用同一支铂电极连续测试不同类型的土壤后,仪器读数常出现滞后现象,此时应在测定每个样品后对电极进行清洗净化。必要时,将电极放置于饱和 KCl 溶液中浸泡,待参比电极恢复原状方可使用。

(2)如果土壤水分含量低于 5%,应尽量缩短铂电极与参比电极间距离,以减小电路中的电阻。

(3)铂电极需在一年之内使用,且每次使用前都要检查铂电极是否损坏或污染。如果铂电极被沾污,可用棉布轻擦,然后用蒸馏水冲洗。

(4)铂电极使用前,应用氧化还原缓冲溶液检查其响应值,如果其测定电位值与氧化还原缓冲溶液的电位值之差大于 10 mV,应进行净化或更换。同样也要检测参比电极。参比电极可以相互检测,但至少需要 3 个参比电极轮流连接,当一个电极的读数与其他电极的读数差别超过 10 mV 时,可视为该电极有缺陷,应弃用。

(5)在安装盐桥时,应保证盐桥的陶瓷套与土壤有较紧密的接触。

(6)两支氧化还原电极分别插入不同深度的土壤中,如表层土壤干燥,盐桥应放在新鲜或潮湿土层的孔内,参比电极避免阳光直射。

九、实验设计与研究探索

土壤有机质含量、通气性、质地以及水肥管理会影响土壤中氧化还原态物质的种类和数量,进而影响土壤氧化还原电位。此外,不同实验操作和环境条件(如温度等)对土壤 Eh 也有较大影响。为此,可以探索不同土壤有机质、通气性、质地以及不同水肥管理对土壤 Eh 有何影响,并通过查阅教材和文献资料探究可能的原因。

(1)不同土壤发生层对土壤 Eh 的影响:分别测定土壤剖面各发生层次土壤 Eh,分析土壤剖面各发生层次 Eh 变化规律,并加以解释。

(2)不同土壤有机质含量对土壤 Eh 的影响:测定不同有机质含量的土壤 Eh,分析土壤有机质对 Eh 的影响,并给出合理解释。

(3)不同土壤含水量对土壤 Eh 的影响:设置土壤含水量为萎蔫点、最大吸湿系数、田间持水量、饱和含水量等条件,分别测定土壤 Eh,分析 Eh 随土壤含水量的变化规律,并加以解释。

(4)不同质地对土壤 Eh 的影响:分别取沙土、壤土和黏土,或人为配制不同质地类型土样,测定 Eh,对比分析不同质地 Eh 的差异,并给予合理解释。

十、思考题

(1)为什么土壤有机质含量会影响土壤 Eh?

(2)不同质地的土壤 Eh 会有差异吗?为什么?

(3)结合本实验,分析测定 Eh 时的条件不同,尤其是土壤含水量不同时同一监测点位的 Eh 会有差异吗?为什么?是否可以从实验结果中得到一些启示?

(4)为什么参比电极需避免阳光直射?

(5)为什么要将两支氧化还原电极分别插入不同深度的土壤中?

第六节 土壤可溶性碳酸根、重碳酸根测定

土壤总碱度是指土壤溶液或灌溉水中碳酸根、重碳酸根的总量,即每百克土中所含的碳酸根和重碳酸根的毫摩尔数,也可以用碳酸根和重碳酸根的质量百分数来表示。测定土壤可溶性碳酸根、重碳酸根一般用双指示剂中和滴定法,但是对于有机质含量较高的强碱性土壤,因有机质可能浸出较多而使溶液呈棕色,用双指示剂法不易判断终点,测定碳酸根、重碳酸根的较好方法是电位滴定法。

一、实验目的与要求

(1)明确双指示剂中和滴定法测定土壤可溶性碳酸根、重碳酸根的基本原理。

(2)能独立完成土壤可溶性碳酸根、重碳酸根测定全过程,理解操作过程的注意事项。

(3)能对实验数据进行计算分析和制作规范图表,对现象和结果进行合理分析与解释。

(4)能从实验中挖掘课程思政元素,实现立德树人目标。

二、基本原理

浸出液中同时存在的碳酸根、重碳酸根,可用标准酸分步滴定。第一步在待测液中加入酚酞指示剂,用标准酸滴定至溶液由红色变为不明显的浅红色终点,此时中和了碳酸根的一半量;第二步再加入甲基橙指示剂,继续用标准酸滴定至溶液由黄色变至橙红色终点,此时溶液中的碳酸根和重碳酸根全部被中和。由标准酸的两步用量分别求出土壤中碳酸根及重碳酸根含量。滴定时标准酸如采用硫酸,则滴定后的溶液可继续测定氯根(Cl^-)。

三、应用范围

本方法适用于林地、草地、农田等不同类型的土壤。

四、主要仪器设备与材料

主要有电热恒温烘箱、水浴锅、玻璃蒸发皿、干燥器、分析天平(感量 0.01 g)、往复式振荡

机、真空泵、布氏漏斗、抽滤瓶、三角瓶(150 mL)、铁架台、酸式滴定管(25 mL)、移液管(25 mL)、长条蜡光纸、吸管(10 mL)、量筒(100 mL)、角匙、吸水纸、滴瓶(50 mL)、吸耳球等。

五、试剂

(1)硫酸标准溶液(0.02 mol/L 的 $\frac{1}{2}H_2SO_4$)：吸取 1.40 mL 浓硫酸(密度 1.84 g/mL)加入 500 mL 去二氧化碳水中,用碳酸钠标定其准确的浓度(约为 0.10 mol/L),然后将此溶液准确稀释 5 倍制成 0.02 mol/L 的 $\frac{1}{2}H_2SO_4$ 标准溶液(如水质不纯,必须在稀释后标定)。用分析天平称取 3 份 0.030 0 g 无水碳酸钠(在 180～200 ℃ 的电热恒温烘箱中烘 4～6 h)分别置于锥形瓶中,用 20～30 mL 煮沸除去二氧化碳的水使其溶解,加入 2 滴 1 g/L 甲基橙指示剂,用硫酸标准溶液滴定至溶液由黄色变为橙红色为止。记下硫酸标准溶液的用量 V,按下面公式计算硫酸溶液的浓度 C。

$$C = \frac{M}{V \times 0.053} \qquad (3-8)$$

式中：C 为硫酸标准溶液的浓度(mol/L)；M 为无水碳酸钠的质量(g)；0.053 为 1/2 碳酸钠分子的摩尔质量(g/mmol)。

(2) 1 g/L 甲基橙指示剂：称取 0.1 g 甲基橙溶于 100 mL 水中。

(3) 10 g/L 酚酞指示剂：称取 1 g 酚酞溶于 100 mL 无水乙醇中。

六、实验步骤

(1)分别称取 5 g 通过 2 mm 孔径土壤筛的风干土样(精确至 0.01 g)于 50 mL 小烧杯或塑料离心管中,加 25 mL 无二氧化碳的蒸馏水,配置水土比为 5∶1 的土壤溶液,用玻璃棒搅拌(或振荡器上振荡)30～40 min。通过离心法(转速 10 000 r/min)、减压过滤法或静置澄清法即可获得浸提液。

(2)用移液管吸取 25.0 mL 浸出液放入 150 mL 锥形瓶中,加 1 滴酚酞指示剂。如溶液不现粉红色,表示无碳酸根存在,应继续测定重碳酸根；如现红色,则用 10 mL 滴定管加入硫酸标准溶液,随滴随摇,直至粉红色不很明显为止。记下所用硫酸溶液的毫升数 V_1。

(3)再向溶液中加入 2 滴甲基橙指示剂,继续用 0.02 mol/L 硫酸标准溶液滴定至溶液刚由黄色突变为橙红色为止。记录此段滴定所用硫酸标准溶液的毫升 V_2。

七、结果计算

$$土壤CO_3^{2-}含量(cmol/kg) = \frac{2V_1 \times C}{m \times 10} \times 1000 \qquad (3-9)$$

$$土壤CO_3^{2-}含量(g/kg) = CO_3^{2-}含量 \times 0.030 \times 10 \qquad (3-10)$$

$$土壤HCO_3^{-}含量(cmol/kg) = \frac{(V_2 - V_1) \times C}{m \times 10} \times 1000 \qquad (3-11)$$

$$土壤HCO_3^{-}含量(g/kg) = HCO_3^{-}含量 \times 0.061 \times 10 \qquad (3-12)$$

式中：C 为硫酸标准溶液的浓度(mol/L)；m 为相当于分析时所取浸出液体积的干土质量(g)；0.030 为 $\frac{1}{2}CO_3^{2-}$ 的摩尔质量(kg/mol)；0.061 为 HCO_3^- 的摩尔质量(kg/mol)。

八、注意事项

（1）碳酸根和重碳酸根的测定必须在过滤后立即进行，不宜放置过夜，否则会由于浸出液吸收或释出二氧化碳而产生误差。

（2）滴定碳酸根的等当点 pH 应为 8.3，此时酚酞微呈桃红色，如滴定至完全无色，pH 已小于 7.7。对终点的辨认无把握时，可以用 pH 计测定 pH 来配合判断终点。

（3）用硫酸标准溶液滴定碳酸根和重碳酸根后的溶液，可以用来继续滴定氯根，但应先将此溶液用 0.01 mol/L 碳酸氢钠(加 2~3 滴)调至 pH≈7 呈纯黄色以后，方能继续滴定氯根(Cl^-)。

（4）振荡过程中要保证离心管摆放方向一致，同时离心管水平放置，确保振荡效果一致。

九、实验拓展与研究探索

由于其成土因素差异和主导成土过程不同，土壤中可溶性碳酸根和重碳酸根存在较大差异；不同植被类型和土壤耕作施肥管理等也会影响可溶性碳酸根和重碳酸根含量；另外，不同实验条件(如温度、搅拌或振荡时间等)对土壤可溶性碳酸根和重碳酸根的溶出也有影响。为此，可以探索同一土壤剖面不同发生层次、不同土壤管理、不同植被类型、不同温度、不同搅拌(或振荡)时间对土壤可溶性碳酸根和重碳酸根含量有什么影响，并通过查阅资料探究可能的原因。

十、思考题

（1）土壤剖面不同发生层的土壤样品，其土壤碳酸根和重碳酸根浓度是否一致？为什么？

（2）相同土壤样品按照不同水土比例配制成 2.5∶1、5∶1、10∶1 的土壤溶液，其碳酸根和重碳酸根含量是否一样？为什么？

（3）相同土样相同水土比，搅拌或振荡时间分别设为 10 min、20 min、30 min、40 min、50 min 后测定碳酸根和重碳酸根，结果是否一样？为什么？

（4）相同土样、相同水土比、相同振荡时间，但土壤溶液温度分别为 10~12 ℃、20~22 ℃、30~32 ℃、40~42 ℃，请问碳酸根和重碳酸根有何变化规律？为什么？

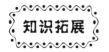 **电位滴定法测定土壤中可溶性碳酸根和重碳酸根**

一、基本原理

土壤浸出液中的碳酸根和重碳酸根用硫酸溶液中和滴定时可产生两个电位突跃，第一个突跃是碳酸根中和成重碳酸根,该中和点的pH约8.2,第二个突跃是重碳酸根中和成碳酸,pH约3.8。电位滴定法是以pH玻璃电极作指示电极,饱和甘汞电极作参比电极在电位滴定仪上进行电位滴定。如用带有微电脑的自动滴定仪,可自动判断终点。

二、主要仪器设备与材料

主要有电位滴定仪、pH玻璃电极、饱和甘汞电极、150 mL三角瓶。

三、试剂

硫酸标准溶液(0.02 mol/L 的 $\frac{1}{2}H_2SO_4$):吸取1.4 mL浓硫酸(1.84 g/mL,化学纯),加入500 mL去二氧化碳水中,将此溶液再稀释5倍,用基准无水碳酸钠(Na_2CO_3,分析纯)或硼砂($Na_2B_4O_7 \cdot 10H_2O$,分析纯)标定其准确浓度。

四、实验步骤

吸取25 mL土壤水溶盐浸出液于100 mL烧杯中,插入pH玻璃电极与饱和甘汞电极,在电位滴定仪上,用硫酸标准溶液滴定,分别记下第一突跃和第二突跃时消耗硫酸标准溶液的体积。同样步骤作空白滴定,具体步骤如下。

(1)接通电源,按仪器要求调节仪器至工作状态,并用标准pH缓冲溶液定位。

(2)调节自动滴定终点pH至8.2。

(3)将盛有待测液的小烧杯放在滴定装置上,放进磁性搅拌棒一根,将pH玻璃电极插入待测液,打开搅拌器开关,按下滴定开关开始滴定,待滴定自动停止后,记录消耗的硫酸标准溶液体积 V_1。

(4)调节自动滴定终点pH至3.8,再按下滴定开关继续滴定,当滴定再次自动停止时,记录消耗的硫酸标准溶液总体积 V_2。

(5)取出电极,用蒸馏水冲洗干净,准备下一个待测液的测定。

五、结果计算

$$S\left(\frac{1}{2}CO_3^{2-}\right) = \frac{C \times 2V_1 \times t_s}{m \times k} \times 100 \quad (3-13)$$

$$\omega(CO_3^{2-}) = S\left(\frac{1}{2}CO_3^{2-}\right) \times M\left(\frac{1}{2}CO_3^{2-}\right) \times 0.01 \quad (3-14)$$

$$S(HCO_3^-) = \frac{C \times (V_2 - V_0 - V_1) \times t_s}{m \times k} \times 100 \quad (3-15)$$

$$\omega(HCO_3^-) = S(HCO_3^-) \times M(HCO_3^-) \times 0.01 \quad (3-16)$$

式中:$S\left(\frac{1}{2}CO_3^{2-}\right)$ 为土壤中碳酸根的含量(cmol/kg);$\omega(CO_3^{2-})$ 为土壤中碳酸根的质量分数;$S(HCO_3^-)$ 为土壤中重碳酸根的含量(cmol/kg);$\omega(HCO_3^-)$ 为土壤中重碳酸根的质量分数(%);C 为硫酸标准溶液浓度(mol/L);V_1 为第一次滴定终点时消耗硫酸标准溶液的体积

(mL);V_2 为第二次滴定终点时消耗硫酸标准溶液的体积(mL);V_0 为重碳酸根空白消耗硫酸标准溶液体积(mL);t_s 为分取倍数;m 为风干土质量(g);$M(\frac{1}{2}CO_3^{2-})$ 为 $\frac{1}{2}CO_3^{2-}$ 摩尔质量(0.030 kg/mol);$M(HCO_3^-)$ 为重碳酸根摩尔质量(0.061 kg/mol);k 为水分系数。

六、注意事项

(1)应用自动电位滴定计滴定时,应调节好滴定速度,以避免过滴。

(2)在计算时,有时会出现 $V_2<2V_1$,如果操作正常,可能是待测液中存在一定量的硼酸钠或硅酸钠所致,如青海、西藏等地的硼酸盐土壤的总碱度测定就会出现这种情况。在滴定过程中,硼酸钠和硅酸钠按下列方程式进行反应。

$$Na_2B_4O_7 + H_2SO_4 + 5H_2O \rightarrow Na_2SO_4 + 4H_3BO_3 \quad (3-17)$$

$$Na_2SiO_3 + H_2SO_4 \rightarrow Na_2SO_4 + H_2SiO_3 \quad (3-18)$$

由于反应终点的 pH 接近 7(中性),因而硼酸钠或硅酸钠的存在干扰了总碱度的测定,应测定其含量以便校正。

第七节 土壤水溶性氯根测定(硝酸银滴定法)

氯根是盐土中普遍存在的离子,一般在滨海盐土中含量较高。测定方法常用硝酸银滴定法(铬酸钾作指示剂)、硝酸汞滴定法(二苯咔唑作指示剂)、氯电极法(用氯电极作指示电极)。对盐渍化土壤中的离子测定,$AgNO_3$ 滴定法是可行的。该法适用于中性到微碱性(pH=6.5~10.5)的待测液,这个 pH 范围与绝大多数盐渍土一致,并且盐渍土中一般不含对该法产生干扰的 Pb^{2+}、Ba^{2+}、AsO_4^{3-}、S^{2-}、CrO_4^{2-} 等离子。同时,从安全和防止环境污染考虑,$AgNO_3$ 法较 $Hg(NO_3)_2$ 法更安全。本实验主要介绍如何用硝酸银滴定法测定土壤中水溶性氯根。

一、实验目的与要求

(1)理解硝酸银滴定法测定土壤可溶性氯根含量的基本原理。
(2)能独立完成土壤可溶性氯根含量测定实验步骤,能分析评价土壤可溶性氯根的来源。
(3)能对实验数据进行计算分析和制作规范图表,对现象和结果进行合理分析与解释。
(4)能从实验中挖掘课程思政元素,实现立德树人目标。

二、基本原理

根据分别沉淀的原理,用硝酸银($AgNO_3$)标准溶液滴定氯离子(Cl^-),以铬酸钾(K_2CrO_4)为指示剂。等当点前生成氯化银乳白色沉淀,等当点后开始生成砖红色铬酸银(Ag_2CrO_4)沉淀,由所消耗硝酸银标准溶液的量求得土壤中氯根(Cl^-)含量。溶液的 pH 应在 6.5~10.5 之间。具体反应如下

$$Ag^+ + Cl^- \rightarrow AgCl \downarrow （乳白色沉淀） \quad (3-19)$$
$$2Ag^+ + CrO_4^{2-} \rightarrow Ag_2CrO_4 \downarrow （砖红色沉淀） \quad (3-20)$$

由于 Ag_2CrO_4 沉淀的溶解度大于 $AgCl$，故 Ag^+ 先与 Cl^- 生成 $AgCl$ 乳白色沉淀，然后与 CrO_4^{2-} 生成 Ag_2CrO_4 砖红色沉淀，指示滴定终点。

三、应用范围

本方法适用于pH在6.5～10.5之间的土壤可溶性氯根含量的测定。该法对氯离子含量低的滴定终点不明显，故灵敏度较低，可改用氯电极作指示电极、双液接饱和甘汞电极作参比电极的自动电位滴定解决。

四、主要仪器设备与材料

主要有电热恒温烘箱、水浴锅、玻璃蒸发皿、干燥器、天平(感量0.01 g)、往复式振荡机、真空泵、布氏漏斗、抽滤瓶、三角瓶(150 mL)、铁架台、酸式滴定管(25 mL)、移液管(25 mL)、长条蜡光纸、吸管(10 mL)、量筒(100 mL)、角匙、吸水纸、滴瓶(50 mL)、1 L容量瓶、棕色瓶、吸耳球等。

五、试剂

(1)0.04 mol/L 硝酸银标准溶液：将6.80 g硝酸银($AgNO_3$，分析纯)溶于水，转入1 L容量瓶中，稀释到刻度。保存于棕色瓶中，必要时用氯化钠标定其浓度。

(2)0.02 mol/L 碳酸氢钠溶液：将1.7 g碳酸氢钠($NaHCO_3$)溶于水中，稀释至1 L。

(3)50 g/L 铬酸钾指示剂：将5 g铬酸钾(K_2CrO_4)溶于水中，逐滴加入1 mol/L硝酸银标准溶液至刚有砖红色沉淀生成为止，放置过夜后，过滤，稀释至100 mL。

六、实验步骤

向上述滴定过碳酸根和重碳酸根的土壤浸出液中逐滴加入0.02 mol/L碳酸氢钠(约3滴)至溶液刚变为黄色(pH=7)，加5滴50 g/L铬酸钾指示剂，用25 mL滴定管加入0.04 mol/L硝酸银，随滴随摇，直至生成的砖红色沉淀不再消失为止。记录硝酸银溶液的体积。

如土壤浸出液中氯根含量很高，可减少浸出液的用量，另取一份进行测定。

七、结果计算

$$土壤Cl^-含量(cmol/kg) = \frac{V \times C}{m \times 10} \times 1000 \quad (3-21)$$

$$土壤Cl^-含量(g/kg) = Cl^-含量(cmol/kg) \times 0.0355 \times 10 \quad (3-22)$$

式中：V 为滴定用硝酸银溶液体积(mL)；C 为硝酸银标准溶液的浓度(mol/L)；m 为相当于分析时所取浸出液体积的干土质量(g)；0.0355为氯根的摩尔质量(kg/mol)。

八、注意事项

(1)硝酸银滴定法测定氯根(Cl^-)时，溶液的pH应在6.5～10.5之间，铬酸根能溶于酸，故溶液pH不能低于6.5;若pH>10,则会生成氧化银黑色沉淀。所以,在滴定前应用碳酸氢钠溶液调节至pH≈7。

(2)碱化土壤的浸提液中Cl^-含量往往极低,并且多带有较深的有机质颜色,使测定的准确性大大降低,建议改用电位滴定法测定。

(3)测定过程中要避免酸碱气体的干扰。

(4)浸提液制备后应立即滴定,不得过夜。

(5)振荡过程中要保证离心管摆放方向一致,同时离心管水平放置,确保振荡效果一致。

(6)Cl^-含量过高时,生成的AgCl沉淀过多会干扰终点颜色,故应减少待测液的吸取量。

九、实验拓展与研究探索

不同土壤发生层次由于其成土因素差异和主导成土过程不同,土壤中可溶性氯根存在较大差异;不同植被类型和土壤耕作施肥管理等也会影响可溶性氯根含量;另外,不同实验条件(如温度、搅拌或振荡时间等)对土壤可溶性氯根的溶出也有影响。为此,可以探索同一土壤剖面不同发生层次、不同土壤管理、不同植被类型、不同温度、不同搅拌(或振荡)时间对土壤可溶性氯根有什么影响,并通过查阅资料探究可能的原因。

十、思考题

(1)土壤剖面不同发生层的土壤样品,其土壤可溶性氯根浓度是否一致?为什么?

(2)相同土壤样品按照不同水土比例配制成2.5∶1、5∶1、10∶1的土壤溶液,其可溶性氯根含量是否一样?为什么?

(3)相同土样相同水土比,搅拌或振荡时间分别设为10 min、20 min、30 min、40 min、50 min后测定可溶性氯根,结果是否一样?为什么?

(4)相同土样、相同水土比、相同振荡时间,但土壤溶液温度分别为10~12 ℃、20~22 ℃、30~32 ℃、40~42 ℃,请问可溶性氯根有何变化规律?为什么?

第八节　土壤水溶性硫酸根测定(EDTA络合滴定法)

土壤浸出液中硫酸根的测定有硫酸钡质量法、EDTA络合滴定法和硫酸钡比浊法等。硫酸钡质量法适用于硫酸根含量较高的土壤,其沉淀、过滤和灼烧等操作较繁琐。EDTA络合滴定法适用于硫酸根含量中等的土壤,干扰较少。硫酸钡比浊法适用于硫酸根含量较低的土壤,它要求沉淀、比浊的条件严格保持一致。EDTA络合滴定法具有简便、快速的优点,故被普遍采用。

一、实验目的与要求

(1)明确EDTA络合滴定法测定土壤水溶性硫酸根的基本原理。

(2)能独立完成土壤水溶性硫酸根测定步骤,理解操作过程的注意事项。

(3)能对实验数据进行计算分析和制作规范图表,对现象和结果进行合理分析与解释。

(4) 能从实验中挖掘课程思政元素,实现立德树人目标。

二、基本原理

先用过量的氯化钡将溶液中的硫酸根沉淀完全,过量的钡离子连同浸出液中原有的钙和镁离子,在 pH=10 并以铬黑 T 为指示剂的条件下,用 EDTA 标准溶液滴定之。为了使终点清晰可见,应添加一定量的镁离子,由净消耗的钡离子量即可计算硫酸根量。反应如下

$$SO_4^{2-} + Ba^{2+}(过量) \xrightarrow{\triangle} BaSO_4 \downarrow + Ba^{2+}(剩余) \quad (3-23)$$

$$Ba^{2+}(剩余) + Ca^{2+} + Mg^{2+} + 3Na_2Y \xrightarrow{pH=10} BaY + CaY + MaY + 6Na^+ \quad (3-24)$$

式中:Y 为代表 EDTA。

三、应用范围

本方法适用于林地、草地、农田等所有类型土壤中水溶性硫酸根测定,适宜含量范围 20~300 μg/mL。

四、主要仪器设备与材料

主要有电热恒温烘箱、水浴锅、玻璃蒸发皿、电炉、干燥器、天平(感量 0.01 g)、往复式振荡机、真空泵、布氏漏斗、抽滤瓶、三角瓶(150 mL)、铁架台、酸式滴定管(25 mL)、移液管(25 mL)、长条蜡光纸、吸管(10 mL)、量筒(100 mL)、角匙、吸水纸、滴瓶(50 mL)、吸耳球等。

五、试剂

(1)(1:4)盐酸溶液:将 10 mL 浓盐酸(1.19 g/mL)与 40 mL 水混合均匀,即得(1:4)盐酸溶液。

(2) pH 10 氨缓冲液:将 67.5 g 氯化铵(NH_4Cl,分析纯)溶于水中,加入 570 mL 新开瓶的浓氨水(0.90 g/mL,分析纯),加水稀释至 1 L。注意防止吸收空气中的二氧化碳,最好储于塑料瓶中。

(3) 0.02 mol/L EDTA 标准溶液:将 22.32 g EDTA 二钠盐溶于水中,准确稀释至 3 L,如用 EDTA 配制,则取 17.53 g EDTA 溶于 120 mL 1 mol/L 氢氧化钠中,加无二氧化碳的水,准确稀释至 3 L,储于塑料瓶或硬质玻璃瓶中。必要时上述 EDTA 标准溶液浓度可用锌标准溶液或优级纯碳酸钙配制的钙标准溶液标定。

锌标准溶液的配法:先用(1:5)盐酸将锌粒(不是锌粉)表面的氧化锌洗去,然后用水充分洗涤,再用乙醇洗几次,最后用乙醚淋洗几次,吹干。准确称取约 0.700 0 g 刚处理的锌粒(精确至 0.000 2 g),溶于稍过量的(1:2)硝酸中,用水准确稀释至 500 mL,计算此锌标准溶液的准确浓度(约 0.02 mol/L)。标定 EDTA 时,吸取 20.00 mL 锌液放入 150 mL 锥形瓶中,滴加浓氨水,直到初生成的沉淀又溶尽为止。加入少许铬黑 T 指示剂,用 EDTA 滴定至溶液由酒红色刚变为纯蓝色为止。记下 EDTA 标准液的用量为 V_{EDTA},EDTA 标准溶液的准确浓度计算公式为

$$C_{EDTA} = \frac{V_{Zn} \times C_{Zn}}{V_{EDTA}} \qquad (3-25)$$

式中：C_{EDTA}为EDTA溶液的浓度(mol/L)；V_{Zn}为锌标准溶液的用量(mL)；C_{Zn}为锌标准溶液的浓度(mol/L)；V_{EDTA}为EDTA标准液的用量(mL)。

(4)钡镁混合剂：将1.22 g氯化钡($BaCl_2 \cdot 2H_2O$)和1.02 g氯化镁($MgCl_2 \cdot 6H_2O$)溶于水，稀释至500 mL，此溶液中钡离子与镁离子的浓度各为0.01 mol/L，每毫升约可沉淀硫酸根1000 μg。

(5)铬黑T指示剂：将0.5 g铬黑T与100 g烘干的氯化钠共研至极细，储于密闭棕色瓶中，用毕塞紧。

(6)铬蓝K-萘酚绿B指示剂(简称K-B指示剂)：先将50 g氧化钠研细，再分别将0.5 g酸性铬蓝K和1.0 g萘酚绿B研细，将三者混合均匀，储于暗色瓶中，在干燥器中保存。

六、实验步骤

(1)分别称取5 g通过2 mm孔径土壤筛的风干土样(精确至0.01 g)于50 mL小烧杯或塑料离心管中，加25 mL无二氧化碳的蒸馏水，配置水土比为5∶1的土壤溶液，用玻璃棒搅拌(或振荡器上振荡)30~40 min。通过离心法(10 000 r/min)、减压过滤法或静置澄清法即可获得浸提液。

(2)吸取10.00~25.00 mL浸出液放入150 mL锥形瓶中(如浸出液取量较少，应用水稀释至约25 mL)。加入8滴(1∶4)盐酸，加热至沸。按表3-9中规定用量，准确加入一定量的钡镁混合剂，记下所加入的毫升数(钡镁混合剂应过量50%~100%，使硫酸钡沉淀后，溶液中钡离子浓度达0.002 5 mol/L以上)。继续微沸5 min，冷却后放置2 h(或放置过夜)。

表3-9 浸出液中SO_4^{2-}预测和测定方法的选择及各法的控制条件

等级	加$BaCl_2$	SO_4^{2-}浓度/$\mu g \cdot mL^{-1}$	EDTA法		比浊法时浸提液的处理	适用方法
			应取浸出液体积/mL	钡镁混合剂用量/mL		
1	几分钟后微浑浊	10~25	25	5	不需处理	比浊法
2	立即显微浑浊	25~50	25	5	不需处理	比浊法和EDTA法
3	立即浑浊	50~100	25	5	需稀释	EDTA法
4	立即沉淀	100~200	25	10	需稀释	EDTA法
5	立即大量沉淀	>200	10	>5	需大量稀释	EDTA法或质量法

(3)在步骤(2)浸出液中加入2 mL氨缓冲液摇匀，再加入少许K-B指示剂，充分摇匀后立即用EDTA滴定至红色突变为纯蓝色为止。终点前如颜色太浅，可稍添加一些指示剂。记录所用EDTA标准溶液的体积V_3。

(4)另取约25 mL纯水，加8滴(1∶4)盐酸和与上述同体积的钡镁混合剂，再加2 mL氨缓冲液和少许指示剂，同样用EDTA溶液滴定，记下所用EDTA溶液的体积V_4。

七、结果计算

$$\text{土壤}SO_4^{2-}\text{含量}\left(\frac{1}{2}SO_4^{2-}, \text{cmol/kg}\right) = \frac{2C \times (V_2 + V_4 - V_3)}{m \times 10} \times 1000 \quad (3-26)$$

$$\text{土壤}SO_4^{2-}\text{含量}\left(\frac{1}{2}SO_4^{2-}, \text{g/kg}\right) = \text{土壤}SO_4^{2-}\text{含量}\left(\frac{1}{2}SO_4^{2-}, \text{cmol/kg}\right) \times 0.048 \times 10$$
$$(3-27)$$

式中:2 为将 SO_4^{2-} 摩尔质量换算成 mol $\frac{1}{2}SO_4^{2-}$ 摩尔质量;C 为 EDTA 标准溶液的浓度(mol/L);V_2 为测钙和镁离子含量时所用 EDTA 标准溶液的体积(mL);m 为相当于分析时所取浸出液体积的干土质量(g);0.048 为硫酸根的摩尔质量(kg/mol)。

八、注意事项

(1) 振荡过程中要保证所有离心管摆放方向一致,同时离心管水平放置,确保振荡效果一致。

(2) 浸提液制备后应立即滴定,不得过夜。

(3) 用 EDTA 络合滴定法测定硫酸根时沉淀剂钡离子的用量至少应超过理论计算需用量的 50%~100%。加入钡镁混合剂的量不足时,将得到完全错误的结果,故在分析样品时须先用简单方法预测浸出液中硫酸根的大致含量后,根据预测值来确定钡镁混合剂的正确用量。

(4) 土壤浸出液中钙离子和镁离子多而硫酸根很少时,用 EDTA 络合滴定法很难准确测定硫酸根含量。因为,在此法中硫酸根的量是由两个大数值之差求算的,如果这个差数很小,它的相对误差往往较大,有人提出溶液中有较多钙和镁离子存在时,应先用离子交换树脂除去,然后再用 EDTA 络合滴定法测定硫酸根。

(5) 碱化土壤的水浸提液往往带有较深的腐殖质颜色,影响滴定,可在蒸干后用过氧化氢脱色,再用稀盐酸溶解后滴定。

九、实验拓展与研究探索

不同土壤发生层次由于其成土因素差异和主导成土过程不同,土壤中水溶性硫酸根存在较大差异;不同植被类型和土壤耕作施肥管理等也会影响水溶性硫酸根含量;另外,不同实验条件(如温度、搅拌或振荡时间等)对土壤水溶性硫酸根的溶出也有影响。为此,可以探索同一土壤剖面不同发生层次、不同土壤管理、不同植被类型、不同温度、不同搅拌(或振荡)时间对土壤水溶性硫酸根有什么影响,并通过查阅资料探究可能的原因。

十、思考题

(1) 土壤剖面不同发生层的土壤样品,其土壤水溶性硫酸根浓度是否一致?为什么?

(2) 相同土壤样品按照不同水土比例配制成 2.5∶1、5∶1、10∶1 的土壤溶液,其水溶性硫酸根浓度是否一样？为什么？

（3）相同土样、相同水土比，搅拌或振荡时间分别设为 10 min、20 min、30 min、40 min、50 min 后测定水溶性硫酸根，结果是否一样？为什么？

（4）相同土样、相同水土比、相同振荡时间，但土壤溶液温度分别为 10～12 ℃、20～22 ℃、30～32 ℃、40～42 ℃，请问水溶性硫酸根有何变化规律？为什么？

第九节　土壤水溶性钙、镁离子测定

测定钙、镁离子的经典方法是使其形成草酸钙沉淀或磷酸镁铵沉淀，以重量法测定。但操作麻烦费时，而且两种离子间互相干扰。目前，广泛应用的是 EDTA 络合滴定法和原子吸收分光光度法。由于 EDTA 络合滴定法具有终点明显、干扰因子少的优点，再加上设备和经费的原因，应用更为广泛。

一、实验目的与要求

（1）理解 EDTA 络合滴定法测定土壤中水溶性钙、镁离子的基本原理。
（2）能独立完成土壤中水溶性钙、镁离子测定全过程，理解操作过程的注意事项。
（3）能对实验数据进行计算分析和制作规范图表，对现象和结果进行合理分析与解释。
（4）能从实验中挖掘课程思政元素，实现立德树人目标。

二、基本原理

利用在不同 pH 条件下一个分子 EDTA 能与一个不同金属阳离子配位形成稳定络合物的特点，调节待测液的 pH，加钙、镁指示剂进行滴定。在 pH=10 的 NH_4OH-NH_4Cl 缓冲溶液中，指示剂酸性铬兰 K-萘酚绿 B（简称 K-B 指示剂）或铬黑 T 与钙、镁离子形成红色络合物，溶液呈紫红色。在用 EDTA 滴定时，钙、镁离子被 EDTA 夺取，紫红色逐渐减弱，指示剂的蓝色逐渐显露，直至被全部夺取，溶液变为蓝色，即达钙、镁离子总量的滴定终点。当用 NaOH 将待测液 pH 调至 12 时，Mg^{2+} 沉淀为 $Mg(OH)_2$，即可单独测定 Ca^{2+} 的含量。用钙、镁离子含量减去钙离子量，即为镁离子量。

三、应用范围

本方法适用于林地、草地、农田等所有类型的土壤。

四、主要仪器设备与材料

主要有电热恒温烘箱、水浴锅、玻璃蒸发皿、干燥器、天平（感量 0.01 g）、往复式振荡机、真空泵、布氏漏斗、抽滤瓶、三角瓶（150 mL）、铁架台、酸式滴定管（25 mL）、移液管（25 mL）、长条蜡光纸、吸管（10 mL）、量筒（100 mL）、角匙、吸水纸、滴瓶（50 mL）、吸耳球等。

五、试剂

(1) 0.02 mol/L EDTA 标准溶液：将 22.32 g EDTA 二钠盐溶于水中，准确稀释至 3 L。如用 EDTA 配制，则取 17.53 g EDTA 溶于 120 mL 1 mol/L 氢氧化钠中，加去二氧化碳水，准确稀释至 3 L，储于塑料瓶或硬质玻璃瓶中。必要时上述 EDTA 标准溶液浓度可用锌标准溶液或优级纯碳酸钙配制的钙标准溶液标定。

锌标准溶液的配法：先用(1:5)稀盐酸将锌粒(不是锌粉)表面的氧化锌洗去，然后用水充分洗涤，再用乙醇洗几次，最后用乙醚淋洗几次，吹干。准确称取 0.700 0 g 刚处理的锌粒(准确至 0.000 2 g)，溶于稍过量的(1:2)硝酸中，用水准确稀释至 500 mL，计算此锌标准溶液的准确浓度(约 0.02 mol/L)。标定 EDTA 时，吸取 20.00 mL 锌液放入 150 mL 锥形瓶中，滴加浓氨水，直到初生成的沉淀又溶尽为止。加入少许铬黑 T 指示剂，用 EDTA 滴定至溶液由酒红色刚变为纯蓝色为止。记下 EDTA 标准液的用量为 V_{EDTA}，并按式(3-25)计算 EDTA 标准溶液的准确浓度。

(2) 2 mol/L 氢氧化钠溶液：将 8 g 氢氧化钠(分析纯)溶于 100 mL 水中，即得到 2 mol/L 氢氧化钠溶液。

(3) pH=10 的氨缓冲溶液：将 67.5 g 氯化铵(NH_4Cl，分析纯)溶于水中，加入 570 mL 新开瓶的浓氨水(0.90 g/mL，分析纯)，加水稀释至 1 L。注意防止该溶液吸收空气中的二氧化碳，最好储于塑料瓶中。

(4) K-B 指示剂：先将 50 g 硫酸钾研细，再分别将 0.5 g 酸性铬蓝 K 和 1.0 g 萘酚绿 B 研细，将三者混合均匀，储于暗色瓶中，在干燥器中保存。

(5) 钙红指示剂：将 0.5 g 钙指示剂[2-羟基-1(2-羟基-4-磺酸-1-萘偶氮基)-3-萘甲酸]，与 50 g 烘干氯化钠共研极细，储于密闭瓶中，用毕塞紧。

(6) 铬黑 T 指示剂：将 0.5 g 铬黑 T 与 100 g 烘干的氯化钠共研至极细，储于密闭棕色瓶中塞紧。

六、实验步骤

(1) 分别称取 5 g 通过 2 mm 孔径土壤筛的风干土样(精确至 0.01 g)于 50 mL 小烧杯或塑料离心管中，加 25 mL 无二氧化碳的蒸馏水，配置水土比为 5:1 的土壤溶液，用玻璃棒搅拌(或振荡器上振荡)30~40 min。通过离心法(10 000 r/min)、减压过滤法或静置澄清法即可获得浸提液。

(2) 吸取 25.00 mL 浸出液放入 150 mL 锥形瓶中，加入 2 mL 2 mol/L 氢氧化钠溶液，摇匀后放置 1 min，随即用玻璃勺加入少许 K-B 指示剂(或钙指示剂)，摇匀后立即用 25 mL 滴定管滴加 0.02 mol/L EDTA 标准溶液，随滴随摇，至溶液由酒红色突变为纯蓝色为终点，记录所用 EDTA 标准溶液的体积(V_1)。

(3) 另取 25.00 mL 浸出液，加 1 mL 氨缓冲液，摇匀后加少许 K-B 指示剂(或铬黑 T 指示剂)充分摇匀，立即用 EDTA 标准溶液滴定至溶液由酒红色突变为纯蓝色为终点，近终点时必须缓慢滴定，充分摇动，记录所用 EDTA 的体积(V_2)。

七、结果计算

$$\text{土壤Ca}^{2+}\text{含量}\left(\frac{1}{2}\text{Ca}^{2+}, \text{cmol/kg}\right) = \frac{C \times V_1 \times 2}{m \times 10} \times 1000 \quad (3-28)$$

$$\text{土壤Ca}^{2+}\text{含量}\left(\frac{1}{2}\text{Ca}^{2+}, \text{g/kg}\right) = \text{Ca}^{2+}\text{含量}\left(\frac{1}{2}\text{Ca}^{2+}, \text{cmol/kg}\right) \times 0.0200 \times 10 \quad (3-29)$$

$$\text{土壤Mg}^{2+}\text{含量}\left(\frac{1}{2}\text{Mg}^{2+}, \text{cmol/kg}\right) = \frac{C \times (V_2 - V_1) \times 2}{m \times 10} \times 1000 \quad (3-30)$$

$$\text{土壤Mg}^{2+}\text{含量}\left(\frac{1}{2}\text{Mg}^{2+}, \text{g/kg}\right) = \text{Mg}^{2+}\text{含量}\left(\frac{1}{2}\text{Mg}^{2+}, \text{cmol/L}\right) \times 0.0122 \times 10 \quad (3-31)$$

式中：C 为 EDTA 标准溶液的浓度（mol/L）；m 为相当于分析时所取得浸出液体积的干土质量（g）；0.0200 为 $\frac{1}{2}\text{Ca}^{2+}$ 的摩尔质量（kg/mol）；0.0122 为 $\frac{1}{2}\text{Mg}^{2+}$ 的摩尔质量（kg/mol）；2 为将 Ca^{2+} 和 Mg^{2+} 的摩尔质量换算成 $\frac{1}{2}\text{Ca}^{2+}$ 和 $\frac{1}{2}\text{Mg}^{2+}$ 的摩尔质量。

八、注意事项

(1) 浸提液中的 $\text{Ca(HCO}_3\text{)}$ 极易分解而形成 CaCO_3 沉淀，因此在浸提液被提取后应立即测定，或在滴定前先加 HCl 酸化，然后再滴。

(2) 测定 Ca^{2+} 时，Mg(OH)_2 沉淀会吸附 Ca^{2+}，并在达到终点后逐渐释放出来，此时应按最后的终点计量。

(3) 浸提液制备后应立即滴定，不得过夜。

(4) 振荡过程中要保证所有离心管水平放置，同时摆放方向一致，确保振荡效果一致。

九、实验拓展与研究探索

不同土壤发生层次由于其成土因素差异和主导成土过程不同，土壤中水溶性钙、镁离子存在较大差异；不同植被类型和土壤耕作施肥管理等也会影响水溶性钙、镁离子含量；另外，不同实验条件（如温度、搅拌或振荡时间等）对土壤水溶性钙、镁离子的溶出也有影响。为此，可以探索同一土壤剖面不同发生层次、不同土壤管理、不同植被类型、不同温度、不同搅拌（或振荡）时间对土壤水溶性钙离子、镁离子有什么影响，并通过查阅资料探究可能的原因。

十、思考题

(1) 土壤剖面不同发生层的土壤样品，其土壤水溶性钙、镁离子浓度是否一致？为什么？

(2) 相同土壤样品按照不同水土比例配制成 2.5∶1、5∶1、10∶1 的土壤溶液，其水溶性钙、镁离子浓度是否一样？为什么？

(3) 相同土样相同水土比，搅拌或振荡时间分别设为 10 min、20 min、30 min、40 min、50 min 后测定水溶性钙、镁离子，结果是否一样？为什么？

(4)相同土样、相同水土比、相同振荡时间,但土壤溶液温度分别为10～12 ℃、20～22 ℃、30～32 ℃、40～42 ℃,请问水溶性钙、镁离子有何变化规律?为什么?

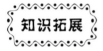 **原子吸收分光光度法**

一、基本原理

原子吸收分光光度法是基于光源(空心阴极灯)发出具有待测元素的特征谱线的光,通过试样所产生的原子蒸气时,被蒸气中待测元素的基态原子所吸收,透射光进入单色器,经分光后再照射到检测器上,产生直流电信号,经放大器放大后,可从读数器(或记录器)读出(或记录)吸收值。在一定的实验条件下,吸收值与待测元素浓度的关系是服从比尔定律的。因此,测定吸收值就可求出待测元素的浓度。

原子吸收分光光度法测定钙、镁离子时所用的谱线波长、灵敏度和工作范围、工作条件(如空心阴极灯电流、空气和乙炔的流量和流量比、燃烧器高度、喷雾量、狭缝宽度)等,必须根据仪器型号、待测元素种类、干扰元素存在情况等通过实验测试来选定。

待测液中干扰离子的影响必须设法消除,否则会降低灵敏度或造成严重误差,甚至得出错误结果。测钙离子时的干扰离子较多,主要有磷酸根(PO_4^{3-})、硅酸根(SiO_3^{2-})、硫酸根(SO_4^{2-}),其次是铝(Al)、锰(Mn)、镁(Mg)、铜(Cu)等。铁(Fe)对钙离子测定的干扰较小。测镁时干扰较少,仅硅酸根(SiO_3^{2-})和铝(Al)有干扰,硫酸根(SO_4^{2-})稍有影响。钙、镁离子测定时,上述干扰都可以用释放剂氯化镧($LaCl_3$)或氯化锶($SrCl_2$)(终浓度为1000 μg/mL)有效地消除。

二、主要仪器设备与材料

主要有原子吸收分光光度计、三角瓶、容量瓶、电炉、天平。

三、试剂

(1)氯化镧溶液:称取80.2 g氯化镧($LaCl_3 \cdot 7H_2O$,分析纯)溶于水,定容至1 L,此溶液La浓度为30 mg/mL。

(2)氯化锶溶液:称取40.6 g氯化锶($SrCl_2 \cdot 6H_2O$,分析纯)溶于水,定容至1 L,此溶液Sr浓度为15 mg/mL。

(3)氯化钠溶液:称取25.4 g氯化钠(NaCl,优级纯)溶于水,定容至1 L,此溶液Na浓度为10 mg/mL。

(4)钙标准溶液:称取2.498 g碳酸钙($CaCO_3$,优级纯)加水10 mL,在搅拌下滴加6 mol/L盐酸溶液,直至碳酸钙全部溶解。加热逐去二氧化碳,冷却后转入1 L容量瓶中,用水定容,此为1000 μg/mL钙标准溶液。取此标准溶液25.00 mL,用蒸馏水准确稀释至250 mL,即为100 μg/mL钙标准溶液。

(5)镁标准溶液:称取10.139 g硫酸镁($MgSO_4 \cdot 7H_2O$,分析纯)溶于水后用水定容至1 L,此为1000 μg/mL镁标准溶液。取此液5.00 mL,用水稀释至100 mL,即为50 μg/mL镁标准溶液。

四、实验步骤

(1)过滤的土壤浸出液应立即酸化[一般50 mL溶液中加入(1∶4)盐酸1滴],以防止钙和镁离子沉淀。吸取5.0~10.0 mL土壤浸出液(视钙、镁离子含量而定)放入50 mL容量瓶中,加入5 mL氯化镧溶液(测定镁离子时可加入氯化锶溶液)、2.5 mL氯化钠溶液,用水定容后,在原子吸收分光光度计上按仪器使用说明书分别在422.7 nm(钙)及285.2 nm(镁)波长处,测定钙、镁离子的吸收值。同时绘制工作曲线,从曲线上查得该溶液中钙、镁离子的浓度。

(2)吸取0 mL、1.25 mL、2.5 mL、5.0 mL、7.5 mL、10.0 mL、15.0 mL的100 μg/mL钙标准溶液,分别放入50 mL容量瓶中,各加5.0 mL氯化镧溶液和2.5 mL氯化钠溶液,用水定容,即为0 μg/mL、2.5 μg/mL、5 μg/mL、10 μg/mL、15 μg/mL、20 μg/mL、30 μg/mL钙标准系列溶液。吸取0 mL、0.5 mL、1.0 mL、2.0 mL、3.0 mL、5.0 mL、7.0 mL 50 μg/mL镁标准溶液,分别放入50 mL容量瓶中,各加5.0 mL氯化镧(或氯化锶)溶液和2.5 mL氯化钠溶液,用水定容,即为0 μg/mL、0.5 μg/mL、1.0 μg/mL、2.0 μg/mL、3.0 μg/mL、5.0 μg/mL、7.0 μg/mL镁系列标准系列溶液。将钙、镁标准系列溶液分别在原子吸收分光光度计上测得吸收值,绘制工作曲线。

五、结果计算

$$\text{土壤}Ca^{2+}\text{含量}\left(\frac{1}{2}Ca^{2+}, \text{cmol/kg}\right) = \frac{C_{Ca} \times 50}{m \times 10^3 \times 200.4} \times 1000 \quad (3-32)$$

$$\text{土壤}Ca^{2+}\text{含量}\left(\frac{1}{2}Ca^{2+}, \text{g/kg}\right) = \text{土壤}Ca^{2+}\text{含量}\left(\frac{1}{2}Ca^{2+}, \text{cmol/kg}\right) \times 0.020\ 0 \times 10 \quad (3-33)$$

$$\text{土壤}Mg^{2+}\text{含量}\left(\frac{1}{2}Mg^{2+}, \text{cmol/kg}\right) = \frac{C_{Mg} \times 50}{m \times 10^3 \times 121.5} \times 1000 \quad (3-34)$$

$$\text{土壤}Mg^{2+}\text{含量}\left(\frac{1}{2}Mg^{2+}, \text{g/kg}\right) = \text{土壤}Mg^{2+}\text{含量}\left(\frac{1}{2}Mg^{2+}, \text{cmol/kg}\right) \times 0.012\ 2 \times 10 \quad (3-35)$$

式中:C_{Ca}为待测液中钙离子的浓度(μg/mL);C_{Mg}为待测液中镁离子的浓度(μg/mL);50为测定时体积(mL);m为相当于分析时所取得浸出液体积的干土质量(g);200.4和121.5分别为每厘摩尔钙离子($\frac{1}{2}Ca^{2+}$)、镁离子($\frac{1}{2}Mg^{2+}$)的质量(mg);0.020 0和0.012 2分别为每厘摩尔钙离子($\frac{1}{2}Ca^{2+}$)、镁离子($\frac{1}{2}Mg^{2+}$)的质量(g)。

六、注意事项

(1) 待测液的浓度应稀释到符合该元素的工作范围内,测定钙、镁离子的灵敏度不一样,必要时分别吸取不同体积的待测液稀释后测定。

(2) 镁离子浓度大于 1000 μg/mL 时,会使钙离子的测定结果偏低,钠离子、钾离子、硝酸根离子浓度在 500 μg/mL 以下则均无干扰。

第十节 土壤水溶性钾、钠离子测定

钾、钠的化学分离和定量测定方法既复杂、费时又不经济,而火焰光度计法快速准确。故一般多用火焰光度法测定,具有快速、准确、经济的优点。

一、实验目的与要求

(1) 明确火焰光度计法测定土壤水溶性钾、钠离子的基本原理。
(2) 能独立完成土壤水溶性钾、钠离子浸提和测定过程,理解操作过程的注意事项。
(3) 能对实验数据进行计算分析和制作规范图表,对现象和结果进行合理分析与解释。
(4) 能从实验中挖掘课程思政元素,实现立德树人目标。

二、基本原理

待测液在火焰光度计上,用压缩空气喷成雾状,并与乙炔(或煤气)及其他可燃气体混合燃烧。溶液中的钠、钾离子在火焰高温激发下,辐射出钠、钾元素的特征光谱;用滤光片分离选择后,经光电池或光电倍增管,把光能转换为电能,放大后用微电流表(检流计)量电流的大小,在一定的测定条件下光电流的大小与溶液里该元素的含量正相关。从钠、钾标准溶液浓度和相应的检流计读数所作工作曲线中,即可查出待测液的钠、钾离子浓度,然后计算样品的钠、钾离子含量。

三、应用范围

本方法适用于林地、草地、农田等所有类型的土壤。

四、主要仪器设备与材料

主要为火焰光度计、电热恒温烘箱、水浴锅、玻璃蒸发皿、干燥器、天平(感量0.01 g)、往复式振荡机、真空泵、布氏漏斗、抽滤瓶、三角瓶(150 mL)、铁架台、酸式滴定管(25 mL)、移液管(25 mL)、长条蜡光纸、吸管(10 mL)、量筒(100 mL)、角匙、吸水纸、滴瓶(50 mL)、吸耳球等。

五、试剂

(1)钠钾混合标准溶液:将 1000 μg/mL 钠、钾标准溶液等体积混合,摇匀即成 500 μg/mL 钠钾混合标准溶液,储于塑料瓶中。

钠标准溶液:称取 2.543 0 g 氯化钠(分析纯,105 ℃烘 4~6 h)溶于水,定容至 1 L,此为 1000 μg/mL 钠标准溶液。

钾标准溶液:称 1.906 9 g 氯化钾(分析纯,105 ℃烘 4~6 h)溶于水,定容至 1 L,此为 1000 μg/mL 钾标准溶液。

(2)0.1 mol/L 硫酸铝溶液:称取 34 g 硫酸铝[$Al_2(SO_4)_3$,分析纯]或 66 g 硫酸铝[$Al_2(SO_4)_3 \cdot 18H_2O$]溶于水中,稀释至 1 L。

六、实验步骤

(1)分别称取 5 g 通过 2 mm 孔径土壤筛的风干土样(精确至 0.01 g)于 50 mL 小烧杯或塑料离心管中,加 25 mL 无二氧化碳的蒸馏水,配置水土比为 5∶1 的土壤溶液,用玻璃棒搅拌(或振荡器上振荡)30~40 min。通过离心法(10 000 r/min)、减压过滤法或静置澄清法即可获得浸提液。

(2)吸取 5.00~10.00 mL 土壤浸出液(视钠、钾含量而定),放入 25 mL 容量瓶中,加入 1 mL 0.1 mol/L 硫酸铝溶液,用水准确稀释至 25.00 mL,摇匀,将此液倒入烧杯(50 mL)中。

(3)工作曲线的绘制:将 1 份 500 μg/mL 钠钾混合标准溶液加 3 份水,准确稀释成 125 μg/mL 钠钾混合标准溶液。吸取 0 mL、1 mL、2 mL、3 mL、4 mL、5 mL、6 mL、8 mL、10 mL 125 μg/mL 钠钾混合标准溶液,分别放入 25.0 mL 容量瓶中,各加 1 mL 0.1 mol/L $Al_2(SO_4)_3$ 溶液,用水准确稀释至 25.00 mL,即成为含钠和钾各为 0 g/mL、5 g/mL、10 g/mL、15 g/mL、20 g/mL、25 g/mL、30 g/mL、40 g/mL、50 g/mL 的钠钾标准系列溶液。于火焰光度计上(与土壤浸出液测定的同时)分别测得钠钾标准系列溶液在检流计上的读数。以此读数为纵坐标,以浓度(μg/mL)为横坐标,绘制工作曲线。

(4)将上述待测液在火焰光度计上,按仪器使用说明书分别进行钠、钾离子测定,记下读数。从工作曲线上查得该溶液中钠、钾离子的浓度。

七、结果计算

$$土壤Na^+含量(cmol/kg) = \frac{(C_{Na} \times 25)}{m \times 10^3 \times 230} \times 1000 \qquad (3-36)$$

$$土壤Na^+含量(g/kg) = 土壤Na^+含量 \times 0.230 \qquad (3-37)$$

$$土壤K^+含量(cmol/kg) = \frac{C_K \times 25}{m \times 10^3 \times 390} \times 1000 \qquad (3-38)$$

$$土壤K^+含量(g/kg) = 土壤K^+含量 \times 0.390 \qquad (3-39)$$

式中:C_{Na} 为待测液中钠离子浓度(μg/mL);C_K 为待测液中钾离子浓度(μg/mL);25 为测定体积(mL);m 为相当于分析时所取浸出液体积的干土质量(g);390 和 230 分别为每厘摩尔钾离

子、钠离子的质量(mg);0.390和0.230分别为每厘摩尔钾离子、钠离子的质量(g)。

八、注意事项

(1)调节火焰光度计到工作状态,并按仪器要求经常用标准溶液校正,以保证测定准确。

(2)振荡过程中要保证离心管水平放置,同时摆放方向一致,确保振荡效果一致。

(3)当待测液中 Ca^{2+} 浓度大于 20 mg/L 时,会干扰 Na^+ 的测定。可在每 100 mL 待测液加入 10 mL 0.1 mol/L 硫酸铝溶液[$Al_2(SO_4)_3$],以抑制 Ca^{2+} 的激发,或以氢氧化铵和碳酸铵沉淀 Ca^{2+} 来达到消除干扰的目的。

九、实验拓展与研究探索

不同土壤发生层次由于其成土因素差异和主导成土过程不同,土壤中水溶性钠、钾离子存在较大差异;不同植被类型和土壤耕作施肥管理等也会影响水溶性钠、钾离子含量;另外,不同实验条件(如温度、搅拌或振荡时间等)对土壤水溶性钠、钾离子的溶出也有影响。为此,可以探索同一土壤剖面不同发生层次、不同土壤管理、不同植被类型、不同温度、不同搅拌(或振荡)时间对土壤水溶性钠、钾离子有什么影响,并通过查阅资料探究可能的原因。

十、思考题

(1)土壤剖面不同发生层的土壤样品,其土壤水溶性钠、钾离子浓度是否一致?为什么?

(2)相同土壤样品按照不同水土比例配制成2.5∶1、5∶1、10∶1的土壤溶液,其水溶性钠、钾离子浓度是否一样?为什么?

(3)相同土样相同水土比,搅拌或振荡时间分别设为10 min、20 min、30 min、40 min、50 min后,测定水溶性钠、钾离子结果是否一样?为什么?

(4)相同土样、相同水土比、相同振荡时间,但土壤溶液温度分别为10~12 ℃、20~22 ℃、30~32 ℃、40~42 ℃,请问水溶性钠、钾离子有何变化规律?为什么?

第十一节 土壤水溶性盐分测定(离子色谱法)

离子色谱法是一种能同时测定多种水溶性盐分离子的仪器分析方法,其特点是用样量少、快速、准确、精度高,特别适用于测定低含量盐分的阴离子,还能测定常规方法难以测定的某些离子,避免常规法不易解决的干扰。

一、实验目的与要求

(1)理解离子色谱法测定土壤水溶性盐分离子的基本原理。

(2)能独立完成离子色谱法测定土壤水溶性盐分离子的基本操作,并能通过土壤水溶性盐分离子含量高低来分析土壤养分供应能力以及盐渍化等土壤环境问题。

(3)能对实验数据进行计算分析和制作规范图表,对现象和结果进行合理分析与解释。

(4)能从实验中挖掘课程思政元素,实现立德树人目标。

二、基本原理

离子色谱法(IC)的分离是基于样品组分在可动相和固定相之间的分配平衡不同,其分离顺序取决于离子的pH和色谱柱(分离柱和抑制柱)的特性,以离子吸附和交换的方式被分别测定。

三、应用范围

本方法适用于所有土壤的水溶性离子的测定。

四、主要仪器设备与材料

主要有离子色谱仪、往复式振荡机、真空泵、布氏漏斗、抽滤瓶、三角瓶(150 mL)、定量滤纸、电导仪、色谱柱、保护柱、高速离心机、电子天平(感量0.01 g)、C18小柱(离子色谱专用)。

五、试剂

主要试剂有碳酸钠(Na_2CO_3,分析纯)、碳酸氢钠($NaHCO_3$,分析纯)、硝酸(HNO_3,分析纯)、盐酸间苯二胺($C_6H_8N_2 \cdot 2HCl$,分析纯)。与分析相应的洗脱液的配制见表3-10,分别将其加入仪器各储存瓶。

表3-10 洗脱液的配制

测定离子	Cl^-、SO_4^{2-}	CO_3^{2-}、HCO_3^-	K^+、Na^+	Ca^{2+}、Mg^{2+}
洗脱液	0.002 4 mol/L Na_2CO_3溶液、0.003 0 mol/L $NaHCO_3$溶液	H_2O	0.005 mol/L HNO_3溶液	0.002 mol/L $C_6H_8N_2 \cdot 2HCl$、0.002 mol/L HNO_3溶液

六、实验步骤

(1)待测液的制备:称取10.00 g通过2 mm筛的风干土样,放入100 mL锥形瓶,加入50 mL去二氧化碳的超纯水,加塞振荡30 min。取全部浸出液经离心机(4000 r/min)离心10 min或抽滤过0.45 μm滤膜,要求清晰度高和离子浓度适当。样品电导率以不高于0.03 S/m为宜,否则需稀释。对于含碱土金属离子较高的样品测定阳离子时,如pH高应先进行酸化使pH小于4,否则不但影响保留时间和分辨率,还会使碱土金属离子沉淀。

(2)测定:按离子色谱仪操作规定进行测定。

(3)参比溶液:配制与分析样品组成和浓度相应的参比溶液,一般用于土壤盐分分析的参比溶液浓度为$\rho(Cl^-)=30$ mg/L,$\rho(NO_3^-)=30$ mg/L,$\rho(SO_4^{2-})=30$ mg/L,$\rho(Na^+)=30$ mg/L,$\rho(NH_4^+)=5$ mg/L,$\rho(K^+)=5$ mg/L,$\rho(Mg^{2+})=5$ mg/L,$\rho(Ca^{2+})=10$ mg/L。

七、结果计算

$$\rho_B = \frac{\rho_0 \times h_1 \times t_d}{h_0} \qquad (3-40)$$

式中：ρ_B 为某离子的质量浓度(mg/L)；ρ_0 为标样中某离子的质量浓度(mg/L)；h_1 为样品色谱图中某离子的峰高或峰面积；h_0 为标样色谱图中某离子的峰高或峰面积；t_d 为样品稀释倍数。

八、注意事项

(1) 离子色谱分析必须是水浸出液。

(2) 根据样品特性和分析目的选用相应的色谱柱，如在有高含量 Cl^- 存在下分析 SO_4^{2-} 时，应加银型柱除去 Cl^- 的干扰，在有高含量 NO_3^- 存在下分析 SO_4^{2-} 时，应选用在色谱分析中 NO_3^- 保留时间最长的柱子，如 Dionex S2 型分离柱。

(3) 要求相对稳定的温度条件与电源的电压和频率，以减少温度引起的误差和保证仪器的稳定性。

(4) 当用保留时间尚不能确定其成分时，应用添加法来确认或否定。

九、实验拓展与研究探索

由于成土因素、主导成土过程不同，土壤中水溶性离子含量存在较大差异；不同植被类型和土壤耕作施肥管理等也会影响水溶性离子含量；另外，不同实验条件（如温度、搅拌或振荡时间等）对土壤水溶性离子的溶出也有影响。为此，可以探索同一土壤剖面不同发生层次、不同土壤管理、不同植被类型、不同温度、不同搅拌（或振荡）时间对土壤水溶性离子的影响，并通过查阅资料探究可能的原因。

十、思考题

(1) 土壤剖面不同发生层的土壤样品，其各水溶性离子含量是否一致？为什么？

(2) 相同土壤样品按照不同水土比例配制成 2.5∶1、5∶1、10∶1 的土壤溶液，其水溶性离子浓度是否一样？为什么？

(3) 相同土样相同水土比，搅拌或振荡时间分别设为 10 min、20 min、30 min、40 min、50 min 后测定水溶性离子，结果是否一样？为什么？

(4) 相同土样、相同水土比、相同振荡时间，但土壤溶液温度分别为 10~12 ℃、20~22 ℃、30~32 ℃、40~42 ℃，请问水溶性离子含量有何变化规律？为什么？

参考文献

第三章　土壤化学性质测定与分析	本章文献编号
第一节　土壤 pH 测定与酸碱缓冲能力分析（电位法）	[1-14]
第二节　土壤交换性酸测定（氯化钾交换-中和滴定法）	[1-2,4,6-16]
第三节　土壤可溶性盐浓度测定与盐渍化分析（电导法）	[1-14,16-17]
第四节　土壤 CEC 测定与分析评价（三氯化六氨合钴分光光度法）	[1-2,4,7-14,16,18]

续表

第三章　土壤化学性质测定与分析	本章文献编号
第五节　土壤氧化还原电位测定(电位法)	[1-3,7-8,10,12-14,19]
第六节　土壤可溶性碳酸根、重碳酸根测定	[1-2,4,6-12,17]
第七节　土壤水溶性氯根测定(硝酸银滴定法)	[4-8,10-12,20]
第八节　土壤水溶性硫酸根测定(EDTA络合滴定法)	[4-8,10-12,17,20]
第九节　土壤水溶性钙、镁离子测定	[4-8,10-12,17,20]
第十节　土壤水溶性钾、钠离子测定	[5-8,10-12,17,20]
第十一节　土壤水溶性盐分测定(离子色谱法)	[1-4,7-8,10,13-14,17]

[1] 胡慧蓉,王艳霞.土壤学实验指导教程[M].北京:中国林业出版社,2020.

[2] 林大仪.土壤学实验指导[M].北京:中国林业出版社,2004.

[3] 胡学玉.环境土壤学实验与研究方法[M].武汉:中国地质大学出版社,2011.

[4] 刘光崧.土壤理化分析与剖面描述[M].北京:中国标准出版社,1996.

[5] CARTER M R,GERGORICH E G.土壤采样与分析方法[M].李保国,李永涛,仕图生,等,译.北京:电子工业出版社,2022.

[6] 全国农业技术推广服务中心.土壤分析技术规范[M].2版.北京:中国农业出版社,2006.

[7] 土壤环境监测分析方法编委会.土壤环境监测分析方法[M].北京:中国环境出版集团,2019.

[8] 鲍士旦.土壤农化分析[M].3版.北京:中国农业出版社,2000.

[9] 乔胜英.土壤理化性质实验指导书[M].武汉:中国地质大学出版社,2012.

[10] 鲁如坤.土壤农业化学分析方法[M].北京:中国农业科技出版社,2000.

[11] 李酉开.土壤农业化学常规分析方法[M].北京:科学出版社,1983.

[12] 劳家柽.土壤农化分析手册[M].北京:农业出版社,1988.

[13] 种云霄.农业环境科学与技术实验教程[M].北京:化学工业出版社,2016.

[14] 曾巧云.环境土壤学实验教程[M].北京:中国农业大学出版社,2022.

[15] 环境保护部.土壤　可交换性酸度的测定氯化钾提取-滴定法:HJ 649—2013[S].北京:中国环境科学出版社,2013.

[16] 国家环境保护总局.土壤环境监测技术规范:HJ/T 166—2004[S].北京:中国环境科学出版社,2004.

[17] 国家林业局.森林土壤水溶性盐分分析:LY/T 1251—1999[S].北京:中国环境科学出版社,1999.

[18] 环境保护部.土壤　阳离子交换量的测定三氯化六氨合钴浸提-分光光度法:HJ 889—2017[S].北京:中国环境出版社,2018.

[19] 环境保护部.土壤　氧化还原电位的测定电位法:HJ 746—2015[S].北京:中国环境出版社,2015.

[20] 环境保护部.土壤　氨氮、亚硝酸盐氮、硝酸盐氮的测定氯化钾溶液提取-分光光度法:HJ 634—2012[S].北京:中国环境科学出版社,2012.

第四章 土壤生物学性质测定与分析

第一节 土壤磷酸酶活性测定（紫外分光光度法）

在植物的土壤磷素营养中，有机磷化合物占有一定的比例，而有机磷往往需要在土壤磷酸酶的酶促作用下，才能转化成植物可利用的形态。所以，土壤磷酸酶的活性直接影响土壤中磷的有效性。研究土壤的磷酸酶活性，对于弄清土壤中磷的转化过程、方向及强度具有重要意义。根据 pH 不同，磷酸酶分为酸性磷酸酶、碱性磷酸酶和中性磷酸酶。

一、实验目的与要求

(1) 掌握土壤磷酸酶活性测定的基本原理。
(2) 熟悉土壤磷酸酶活性的测定方法与步骤。
(3) 能对实验数据进行计算分析和制作规范图表，对现象和结果进行合理分析与解释。
(4) 能从实验中挖掘课程思政元素，实现立德树人目标。

二、基本原理

本方法以磷酸苯二钠为基质，经酶解释放出酚，使其与氯代二溴对苯醌亚胺试剂反应生色，用比色法测定出游离的酚量，用以表示磷酸酶活性。

三、应用范围

本方法适用于各类土壤磷酸酶活性的测定。

四、主要仪器设备与材料

主要有恒温培养箱、分光光度计、50 mL 容量瓶、棕色瓶、100 mL 三角瓶等。

五、试剂

(1) pH 8.5 三羟甲基氨基甲烷缓冲液：12.114 g/L 0.1 M 三羟甲基氨基甲烷液（甲液），0.1 M 盐酸（乙液），取 50 mL 甲液与 14.7 mL 乙液混合均匀后，用水稀释至 100 mL。
(2) 质量分数 0.5% 磷酸苯二钠溶液（用缓冲液配制）：称取 0.5 g 磷酸苯二钠至于 99.5 g 缓冲液中。
(3) 氯代二溴对苯醌亚胺试剂：称取 0.125 g 2,6-二溴苯醌氯酰亚胺，用 10 mL 体积分数 96% 乙醇溶解，储于棕色瓶中，存放在冰箱里。保存的黄色溶液在未变褐色之前均可使用。

(4)酚的标准溶液:①酚原液,取 1 g 熏蒸酚溶于蒸馏水中,稀释至 1 L,储于棕色瓶中;②酚工作液,取 10 mL 酚原液稀释至 1 L(0.01 mg/mL)。

(5)质量分数 0.3%硫酸铝溶液:取 0.3 g 硫酸铝至于 99.7 g 蒸馏水中。

(6)其他试剂:甲苯。

六、实验步骤

(1)称取 2.5 g 风干土样置于 100 mL 三角瓶中,加入 1.25 mL 甲苯,轻轻摇动 15 min 后,加入 10 mL 质量分数 0.5%磷酸苯二钠,仔细摇匀后放入恒温培养箱,在 37 ℃恒温培养箱中培养 24 h。培养结束后于培养液中加入 50 mL 质量分数 0.3%硫酸铝溶液并过滤。

(2)吸取滤液 3 mL 于 50 mL 容量瓶中,然后按绘制标准曲线所述方法显色。

标准曲线的绘制:分别取 1 mL、3 mL、5 mL、7 mL、9 mL、11 mL、13 mL 酚工作液,置于 50 mL 容量瓶中,每瓶加入 5 mL 缓冲液和 4 滴氯代二溴对苯醌亚胺试剂,显色后稀释至刻度,30 min 后进行比色测定。在分光光度计上于波长 660 nm 处比色,以光密度为纵坐标,以浓度为横坐标绘制标准曲线。

七、结果计算

磷酸酶活性以 24 h 后 1 g 土壤中释出酚的毫克数表示。

$$\text{酚}(mg) = C \times V \times n / m \tag{4-1}$$

式中:C 为从标准曲线上查得的酚浓度(mg/mL);V 为显色液体积,本实验为 50 mL;n 为分取倍数,本实验分取倍数为 20;m 为风干土样重(g)。

八、注意事项

(1)氯代二溴对苯醌亚胺试剂需要储于棕色瓶中,存放在冰箱内。保存的黄色溶液在未变褐色之前均可使用,如变色则需要重新配制。

(2)在磷酸酶活性测定过程中,要注意温度及 pH 变化对磷酸酶活性的影响。

(3)将土壤风干会降低磷酸酶的活性,于湿润时保存,亦会稍许降低酶的活性。

九、实验设计与研究探索

温度及 pH 是影响土壤磷酸酶活性的重要因素,因此可探索不同温度及 pH 对土壤磷酸酶活性的影响。

(1)温度对土壤磷酸酶活性的影响:分别测定同一土壤不同温度条件下的土壤磷酸酶活性,对比分析温度条件对土壤磷酸酶活性的影响,并解释原因。

(2)pH 对土壤磷酸酶活性的影响:分别测定同一土壤不同 pH 条件下的土壤磷酸酶活性,对比分析 pH 变化对土壤磷酸酶活性的影响,并解释原因。

十、思考题

(1)土壤样品的新鲜土样和风干后的土样磷酸酶活性是否一致?为什么?

(2)某学生用褐色的氯代二溴对苯醌亚胺进行显色后定容并比色,讨论可能出现的后果。

第二节　土壤硝酸还原酶活性测定(酚二磺酸比色法)

在硝酸还原酶和亚硝酸还原酶的作用下,土壤中的硝态氮可还原成氨。测定土壤中这些酶的活性可了解土壤氮素转化过程中脱氨作用的强度。另外,硝酸还原酶还参与土壤中铁元素的还原作用。

一、实验目的与要求

(1)掌握土壤硝酸还原酶活性测定的基本原理。
(2)熟悉土壤硝酸还原酶活性测定的基本方法及操作步骤。
(3)能对实验数据进行计算分析和制作规范图表,对现象和结果进行合理分析与解释。
(4)能从实验中挖掘课程思政元素,实现立德树人目标。

二、基本原理

硝酸盐在硝酸还原酶、亚硝酸还原酶和羟氨还原酶的催化作用下转化成氨,反应前后硝态氮的变化反映了土壤硝酸还原酶的活性,硝态氮的变化可用酚二磺酸比色法测定。

三、应用范围

本方法适用于各类土壤硝酸还原酶活性的测定。

四、主要仪器设备与材料

主要包括分光光度计、恒温培养箱、100 mL 三角瓶、50 mL 容量瓶、瓷蒸发皿、水浴锅等。

五、试剂

(1)1 g/100 mL 硝酸钾溶液:10.0 g KNO_3(分析纯)溶于去离子水,稀释至 1 L。
(2)1 g/100 mL 葡萄糖溶液:10.0 g 葡萄糖(分析纯)溶于去离子水中,稀释至 1 L。
(3)酚二磺酸溶液:取 3 g 熏蒸酚与 20.1 mL 浓硫酸混合,用水浴锅在沸水浴中加热回流 6 h(若无发烟硫酸,可用 25.0 g 苯酚,加 225 mL 浓硫酸,沸水浴加热 6 h 配成。试剂冷却后可能析出结晶,必须重新加热溶解,但不可加水,试剂必须储于密闭的棕色玻璃瓶中,严防吸湿)。
(4)10 g/100 mL NaOH 溶液:50 g NaOH(分析纯)溶于去离子水,稀释至 500 mL。
(5)0.1 mg/mL 硝酸钾标准溶液:精确称取分析纯 0.325 8 g KNO_3 溶于 1 L 水中(1 L 水中含有 200 mg NO_3—N,即为 0.2 mg/mL)。使用前将溶液稀释至 0.1 mg/mL NO_3—N。
(6)其他试剂:$CaCO_3$、铝钾矾[$KAl(SO_4)_2$]饱和溶液。

六、实验步骤

(1)称取 1 g 新鲜土壤置于 100 mL 塑料瓶中,加 20 mg $CaCO_3$ 和 1 mL KNO_3 溶液,混匀后加 1 mL 葡萄糖溶液,另一种加入等量的蒸馏水代替底物(基质)。盖紧瓶塞(保证厌氧环境),轻摇塑料瓶(建议用 100 mL 塑料瓶),置于 30 ℃ 恒温培养箱中培养 24 h,同时试剂作空白对照(用灭菌土壤,180 ℃ 加热 3 h 作为对照)。

(2)培养结束后加入 50 mL 去离子水和 1 mL 铝钾矾溶液,静置 20 min。混匀后过滤(慢速定量 7 cm 滤纸)。

(3)取 20 mL 溶液于瓷蒸发皿,在水浴中蒸干,加入 2 mL 酚二磺酸溶液溶解处理 10 min,再加入 15 mL 去离子水,用质量分数 10% NaOH 调至微黄色,最后移至 50 mL 容量瓶中,定容后于 400~500 nm 进行比色。

标准曲线的绘制:吸取 50.00 mL KNO_3 标准溶液溶于 100 mL 三角瓶中,在沸水浴上蒸干(或者烘干),残渣用 2 mL 酚二磺酸溶液处理 10 min。加去离子水定容至 500 mL,其 NO_3^-—N 浓度为 0.1 mg/mL。从中分别吸取 0 mL、1.00 mL、3.00 mL、5.00 mL、7.00 mL、9.00 mL、11.00 mL(对应浓度分别为 0.2×10^{-3} mg/mL、0.6×10^{-3} mg/mL、1.0×10^{-3} mg/mL、1.4×10^{-3} mg/mL、1.8×10^{-3} mg/mL、2.2×10^{-3} mg/mL)于 50 mL 容量瓶中,用质量分数 10% NaOH 调至微黄色,定容后于 400~500 nm 进行比色。以光密度值为纵坐标,以浓度为横坐标,绘制标准曲线。

七、结果计算

$$C_0(\text{mg/L}) = C_{空} - (C_{样} - C_{对}) \quad (4-2)$$

土壤硝酸还原酶的活性$[NO_3^-—N—N, \text{mg/g}, 24\text{h}(d)] = C_0 V f / d_{WT} \quad (4-3)$

式中:C_0 为样品溶液中 NO_3^-—N 浓度变化;$C_{空}$ 为无土空白吸光值由标准曲线求得 NO_3^-—N 含量;$C_{样}$ 为样品吸光值由标准曲线求得 NO_3^-—N 含量;$C_{对}$ 为有土无基质(硝酸钾)吸光值由标准曲线求得 NO_3^-—N 含量;V 为待测液的体积(50 mL);f 为分取倍数(50 mL/20 mL);d_{WT} 为烘干土壤质量(g)。

八、注意事项

(1)酚二磺酸溶液必须储存在密闭的棕色玻璃瓶中,严防吸潮,在使用时要注意观测溶液是否变质,如发生变质,需重新配制。

(2)土壤样品在恒温培养过程中,必须要密闭以保证厌氧环境,并且要注意保持温度的一致性。

(3)实验过程中必须作无基质对照及空白对照,空白对照使用灭菌土壤,180 ℃ 加热 3 h 作为对照。

九、实验设计与研究探索

不同土壤类型及肥力条件等因素均会对土壤硝酸还原酶活性产生影响,此外,硝态氮含量的多少也是影响土壤硝酸还原酶活性的重要因素。因此,可探究不同硝态氮含量对土壤硝酸还原酶活性的影响。

(1)硝态氮含量对土壤硝酸还原酶活性的影响:分别测定不同硝态氮含量土壤的硝酸还原酶活性,对比分析硝态氮含量对土壤硝酸还原酶活性的影响,并解释原因。

(2)土壤样品对土壤硝酸还原酶活性的影响:分别测定新鲜土壤样品和风干后土壤样品中硝酸还原酶活性,分析土壤样品对硝酸还原酶活性可能产生的影响,并解释原因。

十、思考题

(1)某学生在使用酚二磺酸比色法测定硝酸还原酶活性时,在恒温培养过程中未能有效密闭保证厌氧环境,该同学测得的数据是否可信?说明原因。

(2)某学生将配好的酚二磺酸溶液储存在透明玻璃瓶中,分析该学生的做法是否正确?为什么?

第三节 土壤亚硝酸还原酶活性测定(Грисс比色法)

在硝酸还原酶和亚硝酸还原酶的作用下,土壤中的硝态氮可还原成氨。测定土壤中这些酶的活性可了解土壤氮素转化中脱氨作用的强度。

一、实验目的与要求

(1)掌握土壤亚硝酸还原酶活性测定的基本原理。
(2)熟悉土壤亚硝酸还原酶活性测定的基本方法及操作步骤。
(3)能对实验数据进行计算分析和制作规范图表,对现象和结果进行合理分析与解释。
(4)能从实验中挖掘课程思政元素,实现立德树人目标。

二、基本原理

通过亚硝酸盐与Грисс试剂反应,测定酶促反应前后NO_2-N的变化量,用以表示亚硝酸还原酶活性。

三、应用范围

本方法适用于各类土壤亚硝酸还原酶活性的测定。

四、主要仪器设备与材料

主要包括分光光度计、恒温培养箱、100 mL三角瓶、50 mL容量瓶、瓷蒸发皿、水浴锅等。

五、试剂

(1)质量分数1%葡萄糖溶液:10.0 g分析纯葡萄糖溶于去离子水中,稀释至1L。
(2)Грисс试剂:用比重为1.04的醋酸分别配制质量分数0.1% α-萘胺溶液(a)和质量

分数 0.5% 对-氨基苯磺酸溶液(b),用前将等体积(a)(b)溶液混合即成。

(3)亚硝酸钠标准溶液:准确称取 0.150 0 g $NaNO_2$ 溶于 1 mL 蒸馏水中。使用前稀释 100 倍配制成工作液(1 mL 含 0.001 mg NO_2^-)。

(4)其他试剂:质量分数 0.5% $NaNO_2$ 溶液、$CaCO_3$、铝钾矾[$KAl(SO_4)_2$]饱和溶液。

六、实验步骤

(1)称取 1 g 土壤置于 100 mL 减压瓶中,加 20 mg $CaCO_3$,混匀,加入 1 mL 质量分数 0.5% $NaNO_2$ 溶液和 1 mL 质量分数 1% 葡萄糖溶液。以后按测定土壤硝酸还原酶活性步骤操作。

(2)吸取 1 mL 滤液移于 50 mL 容量瓶中,加 5 mL 蒸馏水和 4 mL Грисс 试剂,显色后定容,比色。

标准曲线的绘制:取工作液 1~10 mL 移于 50 mL 容量瓶中,加 1 mL Грисс 试剂。15 min 后,定容、比色(波长为 550~600 nm)。以光密度为纵坐标,以浓度为横坐标绘制标准曲线。

七、结果计算

$$C_0(\text{mg/L}) = [C_{空} - (C_{样} - C_{对})] \qquad (4-4)$$

$$土壤亚硝酸还原酶的活性[NO_2^- - N - N, mg/g, 24\ h(d)] = C_0 V f / d_{wt} \qquad (4-5)$$

式中:C_0 为样品溶液中 $NO_2^- - N$ 浓度变化;$C_{空}$ 为无土空白吸光值由标准曲线求得 $NO_2^- - N$ 含量;$C_{样}$ 为样品吸光值由标准曲线求得 $NO_2^- - N$ 含量;$C_{对}$ 为有土无基质(亚硝酸钠)吸光值由标准曲线求得 $NO_2^- - N$ 含量;V 为待测液的体积(50 mL);f 为分取倍数(50 mL/20 mL);d_{wt} 为烘干土壤质量。

八、注意事项

(1)土壤样品在恒温培养过程中,必须保证厌氧环境,且整个实验过程中要注意温度的一致性。

(2)如果土壤样品吸光值超过标准曲线的最大值,则应该增加分取倍数或减少培养的土样。

(3)实验过程中必须作无基质对照及空白对照,空白对照使用灭菌土壤,180 ℃ 加热 3 h 作为对照。

九、实验设计与研究探索

不同土壤类型、肥力条件等因素均会对土壤亚硝酸还原酶活性产生影响,此外,硝态氮含量的多少也是影响土壤亚硝酸还原酶活性的重要因素。因此,可探究不同硝态氮含量对土壤亚硝酸还原酶活性的影响。

(1)硝态氮含量对土壤亚硝酸还原酶活性的影响:分别测定不同硝态氮含量土壤的亚硝酸还原酶活性,对比分析硝态氮含量对土壤亚硝酸还原酶活性的影响,并解释原因。

(2)土壤样品(鲜样、干样)对土壤亚硝酸还原酶活性的影响:分别测定新鲜土壤样品和风干后土壤样品中亚硝酸还原酶活性,分析土壤样品对亚硝酸还原酶活性可能产生的影响,并解释原因。

十、思考题

(1)某学生在使用 Грисс 比色法测定土壤亚硝酸还原酶活性时,空白对照使用的土壤未进行灭菌,讨论可能出现的后果。

(2)硝态氮含量不同的土壤其亚硝酸还原酶活性是否相同?为什么?

第四节 土壤蔗糖酶活性测定(3,5-二硝基水杨酸比色法)

蔗糖酶对增加土壤中易溶性营养物质起着重要作用。蔗糖酶与土壤许多因子有相关性,如与土壤有机质、氮、磷等的含量,微生物数量及土壤呼吸强度都有关。一般情况下,土壤肥力越高,蔗糖酶活性越强。它不仅能够表征土壤的生物学活性强度,也可以作为评价土壤熟化程度和土壤肥力水平的指标。

一、实验目的与要求

(1)掌握土壤蔗糖酶活性测定的基本原理。
(2)熟悉土壤蔗糖酶活性的测定方法及操作步骤。
(3)能对实验数据进行计算分析和制作规范图表,对现象和结果进行合理分析与解释。
(4)能从实验中挖掘课程思政元素,实现立德树人目标。

二、基本原理

蔗糖酶能酶促蔗糖水解生成葡萄糖和果糖。蔗糖酶活性可根据蔗糖水解的生成物与3,5-二硝基水杨酸生成有色化合物进行比色测定。

采用3,5-二硝基水杨酸比色法,该方法以蔗糖为基质,基质在土壤蔗糖酶作用下生成葡萄糖,葡萄糖和3,5-二硝基水杨酸反应生成橙黄色的3-氨基-5-硝基水杨酸,并在508 nm波长下有最大吸光值。

三、应用范围

本方法适用于各类土壤蔗糖酶的测定。

四、主要仪器设备与材料

主要包括分光光度计、水浴锅、容量瓶等。

五、试剂

(1)3,5-二硝基水杨酸溶液:称取 0.5 g 二硝基水杨酸,溶于 20 mL 2 mol/L 氢氧化钠和

50 mL 水中,再加 30 g 酒石酸钾钠,用水稀释至 100 mL(不超过 7 d)。

(2)pH5.5 磷酸缓冲液:1/15 mol/L 磷酸氢二钠(11.867 g $Na_2HPO_4·2H_2O$ 或 23.857 9 g $Na_2HPO_4·12H_2O$ 溶于水,定容至 1 L),0.5 mL 加 1/15 mol/L 磷酸二氢钾(9.078g KH_2PO_4 溶于水,定容至 1 L)9.5 mL 即成。

(3)质量分数 8% 蔗糖溶液:称 8 g 蔗糖置于 92 g 水中。

(4)标准葡萄糖溶液:将葡萄糖先在 50~58 ℃ 条件下真空干燥至恒重,然后取 500 mg 溶于 100 mL 苯甲酸溶液中(还原糖 5 mg/mL),即成标准葡萄糖溶液。再用标准液配制成 1 mL 含 0.01~0.5 mg 葡萄糖的工作液。

(5)其他试剂:甲苯。

六、实验步骤

(1)称取 5 g 过 1 mm 孔径土壤筛的风干土,置于 50 mL 三角瓶中,注入 15 mL 质量分数 8% 蔗糖溶液,5 mL pH 5.5 磷酸缓冲液和 5 滴甲苯,振荡 5 min 后在 37 ℃ 恒温培养箱中培养 24 h。到时取出,迅速过滤。从中吸取滤液 1 mL,注入 50 mL 容量瓶中,加 3 mL 3,5-二硝基水杨酸溶液,并在沸水浴中加热 5 min,随即将容量瓶移至自来水流下冷却 3 min。

(2)溶液因生成 3-氨基-5-硝基水杨酸而呈橙黄色,最后用蒸馏水稀释至刻度,并在分光光度计上于波长 508 nm 处进行比色。吸取 1 mL 不同浓度的工作液,按与测定蔗糖酶活性同样的方法进行显色,比色后以光密度值为纵坐标,以葡萄糖浓度为横坐标,绘制成标准曲线。

(3)为了消除土壤中原有的蔗糖、葡萄糖引起的误差,每一土样须作无机质对照,整个实验须作无土壤对照。

七、结果计算

蔗糖酶活性以 24 h 后 1 g 土壤中葡萄糖的毫克数表示。

$$葡萄糖(mg) = C \times V \times n/m \tag{4-6}$$

式中:C 为从标准曲线上查得的葡萄糖浓度(mg/mL);V 为显色液体积,本实验为 50 mL;n 为分取倍数,本实验分取倍数为 20;m 为风干土样重(g)。

八、注意事项

(1)为了消除土壤中原有的蔗糖、葡萄糖而引起的误差,每一土样必须作无机质对照,整个实验必须作无土壤对照。

(2)要注意实验过程中温度条件的变化,尽可能保持实验过程中温度的一致性。

(3)如果样品吸光值超过标准曲线的最大值,则应该增加分取倍数或减少培养的土样。

(4)在酸性介质中,土壤蔗糖酶活性最大。为保持蔗糖酶的最适 pH,多使用醋酸盐缓冲液(pH=4.5~5.5)、磷酸盐缓冲液(pH=4.9~5.5)、醋酸盐-磷酸盐缓冲液(pH=5.5)进行实验。

九、实验设计与研究探索

蔗糖酶与土壤许多因子有相关性,如与土壤有机质、氮、磷等的含量,微生物数量及土壤呼吸强度有关。一般情况下,土壤肥力越高,蔗糖酶活性越强。因此,可探究不同土壤肥力条件下的土壤蔗糖酶活性。

(1)氮素含量对土壤蔗糖酶活性的影响:分别测定不同氮素含量水平下土壤蔗糖酶活性,对比分析氮素含量对土壤蔗糖酶活性的影响并分析原因。

(2)磷素含量对土壤蔗糖酶活性的影响:分别测定不同磷素含量水平下土壤蔗糖酶活性,对比分析磷素含量对土壤蔗糖酶活性的影响并分析原因。

十、思考题

(1)某学生在使用3,5-二硝基水杨酸比色法测定土壤蔗糖酶活性时,仅作无土壤对照,分析该学生得出的数据是否可靠?为什么?

(2)不同土层深度的蔗糖酶活性是否相同?为什么?

第五节 土壤蛋白酶活性测定(茚三酮比色法)

土壤蛋白酶参与土壤中存在的氨基酸、蛋白质以及其他含蛋白质氮的有机化合物的转化,它们的水解产物是高等植物的氮源之一。土壤蛋白酶在剖面中的分布与蔗糖相似,酶活性随剖面深度而减弱,并与土壤有机质含量、氮素及其他土壤性质有关。

一、实验目的与要求

(1)掌握土壤蛋白酶活性测定的基本原理。
(2)熟悉土壤蛋白酶活性测定的基本方法与步骤。
(3)能对实验数据进行计算分析和制作规范图表,对现象和结果进行合理分析与解释。
(4)能从实验中挖掘课程思政元素,实现立德树人目标。

二、基本原理

蛋白酶能酶促蛋白物质水解成肽,肽进一步水解成氨基酸。测定土壤蛋白酶常用的方法是比色法,根据蛋白酶酶促蛋白质产物-氨基酸与某些物质生成带颜色络合物。依溶液颜色深浅程度与氨基酸含量的关系,求出氨基酸量,以此表示蛋白酶活性。

三、应用范围

本方法适用于各类土壤蛋白酶活性的测定。

四、主要仪器设备与材料

主要包括离心机、分光光度计、水浴锅、容量瓶等。

五、试剂

(1)质量分数1%明胶溶液:用pH 7.4的0.2 M磷酸盐缓冲液配制,称1 g明胶和99 g缓冲液混合。

pH 7.4的0.2 M磷酸盐缓冲液(0.2 mol/L):A液,0.2 mol/L $NaH_2PO_4 \cdot 2H_2O$,称取31.428 1 g $NaH_2PO_4 \cdot 2H_2O$溶于水,最后定容至1 L;B液,称取71.7 g $Na_2HPO_4 \cdot 12H_2O$溶于水,定容至1 L;最后将19 mL A液与81 mL B液混合均匀,即得pH 7.4的0.2 M磷酸盐缓冲液。

(2)质量分数2%茚三酮溶液:将2 g茚三酮溶于100 mL丙酮。

(3)甘氨酸标准溶液:取0.1 g甘氨酸溶于水中,定容至1 L,则得1 mL含0.02 mg甘氨酸的标准溶液。再稀释10倍制成工作液。

(4)其他试剂:甲苯、无水乙醇。

六、实验步骤

(1)称取4 g过1 mm孔径土壤筛风干土,置于50 mL三角瓶中,加20 mL质量分数1%明胶溶液和1 mL甲苯,小心振荡后用木塞盖紧,在30 ℃恒温培养箱中放置24 h。培养结束后,过滤培养物,取5 mL滤液,加20 mL无水乙醇,以沉淀未经水解的基质。摇动后,静止5 min后离心。吸取上清液1~2 mL注入50 mL容量瓶中,加1 mL质量分数2%茚三酮溶液,冲洗瓶颈后在水浴锅上沸水浴加热10 min,加热着色,稀释至刻度,然后进行比色。

标准曲线的绘制:分别吸取1 mL、3 mL、5 mL、7 mL、9 mL、11 mL工作液移于50 mL容量瓶中,加1 mL茚三酮,冲洗瓶颈后在水浴锅上沸水浴加热10 min,将获得的着色溶液用蒸馏水稀释至刻度。在分光光度计上于500 nm处比色测定颜色深度。以光密度值为纵坐标,以氨基氮浓度为横坐标绘制曲线。

(2)每个土样均要作无基质对照,以除掉土壤中原来含有的氨基氮引起的误差。整个实验要作无土壤对照。

七、结果计算

蛋白酶活性以24 h后1 g土壤中氨基氮的毫克数表示。

$$NH_2-N(mg) = C \times V \times n/m \qquad (4-7)$$

式中:C为从标准曲线上查得的氨基氮浓度(mg/mL);V为显色液体积,本实验为50 mL;n为分取倍数,如若取1 mL上清液则分取倍数为20,若取2 mL,则分取倍数为10;m为风干土样重(g)。

八、注意事项

(1)注意实验过程中温度条件的变化,应尽可能保持实验过程中温度的一致性。

(2)每个土样均要作无基质对照,以除掉土壤原来含有的氨基氮引起的误差。

(3)将土样风干或湿润时于室温下保存,均会降低蛋白酶的活性。

九、实验设计与研究探索

土壤蛋白酶活性受多种因素的共同影响,在剖面中的分布与蔗糖酶活性相似,酶活性随剖面深度而减弱,并与土壤有机质含量、氮素及其他土壤性质有关。因此,可探究不同剖面深度、有机质含量、氮素含量对土壤蛋白酶活性的影响。

(1)剖面深度对土壤蛋白酶活性的影响:分层采集土壤剖面样品,分别测定不同剖面土壤蛋白酶活性,对比分析土壤蛋白酶活性随土壤剖面的变化特征,并解释原因。

(2)有机质含量对土壤蛋白酶活性的影响:采集不同有机质含量的土壤样品,分别测定不同有机质含量条件下土壤蛋白酶活性,对比分析有机质含量对土壤蛋白酶活性的影响,并解释原因。

(3)氮素含量对土壤蛋白酶活性的影响:测定不同氮素含量条件下土壤蛋白酶活性,对比分析氮素含量对土壤蛋白酶活性的影响,并解释原因。

十、思考题

(1)某学生在用茚三酮比色法测定土壤蛋白酶活性时,将一部分定容待比色的溶液放置在阳光直射处,而另一部分则放置在阴凉处,该学生比色得到的数据是否可信?为什么?

(2)氮素含量不同的土壤样品蛋白酶活性是否相同?为什么?

第六节 土壤脲酶活性测定(苯酚钠-次氯酸钠比色法)

在土壤酶系统研究中,关于脲酶的研究是比较深入的,其酶促反应产物氨是植物氮源之一,其活性反映土壤有机态氮向有效态氮的转化能力和土壤无机氮的供应能力。研究土壤脲酶转化尿素的作用及其调控技术,对提高尿素氮肥利用率具有重要意义。

一、实验目的与要求

(1)掌握土壤脲酶活性测定的基本原理。
(2)熟悉土壤脲酶活性的测定方法及操作步骤。
(3)能对实验数据进行计算分析和制作规范图表,对现象和结果进行合理分析与解释。
(4)能从实验中挖掘课程思政元素,实现立德树人目标。

二、基本原理

土壤中脲酶活性的测定是以尿素为基质,经土壤脲酶酶促基质水解生成氨,氨与苯酚-次氯酸钠在常温条件下作用生成蓝色靛酚,颜色深度与生成氨的量呈正比,用比色法测定氨的量来表示脲酶活性。

三、应用范围

本方法适用于各类土壤脲酶活性的测定。

四、主要仪器设备与材料

主要包括酸度计、分光光度计、恒温培养箱、电子天平(感量0.0001 g、0.01 g)50 mL容量瓶、100 mL容量瓶、50 mL三角瓶等。

五、试剂

(1)甲苯(C_7H_8)、尿素(CON_2H_4)、柠檬酸($C_6H_8O_7$)、氢氧化钾(KOH)、苯酚钠(C_6H_5ONa)。

(2)次氯酸钠溶液:根据次氯酸钠溶液浓度稀释试剂,至活性氯(游离氯)的质量分数为0.9%。

(3)尿素溶液(100 g/L):称取10 g(精确至0.01 g)尿素,用水稀释,定容至100 mL。

(4)柠檬酸盐缓冲液(pH 6.7):称取184 g(精确至0.01 g)柠檬酸和147.50 g氢氧化钾各溶于水中,将两溶液混合,用1 mol/L氢氧化钠将pH调至6.7,用水定容至1000 mL。

(5)苯酚钠溶液(1.35 mol/L):称取62.5 g(精确至0.01 g)苯酚钠溶于少量乙醇,加2 mL甲醇和18.5 mL丙酮,用乙醇定容至100 mL(A液);称取27 g(精确至0.01 g)氢氧化钠,用水溶解后定容至100 mL(B液)。将A液、B液保存在4 ℃冰箱中,使用前取A液、B液各20 mL混合,用水定容至100 mL备用。

(6)氨标准溶液:精确称取0.4717 g(精确至0.0001 g)经干燥箱105 ℃烘干3 h的硫酸铵溶于水,并定容至1000 mL,得到0.1 mg/mL氨储备溶液。使用前,将上述溶液用水稀释至10倍,配制成浓度为0.01 mg/mL氨标准液。

标准曲线绘制:分别吸取1 mL、3 mL、5 mL、7 mL、9 mL、11 mL、13 mL稀释氨标准溶液,移于50 mL容量瓶中,然后加蒸馏水至20 mL。再加入4 mL苯酚钠溶液和3 mL次氯酸钠溶液,随加随摇匀。20 min后显色,定容。1 h内在分光光度计上于波长578 nm处比色,根据光密度值与溶液浓度绘制标准曲线。

六、实验步骤

(1)称取5 g过1 mm孔径土壤筛风干土,置于50 mL三角瓶中,加1 mL甲苯。15 min后加10 mL质量分数10%尿素溶液和20 mL pH 6.7柠檬酸盐缓冲液。

(2)振荡5 min后于37 ℃恒温培养箱中培养24 h。过滤后吸取3 mL滤液注入50 mL容量瓶中,然后按绘制标准曲线显色方法进行比色测定。

七、结果计算

脲酶活性以24 h后1 g土壤中NH_3-N的毫克数表示。

$$NH_3-N(mg) = C \times V \times n/m \qquad (4-8)$$

式中:C为从标准曲线上查得的NH_3-N浓度(mg/mL);V为显色液体积,本实验为50 mL;n为分取倍数,本实验分取倍数为10;m为风干土样重(g)。

八、注意事项

(1) 每一个样品作一个无基质对照,以等体积的水代替基质(100 g/L 尿素水溶液),其他操作与样品实验相同,以排出土壤中原有的氨对实验结果的影响。

(2) 整个实验设置一个无土对照,不加土样,其他操作与样品实验相同,以检验试剂纯度和基质自身分解,即空白实验。

(3) 如果样品吸光值超过标准曲线的最大值,则应该增加分取倍数或减少培养的土样。

(4) 在重复条件下获得的两次独立测定结果的绝对差值不得超过算数平均值的 10%。

(5) 将土壤风干或湿润时于室温下保存,均会降低脲酶的活性。于 4 ℃时保存,酶活性降低得最少。

九、实验设计与研究探索

土壤中脲酶活性与土壤有机质含量、微生物数量等关系密切,此外,土壤样品(风干或鲜样)等均会对土壤脲酶活性产生一定影响。因此,可探究不同土壤样品、有机质含量对土壤脲酶活性的影响。

(1) 土壤样品对土壤脲酶活性的影响:采集同一土壤样品,分别测定鲜样和风干后土壤的脲酶活性,分析其差异并解释原因。

(2) 有机质含量对土壤脲酶活性的影响:分别测定不同有机质含量下的土壤脲酶活性,分析有机质对土壤脲酶活性的影响,并解释原因。

十、思考题

(1) 某学生在使用苯酚钠-次氯酸钠比色法测定土壤脲酶活性时,柠檬酸缓冲液未用 1 mol/L 氢氧化钠将 pH 调至 6.7,讨论可能出现的结果。

(2) 某学生在使用苯酚钠-次氯酸钠比色法测定土壤脲酶活性时,因事将显色定容后的待测液放置到第二天进行比色,该学生得出的数据是否可信?为什么?

第七节 土壤过氧化氢酶活性测定

过氧化氢酶广泛存在于土壤中和生物体内,是由生物呼吸过程和有机物的生物化学氧化反应产生的,过氧化氢的产生对生物和土壤具有毒害作用。过氧化氢酶是过氧化物酶体系的标志酶,约占过氧化物酶体系酶总体量的 40%,在一定程度上反映了土壤微生物学过程的强度。因此,土壤过氧化物酶的活性可以表征土壤总体的生物学活性、腐殖化强度大小、有机质积累程度和肥力状况。土壤和生物体内过氧化氢酶能促进过氧化氢分解($H_2O_2 \rightarrow H_2O + O_2$),有利于降低其毒害作用。土壤过氧化氢酶活性与土壤有机质含量、土壤微生物数量及其活性有关。一般而言,根际土壤的过氧化物酶活性远高于根际外土壤,有机质含量高的土壤过氧化氢酶活性较强。

一、实验目的与要求

(1)掌握土壤过氧化氢酶活性测定的基本原理。
(2)熟悉土壤过氧化氢酶活性的测定方法及操作步骤。
(3)能对实验数据进行计算分析和制作规范图表,对现象和结果进行合理分析与解释。
(4)能从实验中挖掘课程思政元素,实现立德树人目标。

二、基本原理

Kappen(1913)首先介绍硫酸存在条件下高锰酸钾滴定剩余的过氧化氢测定过氧化氢酶活性。此法根据过氧化氢与土壤相互作用后,未分解的过氧化氢的量用容量法(即高锰酸钾滴定未分解的过氧化氢)测定过氧化氢酶的活性。反应方程式如下

$$2KMnO_4 + 5H_2O_2 + 3H_2SO_4 \longrightarrow 2MnSO_4 + K_2SO_4 + 8H_2O + 5O_2 \tag{4-9}$$

三、应用范围

本方法适用于各类土壤脲酶活性的测定。

四、主要仪器设备与材料

主要包括电子天平(精度 0.000 1 g)、冰箱、酸式滴定管、1 mm 土壤筛、往复式振荡机、150 mL 三角瓶、滤纸等。

五、试剂

(1)1.5 mol/L 硫酸溶液:5 mL 浓硫酸+55 mL 蒸馏水。

(2)0.2 mol/L 硫酸溶液:准确移取 5.43 mL 浓硫酸缓缓注入 400 mL 水中,冷却后用水定容至 500 mL。置于 4 ℃冰箱储存。

(3)0.1 mol/L 高锰酸钾标准溶液。

称取 3.3 g(精确至 0.000 1 g)高锰酸钾,溶于 1050 mL 水中,缓缓煮沸 15 min,冷却后于暗处放置两周,过滤后储于棕色瓶。

标定 0.1 mol/L 高锰酸钾标准溶液:准确称取约 0.2 g 在 110 ℃干燥至恒重的基准草酸钠。加入 250 mL 新煮沸过的冷水、10 mL 硫酸,搅拌使之溶解。将草酸钠溶液加热到 75~85 ℃(即开始冒蒸汽时的温度),趁热用待标 $KMnO_4$ 溶液进行滴定。开始滴定时反应速度很慢,待液中产生 Mn^{2+} 后,反应速度加快,但滴定时仍必须是逐滴加入,至溶液呈粉红色,半分钟内不褪色即为终点。注意滴定完毕时的温度不应低于 60 ℃。

$$2MnO_4^- + 5C_2O_4^{2-} + 16H^+ \xrightarrow{75\sim85\ ℃} Mn^{2+} + 10CO_2 + 8H_2O \tag{4-10}$$

(4)质量分数 3% 过氧化氢溶液:准确量取 25 mL 质量分数 30% 过氧化氢溶液,定容至 250 mL,置于 4 ℃冰箱储存,临用时用 0.1 mol/L 高锰酸钾标准溶液标定。

标定质量分数 3% 过氧化氢溶液:准确吸取 1.00 mL 质量分数 3% 过氧化氢溶液于 50 mL

三角瓶中,加入 5 mL 水、5 mL 0.2 mol/L 的硫酸溶液,用 0.1 mol/L 的高锰酸钾标准溶液标定,所消耗的体积数为 16.51 mL。

(5)其他试剂:草酸钠(基准)、双蒸馏水。

注意:由于不同批次的过氧化氢浓度存在差异,因此需要每次滴定前标定,若消耗高锰酸钾标准溶液的体积大于或小于 16.51 mL,说明过氧化氢的实际浓度大于或小于 3%,这种情况就要重新配制过氧化氢溶液重新标定,直到过氧化氢实际浓度达到要求才能使用。

六、实验步骤

准确称取 5.00 g(精确至 0.000 1 g)过 1 mm 筛的风干土样(有机质含量高的土壤可以减少到 2 g),置于 150 mL 锥形瓶中,加入 40 mL 双蒸馏水和 5 mL 质量分数 3% 过氧化氢(现配),另设对照(不加土壤样品),塞紧瓶盖,在往复式振荡机上以 120~180 r/min 转速振荡 30 min,加入 5 mL 1.5 mol/L H_2SO_4 终止反应,以稳定未分解的 H_2O_2,用致密(慢速)型滤纸过滤,取滤液 25 mL 用 0.1 mol/L $KMnO_4$ 标准溶液滴定至淡粉红色。

七、结果计算

土壤的过氧化氢酶活性,以单位时间、单位质量风干土样所消耗的 0.1 mol/L $KMnO_4$ 毫升数(对照与土壤测定的差)表示。计算公式为

$$X = \frac{(V_0 - V) \times T}{m \times f} \quad (4-11)$$

高锰酸钾滴定度的校正值计算公式为

$$T = \frac{C(1/5 KMnO_4)}{0.02 \times 5} \quad (4-12)$$

式中:X 为过氧化氢酶活性[mL/(g·h)];V_0 为空白所消耗的高锰酸钾标准溶液的滴定体积(mL);V 为样品所消耗的高锰酸钾标准溶液的滴定体积(mL);T 为高锰酸钾滴定度的校正值;m 为新鲜土壤质量(g);f 为风干土壤占新鲜土壤的比例。

八、注意事项

(1)由于不同批次的过氧化氢浓度存在差异,或配好的过氧化氢溶液存放时间有长短差异,因此每次滴定前要用高锰酸钾标准溶液进行标定,直到过氧化氢实际浓度等于 3% 才能使用。

(2)过氧化氢溶液要注意存放时间不宜太长,最好现用现配。

(3)注意实验过程中温度条件的变化,应尽可能保持实验过程中温度的一致性。

九、实验设计与研究探索

土壤过氧化氢酶与土壤有机质含量、土壤质地、土壤微生物数量及土壤呼吸强度等有关。一般情况下,土壤肥力越高,蔗糖酶活性越强。因此,可探究不同有机质含量和不同土壤质地对土壤过氧化氢酶活性的影响。

(1)有机质含量对土壤过氧化氢酶活性的影响:分别测定不同有机质含量水平下土壤过氧化氢酶活性,对比分析有机质含量对土壤过氧化氢酶活性的影响并分析原因。

(2)质地对土壤过氧化氢酶活性的影响:分别测定不同质地类型的土壤过氧化氢酶活性,对比分析土壤质地对土壤过氧化氢酶活性的影响并分析原因。

十、思考题

(1)某学生在使用高锰酸钾滴定法测定土壤过氧化氢酶活性时,没有对高锰酸钾标准溶液和质量分数3%过氧化氢溶液进行标定,分析该学生得出的数据是否可靠?为什么?

(2)不同土层深度、不同根际范围、不同有机质含量对土壤过氧化氢酶活性是否有影响?影响程度有多大?

第八节 土壤微生物生物量碳测定

土壤微生物生物量碳是指土壤中体积小于 5000 μm^3 活的和死的微生物体内碳的总量,是土壤有机质中最活跃的和最易变化的组分,与土壤碳的转化有密切关系。在耕地表层土壤中,土壤微生物生物量碳一般只占土壤有机碳总量的1%~4%,但对土壤有效养分而言,却是一个很大的供给源。土壤微生物生物量碳的变化可直接或间接地反映土壤耕作制度和微生物肥力的变化,并可以反映土壤污染的程度。

一、实验目的与要求

(1)掌握土壤微生物生物量碳测定的基本原理。
(2)熟悉土壤微生物生物量碳的测定方法及操作步骤。
(3)能对实验数据进行计算分析和制作规范图表,对现象和结果进行合理分析与解释。
(4)能从实验中挖掘课程思政元素,实现立德树人目标。

二、基本原理

新鲜土样经氯仿熏蒸后(24 h),土壤微生物死亡细胞发生裂解,细胞内容物释放到土壤中,导致土壤中的可提取态碳、氮、磷、硫和氨基酸等大幅增加。通过测定浸提液的全碳含量可以计算土壤微生物生物量碳、氮、磷、硫和氨基酸。即用一定体积的 0.5 mol/L K_2SO_4 溶液提取土壤,提供有机碳自动分析仪测定微生物生物量碳含量。根据熏蒸土壤与未熏蒸土壤测定有机碳的差值及转换系数,从而计算土壤微生物生物量碳。

三、应用范围

本方法适用于各类土壤微生物生物量碳的测定。

四、主要仪器设备与材料

主要包括自动总有机碳(TOC)分析仪、真空干燥器、烧杯、三角瓶、聚乙烯离心管、离心管、定量滤纸、漏斗、酸式滴定管、石蜡油浴锅或消煮炉等。

五、试剂

(1) 无乙醇氯仿：市售的氯仿都含有乙醇(作为稳定剂)，使用前务必去除乙醇。量取 500 mL 氯仿于 1000 mL 分液漏斗中，加入 50 mL 质量分数 5% H_2SO_4，充分摇匀，弃除下层硫酸溶液，如此进行 3 次；再加入 50 mL 去离子水，同上摇匀，弃除上部水分，如此进行 5 次；将下层的氯仿转移至棕色瓶中，并加入 20 g K_2CO_3，放入冰箱冷藏备用。

(2) 0.5 mol/L 硫酸钾溶液：称取 87.1 g 硫酸钾，溶于 1 L 蒸馏水中。

(3) 1 mol/L NaOH 溶液：称取 40 g NaOH(分析纯)，溶于 1 L 蒸馏水中。

(4) 0.8 mol/L (1/6 $K_2Cr_2O_7$) 标准溶液：称取 39.224 5 g 经 130 ℃ 烘干 3~4 h 的 $K_2Cr_2O_7$ (分析纯)，溶于蒸馏水中，定容至 1000 mL。

(5) 0.2 mol/L $FeSO_4$ 标准溶液：准确称取 80 g 分析纯硫酸亚铁铵[$Fe(NH_4)_2(SO_4)_2 \cdot 6H_2O$]或 56 g 硫酸亚铁($FeSO_4 \cdot 7H_2O$)，溶于蒸馏水中，加 5 mL 浓硫酸(或 60 mL 3 mol/L H_2SO_4)，然后加水稀释至 1 L。此溶液的标准浓度可以用 0.016 7 mol/L 重铬酸钾($K_2Cr_2O_7$) 标准溶液标定。

(6) 邻菲罗啉指示剂：称取 1.485 g 邻菲罗啉(分析纯，也称邻二氮菲)和 0.695 g $FeSO_4 \cdot 7H_2O$，溶于 100 mL 蒸馏水中，储于棕色滴瓶中(此指示剂现配现用)。

(7) 工作溶液：分别吸取 0 mL、2.0 mL、4.0 mL、6.0 mL、8.0 mL、10.0 mL 的 1000 mg/L 邻苯二甲酸氢钾标准溶液置于 100 mL 容量瓶中，用高纯度去离子水定容，即得 0 mg/L、20 mg/L、40 mg/L、60 mg/L、80 mg/L、100 mg/L 系列标准碳溶液。

六、实验步骤

(1) 土壤的前处理(过筛和水分调节)：土壤样品的采集方法和要求与测定其他土壤性质时没有本质区别。采集到的新鲜土壤样品立刻去除石块、瓦砾、植物残体、根系和可见的土壤动物(如蚯蚓)等非土壤组分，然后尽快过筛(2 mm)，彻底混匀，或放在低温下(2~4 ℃)保存。假设土壤太湿无法过筛，进行晾干，期间必经常翻动土壤，防止局部风干导致微生物死亡，用手感觉湿润疏松但不结块为宜(40% 左右的田间持水量)。在室温下(25 ℃)放在密闭的装置中预培养 7 d，密闭容器中要放入两个适中的烧杯，分别放入水和 1 mol/L NaOH 溶液，以保持其相对湿度 100% 和吸收土壤呼吸释放的 CO_2。预培养后的土壤立刻分析，也可放在低温下(2~4 ℃)保存不超过 7 d。

(2) 熏蒸：称取 12~25 g 新鲜土壤(相当于 10.0~20.0 g 烘干土，可根据实际情况而定) 3 份，分别放入 50 mL 烧杯中。将烧杯放入真空干燥器中，并放置盛有无乙醇氯仿(约 2/3)的 25 mL 烧杯 2 只或 3 只，烧杯内放入少量防暴沸玻璃珠，同时放入盛有 1 mol/L NaOH 溶液的烧杯，以吸收熏蒸过程中释放出来的 CO_2，干燥器底部加入少量水以保持容器湿度。把干燥器、装有无乙醇氯仿的三角瓶和真空泵装置连接好，使三通管连通干燥器和真空泵而不连通接氯仿瓶的阀门，盖上真空干燥器盖子，开启电源开关，用真空泵抽真空，使氯仿沸腾 5 min。立刻关闭接抽气机的三通管，接着关闭真空泵电源，使氯仿不能回流到真空泵以免损坏真空泵。然后在装氯仿的三角瓶下面接一盆热水(70 ℃),直到有氯仿液滴滴入干燥器,证明氯仿已饱和。关闭真空干燥器阀门,于 25 ℃ 黑暗条件下培养 24 h。

(3) 抽真空处理:熏蒸结束后,打开真空干燥器阀门(应听到空气进入的声音,否则熏蒸不完全,重做),取出盛有氯仿(可重复利用)和稀 NaOH 溶液的小烧杯,清洁干燥器,反复抽真空(5 次或 6 次,每次 3 min,每次抽真空后最好完全打开干燥器盖子),直到土壤无氯仿味道为止。同时,另称取 3 份等量土壤,置于另一干燥器中作不熏蒸对照处理(注意:熏蒸后不可久放,应该快速浸提)。

(4) 浸提过滤:从干燥器中取出熏蒸和未熏蒸土样,将土样完全转移到 100 mL 聚乙烯离心管中,加入 40 mL 0.5 mol/L 硫酸钾溶液(土液比为 1∶4),也可用 4 g 土+16 mL 硫酸钾溶液,以 180~200 r/min 的转速振荡 30 min,用中速定量滤纸过滤。同时作 3 个无土壤基质空白。土壤提取液最好立即分析,或 -20 ℃ 冷冻保存,过滤时不要用普通的定性或定量滤纸,以免杂质会堵塞仪器管路,建议使用一次性塑料注射器配 0.25 μm 滤头抽滤。

(5) 微生物生物量碳的测定(TOC 仪):吸取上述土壤提取液 1~10 mL,测定提取液有机碳含量。若超过 TOC 仪器的标准曲线,需要对其进行稀释。

(6) 微生物生物量碳的测定(滴定法):吸取 5.0 mL 浸提液放入消煮管中,加入 2.00 mL 重铬酸钾标准溶液、5 mL 浓硫酸,摇动消煮管,充分混匀。在试管上放一小漏斗,以冷凝蒸出的水汽。将消煮管放入温度为 175 ℃ 左右的石蜡油浴锅(电热消煮炉),使温度维持在 170~180 ℃,从消煮管内容物开头沸腾(有较大气泡)算起切实煮沸 10 min,取出消煮管,稍冷却,拭净消煮管外部油滴。将试管内容物倒入 150 mL 三角瓶中,用蒸馏水少量多次洗净消煮管和漏斗,溶液全并入三角瓶中。加水稀释至 60~70 mL,加入 2~3 滴邻菲罗啉亚铁指示剂,然后用标准硫酸盐铁溶液滴定,溶液由橙色变为绿色再突变为砖红色,即为终点。

七、结果计算

1. TOC 测定法计算公式

$$SMBC = (E_C^{CHCl_3} - E_C^{CK}) \times TOC 稀释倍数 \times 水土比/0.45 \quad (4-13)$$

式中:SMBC 为土壤微生物生物量碳含量(mg/kg);$E_C^{CHCl_3}$ 为土壤样品所测的 TOC 含量(mg/kg);E_C^{CK} 为空白所测的 TOC 含量(mg/kg);TOC 稀释倍数为用于 TOC 分析的提取液体积与稀释用高纯水的体积之比;水土比为 4∶1;0.45 为将熏蒸提取法提取液的有机碳增量换算成土壤微生物生物量碳所采用的转换系数。一般仪器分析法转换系数取值 0.45。

2. 滴定法

(1) 有机碳的计算公式为

$$\omega(O_C) = (V_0 - V_1) \times C \times 3 \times t_s \times 1000/m \quad (4-14)$$

式中:$\omega(OC)$ 为 TOC 质量分数(mg/kg);V_0 为滴定空白样时所消耗的 FeSO₄ 体积(mL);V_1 为滴定样品时所消耗的 FeSO₄ 体积(mL);C 为 FeSO₄ 溶液的浓度(mol/L);3 为碳(1/4C)的毫摩尔质量,为 3 mg/mmol;t_s 为稀释倍数;100 mL/5 mL=20;m 为烘干土质量(g)。

(2) 微生物生物量碳的计算公式为

$$\omega(\text{Bc}) = E_C / K_{E_C} \quad (4-15)$$

式中：$\omega(\text{Bc})$ 为微生物生物量碳（Bc）质量分数（mg/kg）；E_C 为熏蒸土样与未熏蒸土样有机碳之差（mg/kg）；K_{E_C} 为将熏蒸提取法提取液的有机碳增量换算成土壤微生物生物量碳所采用的转换系数，一般容量法采用的 K_{E_C} 值 0.38。

八、注意事项

(1) 在测定土壤微生物生物量碳时，浸提液加入重铬酸钾-硫酸溶液后，一定要把试管内的反应物充分摇匀。

(2) 滴定所用的硫酸亚铁溶液必须现配现用，不得提前配好备用。

(3) 注意实验过程中温度条件的变化，应尽可能保持实验过程中温度的一致性。

(4) 放入预先已恒温到 175 ℃ 的石蜡油浴锅或消煮炉中后，不能立刻计时；应该在油浴锅或消煮炉温度再次达到 175～180 ℃ 时才开始计时。

(5) 如果样品测定时所用的硫酸亚铁溶液体积小于空白实验的 1/3，可能氧化不完全，应弃去重做。

(6) 消煮好的溶液颜色，一般应是黄色或黄中稍带绿色，如果以绿色为主，则说明重铬酸钾用量不足，应增加土壤样品量重做。

九、实验设计与研究探索

土壤微生物生物量碳与土壤有机质含量、土壤质地、土壤微生物数量等有关。一般情况下，土壤肥力越高，土壤微生物生物量碳含量也越高。因此，可探究不同有机质含量与土壤质地对土壤微生物生物量碳的影响。

(1) 有机质含量对土壤微生物生物量碳的影响：分别测定不同有机质含量水平下土壤微生物生物量碳，对比分析有机质含量对土壤微生物生物量碳的影响，并分析原因。

(2) 质地对土壤微生物生物量碳的影响：分别测定不同质地类型的土壤微生物生物量碳，对比分析不同土壤质地对土壤微生物生物量碳的影响，并分析原因。

十、思考题

(1) 不同土层深度、不同根际范围、不同有机质含量对土壤微生物生物量碳含量是否有影响？影响程度有多大？

(2) 某学生在使用 TOC 仪分析法和重铬酸钾滴定法测定土壤微生物生物量碳含量时，应该如何选择转换系数？

(3) 重铬酸钾滴定法测定土壤微生物生物量碳时所用的硫酸亚铁溶液体积小于空白试验的 1/3 时，应如何做？

(4) 在测定土壤有机质时，样品中加入重铬酸钾-硫酸溶液后，为什么一定要把试管内的反应物充分摇匀，而且尽量避免土样粘到壁上？

(5) 滴定所用的硫酸亚铁溶液为什么必须现配现用？

(6) 分析讨论结果计算公式里系数 3 是怎么来的？公式中为什么要用烘干土样的质量而

不是风干土样的质量?

第九节 土壤微生物生物量氮测定(茚三酮比色法)

土壤微生物生物量氮占土壤全氮的2%～7%,是土壤中有机-无机态氮转化的一个重要环节,可以反映土壤微生物对氮素矿化与固持作用的强弱。土壤微生物生物量氮在土壤中的绝对数量不大,但生物通过微生物转化的氮素远大于施入土壤中的氮素,也大于植物带走的氮素,表明土壤微生物生物量是土壤养分的源与库。凡是影响土壤氮素矿化与固持过程的因素都会影响土壤微生物生物量氮的含量。土壤微生物生物量氮对环境条件亦非常敏感,施肥、栽培等技术措施都会影响土壤微生物生物量氮的数量。土壤微生物生物量氮含量多少取决于土壤中微生物的数量,同时与土壤全氮、土壤碱解氮含量为极显著的正相关关系。

一、实验目的与要求

(1)掌握土壤微生物生物量氮测定的基本原理。
(2)熟悉土壤微生物生物量氮的测定方法及操作步骤。
(3)能对实验数据进行计算分析和制作规范图表,对现象和结果进行合理分析与解释。
(4)能从实验中挖掘课程思政元素,实现立德树人目标。

二、基本原理

关于土壤微生物生物量氮的测定常见的熏蒸浸提法有两种:一是全氮测定法,二是茚三酮比色法。相关研究表明新鲜土样熏蒸过程所释放出的氮,主要成分为α-氨基酸态氮和铵态氮,这两种氮形态可以用茚三酮反应定量测定,并发现熏蒸与未熏蒸土壤提取的茚三酮反应态氮的增量,与其土壤微生物生物量碳之间存在显著的相关性。因此,常采用熏蒸提取茚三酮比色法来测定土壤微生物生物量氮(FE-Nnin)。

三、应用范围

本方法适用于各类土壤微生物生物量氮的测定。

四、主要仪器设备与材料

主要包括分光光度计、水浴锅、真空干燥器、烧杯、三角瓶、聚乙烯塑料管、离心管等。

五、试剂

(1)无乙醇氯仿:具体制备方法见本章"第八节土壤微生物生物量碳测定"。
(2)0.5 mol/L硫酸钾溶液:称取87.1 g硫酸钾,溶于去离子水中,稀释至1000 mL。
(3)pH 5.2的乙酸锂溶液:称取168 g氢氧化锂,加入279 mL冰乙酸(优级纯),加水稀释到1000 mL,用浓盐酸或质量分数50%氢氧化钠溶液调节pH至5.2。
(4)茚三酮溶液:吸取150 mL二甲基亚砜(C_2H_6OS)和50 mL乙酸锂溶液,加入4 g水合茚三酮($C_9H_4O_3 \cdot H_2O$)及 0.12 g 还原茚三酮($C_{18}H_{10}O_6 \cdot H_2O$)搅拌至完全溶解。

(5)体积分数 50% 乙醇水溶液：吸取 50 mL 体积分数 99% 乙醇于 100 mL 容量瓶中，用蒸馏水定容。

(6)1 mol/L 硫酸铵标准储存液：称取 4.716 7 g 分析纯硫酸铵（称前 105 ℃ 烘 2 h）溶于 0.5 mol/L 硫酸钾溶液中，并用硫酸钾溶液定容至 1000 mL 摇匀，于 4 ℃ 冰箱中保存。

(7)0.1 mol/L 硫酸铵标准液：吸取 10 mL 1 mol/L 硫酸铵标准储存液于 100 mL 容量瓶中，用 0.5 mol/L 硫酸钾溶液定容至 100 mL，摇匀。此溶液最好现配现用。

六、实验步骤

(1)土壤的前处理：方法同土壤微生物生物量碳的测定。
(2)熏蒸：方法同土壤微生物生物量碳的测定。
(3)抽真空处理：方法同土壤微生物生物量碳的测定。
(4)浸提过滤：从真空干燥器中取出熏蒸和未熏蒸土样，将土样完全转移到 50 mL 聚乙烯离心管中，加入 40 mL 0.5 mol/L 硫酸钾溶液（土水比为 1∶4，考虑到土样的原因，此部分熏蒸和不熏蒸土均为 2 g，即 2 g 土∶8 mL 的硫酸钾溶液），以 120～200 r/min 的转速振荡 30 min，用中速定量滤纸过滤。同时作 3 个无土壤基质空白。土壤提取液最好立即分析，或 −20 ℃ 冷冻保存（但使用前需解冻摇匀），注意过滤时不要用普通的定性或定量滤纸，以免杂质堵塞仪器管路，建议使用一次性塑料注射器配一个 0.2 μm 滤头抽滤。

(5)分光光度计比色测定：吸取 0.5 mL 样品提取液和标准工作液，分别置于 10 mL 的塑料离心管中，加入 2 mL 茚三酮显色剂，涡旋搅拌充分混匀，置于试管架上，在沸水中水浴 15 min，迅速冷却（冰浴约 2 min），加入 5 mL 稀释液（体积分数 50% 乙醇溶液），摇匀于 570 nm 下比色。

工作曲线的制备：分别吸取 0.00 mL、0.50 mL、1.00 mL、2.00 mL、3.00 mL、4.00 mL、5.00 mL 0.1 mol/L 硫酸铵标准液置于 100 mL 容量瓶中，用 0.5 mol/L 硫酸钾溶液定容至 100 mL，摇匀，其浓度分别为 0 mol/L、0.25 mol/L、0.5 mol/L、1.0 mol/L、1.5 mol/L、2.0 mol/L、2.5 mol/L 硫酸铵标准氮的系列溶液。

(6)全自动凯氏定氮仪测定：吸取 10 mL 滤液于消煮管中，加入 1.08 g K_2SO_4-$CuSO_4$-Se（100∶10∶1）混合加速剂，加入 4 mL 浓硫酸（按每毫升浓硫酸加 0.37 g 混合加速剂计算）；同时设置 2～3 个空白对照（10 mL 的 0.5 mol/L 的 K_2SO_4，加入 1.08 g K_2SO_4-$CuSO_4$-Se 混合催化剂，加入 4 mL 浓硫酸）；在高温消解（340 ℃ 消煮 3 h）至澄清后放置 2～3 h。用全自动凯氏定氮仪测定浸提液中的全氮含量。

七、结果计算

(1)分光光度计比色测定法计算公式为

$$SMBN = (E_N^{CHCl_3} - E_N^{CK}) \times 稀释倍数 \times 水土比 \times 0.5 \quad (4-16)$$

式中：SMBN 为土壤微生物生物量氮含量（mg/kg）；$E_N^{CHCl_3}$ 为土壤样品所测的氮含量（mg/kg）；

E_N^{CK} 为空白所测的氮含量(mg/kg);稀释倍数为用于提取液体积与稀释用高纯水的体积之比;水土比为4∶1;0.5为将熏蒸提取法提取液的氮增量换算成土壤微生物生物量氮所采用的转换系数。

(2)全自动凯氏定氮仪测定法计算公式为

$$E_N = (V_S - V_0) \times C_{H_2SO_4} \times 14 \times 1000 \times \left(\frac{16}{10}\right) \div W_S \quad (4-17)$$

式中:E_N 为全氮;V_S 为滴定土样所消耗的标准硫酸体积(mL);V_0 为滴定空白对照所消耗的标准硫酸体积(注意:消煮一批土样至少需要3个对照);$C_{H_2SO_4}$ 为硫酸浓度(mol/L);14为氮的摩尔质量(g/mol);1000为千克转化成克;16/10为从16 mL 的提取液中吸取10 mL;W_S 为烘干土质量(g)。

土壤微生物生物量氮计算公式为

$$B_N = (E_N^{CHCl_3} - E_N^{CK})/0.54 \quad (4-18)$$

式中:$E_N^{CHCl_3} - E_N^{CK}$ 为土壤样品所测的微生物生物量氮含量与空白所测的微生物生物量氮含量差值(mg/kg);0.54为总氮转换为微生物氮的转化系数。

八、注意事项

(1)加入茚三酮显色剂一定要搅拌充分混匀后在沸水中水浴15 min,然后迅速冷却(冰浴约2 min)。

(2)测定土壤微生物生物量氮的实验中,土壤提取液要尽量立即分析。

(3)注意实验过程中温度条件的变化,应尽可能保持实验过程中温度的一致性。

(4)浸提液过滤时要用中速定量滤纸,不可用慢速或快速定量滤纸或定性滤纸。

(5)土壤样品的采样点要尽量保持一致,不能有的远离根系有的紧靠根系取样。

九、实验设计与研究探索

土壤微生物生物量氮与土壤有机质含量、土壤质地、土壤微生物数量等有关。一般情况下,土壤肥力越高,土壤微生物生物量氮含量也越高。因此,可探究不同有机质含量和不同土壤质地对土壤微生物生物量氮的影响。

(1)有机质含量对土壤微生物生物量氮的影响:分别测定不同有机质含量水平下土壤微生物生物量氮,对比分析有机质含量对土壤微生物生物量氮的影响,并分析原因。

(2)质地对土壤微生物生物量氮的影响:分别测定不同质地类型的土壤微生物生物量氮,对比分析不同土壤质地对土壤微生物生物量氮的影响,并分析原因。

十、思考题

(1)不同土层深度、不同根际范围、不同有机质含量对土壤微生物生物量氮含量是否有影响?影响程度有多大?

(2)分光光度计比色测定土壤微生物生物量氮时,加入茚三酮显色剂一定要搅拌充分混匀后在沸水中水浴15 min,然后迅速冷却(冰浴约2 min),如果是自然冷却的话,会对实验结果产生什么影响？

（3）由于实验室用完了中速定量滤纸，只有定性滤纸，某学生认为用定性滤纸也一样可以过滤，这对实验结果有没有什么影响？

第十节　土壤微生物生物量磷测定（无机磷测定法）

土壤微生物生物量磷是指土壤中所有活体微生物中所含有的磷，主要成分是核酸、磷脂等易矿化有机磷及部分无机磷，它在土壤中的含量很小，通常占微生物干物质总量的1.4%~4.7%。但是由于土壤微生物生物量磷周转速度快，是植物有效磷的重要来源，其对于调控土壤磷的植物有效性及磷的生物地球化学循环具有十分重要的意义。同时，土壤微生物生物量磷对环境变化敏感，准确测定土壤中微生物生物量磷含量有助于更好地了解由于环境（气候、土壤类型、地形）改变和人为活动（施肥、杀虫剂、作物覆盖、耕作）引起的磷的固定与周转，并且对土壤肥力及其土壤养分有效性具有重要指示意义。

一、实验目的与要求

（1）掌握土壤微生物生物量磷测定的基本原理。
（2）熟悉土壤微生物生物量磷的测定方法及操作步骤。
（3）能对实验数据进行计算分析和制作规范图表，对现象和结果进行合理分析与解释。
（4）能从实验中挖掘课程思政元素，实现立德树人目标。

二、基本原理

已有研究表明微生物所释放出来的磷大部分为无机磷酸盐，可被 0.5 mol/L NaHCO$_3$ 等提取剂提取，而且熏蒸和未熏蒸土壤之间无机磷的差异能够反映土壤微生物生物量磷的高低。Brookes等建立了土壤微生物生物量磷的熏蒸提取-无机磷测定法。

土壤经氯仿熏蒸 24 h 后，微生物被杀死，细胞破裂后，细胞内容物释放到土壤中，导致土壤中可提取的磷大幅度增加。在钼锑抗混合试剂作用下提取液中正磷酸与钼酸络合形成磷钼杂多酸（在一定酸度条件下），可用磷钼比色法测定提取液中全磷含量。根据熏蒸土壤与未熏蒸土壤测定有机磷量的差值和转换系数（K_P）以及外加无机磷的回收率（R_{pi}）作为校正系数，估算土壤微生物生物量磷。如果没有这个转换系数，所测定的结果就是土壤的速效磷，但是土壤微生物熏蒸后释放的磷大多数是无机磷，而速效磷包括全部水溶性磷、部分吸附态磷及有机态磷，有的土壤中还包括某些沉淀态磷，因此速效磷和无机磷的范畴不一样。

三、应用范围

本方法适用于各类土壤微生物生物量磷的测定。

四、主要仪器设备与材料

主要包括分光光度计、硬质试管、水浴锅、真空干燥器、离心机、烧杯、三角瓶、聚乙烯离心管、漏斗等。

五、试剂

(1)无乙醇氯仿($CHCl_3$):提纯方法见本章"第八节土壤微生物生物量碳的测定"。

(2)0.5 mol/L 氢氧化钠溶液:称取 20.0 g 氢氧化钠溶于 1000 mL 水中。

(3)1.0 mol/L HCl 溶液:将 83.6 mL 浓盐酸溶于 1000 mL 水中。

(4)0.5 mol/L 碳酸氢钠浸提液:溶解 42.0 g 碳酸氢钠于 800 mL 水中,以 0.5 mol/L 氢氧化钠溶液调节浸提液的 pH 至 8.5,再用蒸馏水稀释至 1000 mL。此溶液露于空气中可因失去 CO_2 而使 pH 升高,可于液面加一层矿物油保存。此溶液在塑料瓶中比在玻璃瓶中容易保存,若储存超过一个月,应检查 pH 是否改变。

(5)250 μg/mL 磷酸二氢钾溶液:称取 1.098 4 g 分析纯磷酸二氢钾(称量前 105 ℃烘 2~3 h)溶于去离子水并定容至 1000 mL。

(6)钼锑抗混合试剂:称取 0.5 g 酒石酸锑钾,溶解于 100 mL 水中,制成质量分数 0.5%的酒石酸锑钾溶液。另称取 10 g 钼酸铵,溶于 450 mL 水中,徐徐加入 153 mL 浓 H_2SO_4,边加边搅。再将质量分数 0.5%酒石酸锑钾溶液加入钼酸铵溶液中,最后加水至 1 L,充分摇匀,储存于棕色瓶中。临用前(当天),称取 1.5 g 左旋抗坏血酸(VC,三级),溶解于 100 mL 钼锑储备液中,此溶液有效期为 24 h。

(7)50 μg/mL 磷标准液:准确称取 0.219 5 g 在 105 ℃烘箱中烘干的 KH_2PO_4(分析纯),溶解于 400 mL 水中,加入 5 mL 浓硫酸。转入 1000 mL 容量瓶中,加水定容至刻度。

取上述磷标准液 25 mL,定容至 250 mL,即得 5 μg/mL 磷标准液(此溶液不可久存)。

(8)工作曲线:准确吸取 0 mL、0.5 mL、1 mL、2 mL、3 mL、4 mL、5 mL 5 μg/mL 磷标准液分别放入 25 mL 容量瓶中,加水至约 20 mL,然后加 4 mL 钼锑抗试剂,最后用水定容至 25 mL。30 min 后开始进行比色。各瓶比色液磷的浓度分别为 0 μg/mL、0.1 μg/mL、0.2 μg/mL、0.4 μg/mL、0.6 μg/mL、0.8 μg/mL、1.0 μg/mL。

六、实验步骤

(1)土壤前处理:方法同本章"第八节土壤微生物生物量碳测定"。

(2)熏蒸:方法同本章"第八节土壤微生物生物量碳测定"。

(3)抽真空处理:方法同本章"第八节土壤微生物生物量碳测定"。

(4)浸提过滤:从真空干燥器中取出熏蒸和未熏蒸土样,将土样完全转移到 100 mL 聚乙烯离心管中,加入 40 mL 0.5 mol/L $NaHCO_3$ 浸提液(土水比为 1∶20,考虑到土样的不足,可称取 2 g 土,比例为 2 g 土配 40 mL $NaHCO_3$),以 120~200 r/min 的转速振荡 30 min,用慢速定量无磷滤纸过滤。同时作 3 个无土壤基质空白。土壤提取液最好立即分析,或-20 ℃冷冻保存(但使用前需解冻摇匀)。

(5)无机磷的回收率:另称取 3 份经前处理相当于烘干土 2.0 g 土样,分别放入 3 个 50 mL 聚乙烯提取瓶,加入 0.2 mL 250 μg/mL 磷酸二氢钾溶液,再加入 40 mL 0.5 mol/L 碳酸氢钠浸提液,同上进行提取。用于测定外加正磷酸盐态无机磷的回收率(R_{pi}),以校正土壤对熏蒸处理所释放出来的微生物生物量磷的吸附和固定。土壤提取液也立即分析,或 $-20\ ℃$ 冷冻保存(但使用前需解冻摇匀)。

(6)分光光度计比色测定:吸取 5~10 mL 提取液(依样品的含磷而定)于 25 mL 容量瓶中,加入适量的 1.0 mol/L HCl 溶液进行中和,HCl 溶液的加入量通常为提取液体积的 1/2,放置 4 h 并间隙振荡,以排除溶液中的 CO_2。补充去离子水至 20 mL,加入 4 mL 钼锑抗混合显色剂,再加水定容,摇匀。显色完全(约 30 min)后,在 882 nm 波长处进行比色。

七、结果计算

土壤微生物生物量磷计算公式为

$$\mathrm{Bp(mg/kg)} = E_{pt}/(K_P \times R_{pi}) \tag{4-19}$$

式中:E_{pt} 为熏蒸和未熏蒸的土壤差值,即 $E_p^{CHCl_3} - E_p^{CK}$ (mg/kg);$E_p^{CHCl_3} - E_p^{CK} = W_1$(分光光度计的值)$\times 2.5$(容量瓶的稀释倍数)$\times 4$(40 mL 浸提液中取 10 mL)$\times 20$(水土比);$K_P$ 为转化系数,浸提液微生物生物量磷占总微生物生物量磷的比例,取值为 0.4;$R_{pi} =$ [(外加磷酸二氢钾溶液土壤的测定值-未熏蒸土壤的差值)/25]$\times 100\%$,其测定与算法和 $E_p^{CHCl_3} - E_p^{CK}$ 一样。

八、注意事项

(1)在测定土壤微生物生物量磷时,无机磷的回收率测定条件要与土壤熏蒸后的浸提液测定条件一致。

(2)注意实验过程中温度条件的变化,应尽可能保持实验过程中温度的一致性。

(3)过滤时须用慢速定量滤纸,不可用快速定量滤纸或定性滤纸。

(4)土壤样品的采样点要尽量保持一致,不能有的远离根系有的紧靠根系。

(5)加入钼锑抗混合试剂显色时间不能太短,至少 30 min。

九、实验设计与研究探索

土壤微生物生物量磷与土壤有机质含量、土壤质地、土壤微生物数量等有关。一般情况下,土壤肥力越高,土壤微生物生物量磷含量也越高。因此,可探究不同有机质含量和不同土壤质地对土壤微生物生物量磷的影响。

(1)有机质含量对土壤微生物生物量磷的影响:分别测定不同有机质含量水平下土壤微生物生物量磷,对比分析有机质含量对土壤微生物生物量磷的影响,并分析原因。

(2)质地对土壤微生物生物量磷的影响:分别测定不同质地类型的土壤微生物生物量磷,对比分析不同土壤质地对土壤微生物生物量磷的影响,并分析原因。

十、思考题

(1)不同土层深度、不同根际范围、不同有机质含量对土壤微生物生物量磷含量是否有影响？如何影响？

（2）某学生在测定土壤微生物生物量磷时忘了外加磷回收实验，将磷回收率按1计算，会对实验结果产生什么影响？

（3）由于实验室用光了慢速定量滤纸，某学生用快速定量滤纸进行过滤，这样会对实验结果有什么影响？

（4）某学生为了赶时间，加入钼锑抗混合试剂显色时间为15 min，这样会对实验结果产生什么影响？

第十一节　土壤呼吸速率测定与分析（静态箱-气相色谱法）

土壤碳循环是陆地生态系统碳循环的重要组成部分，土壤呼吸作用的强弱及变化直接影响着大气中二氧化碳浓度的变化，控制土壤呼吸能有效减缓大气二氧化碳含量的升高和温室效应的增强。土壤呼吸作用强度可以衡量土壤微生物活性指标，或者作为评价土壤肥力的指标之一。

土壤呼吸(soil respiration)是指土壤释放二氧化碳的过程，严格意义上讲是指未扰动土壤中产生二氧化碳的所有代谢作用，包括3个生物学过程（即土壤微生物呼吸、根系呼吸、土壤动物呼吸）和一个非生物学过程，即含碳矿物质的化学氧化作用。土壤呼吸强度(soil respiration rate)，也称土壤二氧化碳排放通量，是指单位时间内从单位面积土壤上扩散出来的二氧化碳量。近年来，随着全球气候变化研究，土壤呼吸成为科学界关注的热点之一。

土壤微生物活动是土壤呼吸作用的主要来源，影响土壤微生物活动的诸因子，如土壤温度、湿度、pH、C/N、有机质等土壤理化特性，以及植被类型、生物量、叶面积指数、植被凋落物、人类活动（施肥、森林采伐、土地利用方式、耕作方式和火烧等）等生物因素。

一、实验目的与要求

（1）明确Agilent 7890A气相色谱仪测定CO_2的基本原理。

（2）能与同组学生协同开展静态箱法采集土壤CO_2，能独自操作Agilent 7890A气相色谱仪，并能全面理解静态箱-气相色谱法气体采集与分析的相关注意事项。

（3）能对土壤呼吸强度的实验数据进行合理计算分析和规范图表制作，并对实验结果做出合理分析和解释。

（4）能从实验中挖掘课程思政元素，实现立德树人目标。

二、基本原理

热导检测器(thermal conductivity detector，简称TCD)是基于被测组分与载气的热导系数不同而进行检测的，当通过热导池池体的样品组成及其浓度有所变化时，就会引起热敏元件温度的变化，从而导致其电阻值的变化，这种阻值的变化可以通过惠斯登电桥进行测量（图4-1）。当载气以恒定的流速通过，并以恒定的电压给热导池通电时，热丝温度升高。当测量臂无样品组分通过时,流经参考臂和测量臂均是纯的载气,同种载气有相同的热导系数,因此参考臂和测量臂的电阻值相同,电桥处于平衡状态,即两臂电阻值 $R_参 = R_测$,$R_1 = R_2$,则 $R_参 \cdot R_2 = R_测 \cdot R_1$,检测器无电压信号输出,记录仪走直线(基线)。当有样品组分进入检测器时,纯的载气流经参考臂,载气携带被测组分流经测量臂,由于载气和被测组分混合气体的热导系数与纯载气的热导系数不同,使得测量臂与参考臂的电阻值有所不同,即 $R_参 \neq R_测$,导致 $R_参 \cdot R_2 \neq R_测 \cdot R_1$,电桥平衡被破坏,存在着电位差,此时检测器会有电压信号输出,其检测信号大小和被测组分的浓度为正比例关系,因而可用于定量分析。

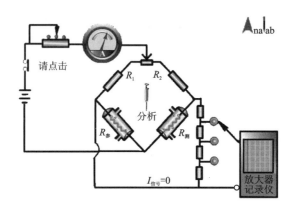

图 4-1　热导检测器原理示意图

三、应用范围

本方法适用于农田、林地、草地等不同土壤利用类型的土壤 CO_2 排放通量的测定。

四、主要仪器设备与材料

(1) 氮气:纯度 99.99%。
(2) 标准气体:铝合金钢瓶装的 CO_2 标准气体,纯氮气作本底气。
(3) 配套设备:①注射器,体积为 50~100 mL;②铝箔复合薄膜采气袋,容积 100~200 cm³;③采气箱,49 cm×49 cm×90 cm(长×宽×高);④采气底座,不锈钢材质,50 cm×50 cm×25 cm(长×宽×高);⑤电源线、插排、铁锹、土铲。
(4) 分析仪器:Agilent 7890A 气相色谱仪,也可以根据实验条件采用其他仪器分析。

五、实验步骤

1. 气体采集

(1) 采气箱底座用不锈钢材料做成,长×宽×高为 50 cm×50 cm×20 cm,采气箱用透明有机玻璃制成,长×宽×高为 49 cm×49 cm×90 cm。采气前一天将带有水槽的不锈钢底座预埋在土壤中,被扣土壤表层植物提前一天铲除并尽量少扰动土壤(采气底座和采气箱也可以根据实验条件自己制作或购买)。

(2) 采气时将采气箱罩在该底座上并注水密封,采气箱内装有小风扇,采气前将箱内顶部风扇打开约 1 min,使箱内气体混合均匀。

(3)用 50~100 mL 的注射器每间隔 10 min 抽取采气箱内气体一次,取样时间分别为 0 min、10 min、20 min 和 30 min,抽取气体注入 100 mL 采气袋中,并记下取气样时的箱内温度以及观测前后的大气温度和气压;将气样带回实验室分析。

2. CO_2 气体测试

(1)打开气源,氮气输出气压为 0.5 MPa。

(2)打开仪器、计算机。

(3)打开工作站(Agilent 7890A 联机),时间可能比较长,耐心等待(不要多次点击)。

(4)选择"从仪器上传"。

(5)在"调用方法"中选择要用的方法(出现对话框选"否")。

(6)在"运行控制"中选择"样品信息",输入样品名称,然后点击"运行方法"。

(7)气样用 Agilent 7890A 气相色谱仪分析,CO_2 经可用 TCD 检测器进行测定,也可以通过镍触媒转化器转化成 CH_4 后用氢焰离子化检测器(FID)测定,检测温度为 250 ℃。

(8)进样(将管道内的气体完全置换需约 30 s),然后按一下仪器上的"start",停止进样(6~8 min 后仪器自动出结果)。

(9)谱图优化:从"图形"菜单中选择"信号选项",从"范围"中选择"全量程"或"自动量程"及合适的显示时间或选择"自定义量程",手动输入 X、Y 坐标范围进行调整,点击"确定"。反复进行,直到图的显示比例合适为止。

(10)积分参数优化:从"积分"菜单中选择"积分事件"选项,选择合适的"斜率灵敏度""峰宽""最小峰面积""最小峰高"。从"积分"菜单中选择"积分"选项,则数据被积分。如积分结果不理想,则修改相应的积分参数,直到满意为止。点击左边带有绿色对号的图标,将积分参数存入方法。

(11)在"报告"中选择"打印报告"(报告中有谱图和结果)。

(12)实验结束后在"调用方法"中选择"关闭方法",待各处温度降下来后(低于 50 ℃),退出工作站,退出 Windows 所有的应用程序,关闭计算机,关闭打印机电源,关闭 Agilent 7890A 电源,最后关闭气体开关。

六、结果计算

土壤呼吸速率(CO_2 排放通量)计算公式为

$$F = M/V_0 \times P/P_0 \times T_0/T \times H \times dC/dt \tag{4-20}$$

式中:F 为被测气体排放通量[mg/(m²·h)];M 为 CO_2 的摩尔质量(44 g/mol);V_0 为标准状态下气体的摩尔体积(22.4 L/mol);P 为采气箱内实际大气压(Pa);P_0 和 T_0 分别为标准状态下气体的压强(1.01×10^5 Pa)、温度(273.15 K);T 为箱内实际温度(K);H 为箱体高度(m);dC/dt 为气体浓度变化率[μL(L·h)]。

七、注意事项

(1)气体钢瓶总压力表不得低于 2 MPa。

(2)必须严格检漏。
(3)严禁无载气气压时打开电源。
(4)气体采集时必须密封,避免采气箱内气体与外界气体进行交换。
(5)采气前要先开风扇,混匀后再采气。
(6)每次气体进样时确保用力一致。

八、实验设计与研究探索

土壤呼吸速率与土壤微生物、土壤动物和根系的活性密切相关。影响土壤生物活动的诸多因子,如土壤温度、湿度、pH、C/N、有机质等土壤理化特性,以及植被类型、生物量、叶面积指数、植被凋落物、人类活动(施肥、森林采伐、土地利用方式、耕作方式等)等生物因素。因此,可探究不同土地利用类型(农田、林地、草地)、不同水肥管理等对土壤呼吸速率的影响。

(1)不同土地利用类型(农田、林地、草地)对土壤呼吸速率的影响:分别采集分析农田、林地、草地土壤呼吸速率,对比分析各土地利用类型土壤呼吸速率的差异,并分析原因。

(2)不同水肥管理对农田土壤呼吸速率的影响:分别采集分析不同水肥管理模式下的土壤呼吸速率,比较水肥管理模式下土壤呼吸速率的差异,并分析原因。

九、思考题

(1)气体采集时,如何确保采集的气体是土壤中排放的气体,而不是采气箱外的空气?注意:从底座、气箱、水封、三通阀使用等角度分析。

(2)在进行土壤CO_2采集过程中,为什么在采气前开1 min风扇?

(3)在利用Agilent 7890A进行CO_2浓度测定时,为什么每次进气用力要一致?

第十二节　土壤CH_4排放通量测定与分析
(静态箱-气相色谱法)

土壤是温室气体,如水蒸气、CO_2、CH_4、N_2O等的重要发生源。全球大约有半数的CH_4、30%的N_2O及NH_3来自土壤。CH_4对臭氧层造成严重破坏,其增温效应是CO_2的28~30倍。研究表明,当氧化还原电位低于-160~-150 mV时,产甲烷微生物利用CO_2、H_2或分解乙酸等生成CH_4;相反,好气的土壤环境,有利于甲烷氧化菌氧化CH_4。水稻田是大气CH_4的重要来源,此外还有反刍动物肠道发酵、天然湿地、生物质燃烧、煤矿开采、天然气泄漏等。水稻田CH_4排放已成为当前研究热点。

一、实验目的与要求

(1)理解Agilent 7890A气相色谱仪测定土壤CH_4的基本原理。

(2)能与同组学生协同开展静态箱法采集土壤CH_4,能独自操作Agilent 7890A气相色谱仪,并能全面理解静态箱-气相色谱法气体采集与分析相关注意事项。

(3)能对土壤CH_4排放数据进行合理计算分析和制作规范图表,并对现象和结果做出合理分析与解释。

(4)能从实验中挖掘课程思政元素,实现立德树人目标。

二、基本原理

氢焰离子化检测器(flame ionization detector,简称FID),是典型的破坏性、质量型检测器,是以氢气和空气燃烧生成的火焰为能源,当有机化合物进入以氢气和氧气燃烧的火焰,在高温2100 ℃下产生化学电离,电离产生比基流高几个数量级的离子,在高压电场的定向作用下,形成离子流,微弱的离子流($10^{-12} \sim 10^{-8}$ A)经过高阻($10^6 \sim 10^{11}$ Ω)放大,成为与进入火焰的有机化合物的量呈正比的电信号,因此可以根据信号的大小对有机物进行定量分析(图4-2)。

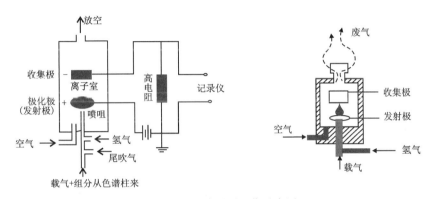

图4-2 FID检测器工作示意图

注:发射极与收集极之间加有一定的直流电压(100～300V)构成一个外加电场。载气为氮气,氢气为燃气,空气为助燃气。

三、应用范围

本方法适用于农田、林地、草地等不同土壤利用类型的土壤CH_4排放通量的测定。

四、主要仪器设备与材料

(1)氮气:纯度99.99%。

(2)标准气体:铝合金钢瓶装的CH_4标准气体,浓度为1.5×10^{-6},纯氮气作为本底气。

(3)配套设备:①注射器,体积为50～100 mL;②铝箔复合薄膜采气袋,容积100～200 cm^3;③采气箱,49 cm×49 cm×90 cm(长×宽×高);④采气底座,不锈钢材质,50 cm×50 cm×25 cm(长×宽×高);⑤电源线、插排、铁锹、土铲。

(4)分析仪器:Agilent 7890A气相色谱仪,也可以根据实验条件采用其他仪器分析。

五、实验步骤

1. 气体采集

(1)采气箱底座用不锈钢材料做成,长×宽×高为50 cm×50 cm×20 cm,采气箱用透明有机玻璃制成,长×宽×高为49 cm×49 cm×90 cm。采气前一天将带有水槽的不锈钢底座预埋在土壤中,被扣土壤表层植物提前一天铲除并尽量少扰动土壤。

(2)采气时将采气箱罩在该底座上并注水密封,采气箱内装有小风扇,采气前将箱内顶部风扇打开约 1 min,使箱内气体混合均匀。

(3)用 50～100 mL 的注射器每间隔 10 min 抽取采气箱内气体 1 次,取样时间分别为 0 min、10 min、20 min 和 30 min,抽取气体注入 100 cm^3 采气袋中,并记下取气样时的箱内温度以及观测前后的大气温度和气压;将气样带回实验室分析。

2. CH_4 气体测试

(1)打开气源。

(2)打开仪器、计算机。

(3)打开工作站(Agilent 7890A 联机),时间可能比较长,耐心等待(不要多次点击)。

(4)选择"从仪器上传"。

(5)在"调用方法"中选择要用的方法(出现对话框选"否")。

(6)在"运行控制"中选择"样品信息",输入样品名称,然后点击"运行方法"。

(7)气样用 Agilent 7890A 气相色谱仪测定 CH_4 浓度时选用 FID 检测器,柱箱温度设为 60 ℃。

(8)进样(将管道内的气体完全置换需约 30 s),然后按一下仪器上的"start",停止进样(6～8 min 后仪器自动出结果)。

(9)谱图优化:从"图形"菜单中选择"信号选项",从"范围"中选择"全量程"或"自动量程"及合适的显示时间或选择"自定义量程",手动输入 X、Y 坐标范围进行调整,点击"确定"。反复进行,直到图的显示比例合适为止。

(10)积分参数优化:从"积分"菜单中选择"积分事件"选项,选择合适的"斜率灵敏度""峰宽""最小峰面积""最小峰高"。从"积分"菜单中选择"积分"选项,则数据被积分。如积分结果不理想,则修改相应的积分参数,直到满意为止。点击左边带有绿色对号的图标,将积分参数存入方法。

(11)在"报告"中选择"打印报告"(报告中有谱图和结果)。

(12)实验结束后在"调用方法"中选择"关闭方法",待各处温度降下来后(低于 50 ℃),退出工作站,退出 Windows 所有的应用程序,关闭计算机,关闭打印机电源,关闭 Agilent 7890A 电源,最后关闭气体开关。

六、结果计算

土壤 CH_4 气体排放通量计算公式同 CO_2 排放通量公式,即式(4-20)。

七、注意事项

(1)气体钢瓶总压力表不得低于 2 MPa。

(2)必须严格检漏。

(3)严禁无载气气压时打开电源。

(4) 气体采集时必须密封,避免采气箱内气体与外界气体进行交换。

(5) 采气前要先开风扇,混匀后再采气。

(6) 每次气体进样时确保用力一致。

八、实验设计与研究探索

土壤 CH_4 排放通量与土壤利用类型、土壤质地、土壤通气性、土壤有机质含量等密切相关,尤其是土壤水分管理对 CH_4 的产生和排放有更加直接的影响。为此,可探究不同土地利用类型(农田、林地、草地)、不同水肥管理等对土壤 CH_4 排放通量的影响。

(1) 不同土地利用类型(农田、林地、草地)对土壤 CH_4 排放通量的影响:分别采集与分析农田、林地、草地土壤 CH_4 排放通量,分析比较各土地利用类型下土壤 CH_4 排放通量的差异,并分析原因。

(2) 不同水肥管理对旱田和水稻田土壤 CH_4 排放通量的影响:分别采集和分析不同水肥管理模式下的土壤 CH_4 排放通量,比较水肥管理模式下土壤 CH_4 排放通量的差异,并分析原因。

九、思考题

(1) 气体采集时,如何确保采集的气体就是土壤中排放的气体,而不是采气箱外的空气?注意:从底座、气箱、水封、三通阀使用等角度分析。

(2) 用静态箱进行土壤 CH_4 采集过程中,为什么在采气前要开 1 min 风扇?

(3) 在利用 Agilent 7890A 进行土壤 CH_4 浓度测定时,为什么要使每次进气用力要一致?

第十三节 土壤 N_2O 排放通量测定与分析
(静态箱-气相色谱法)

N_2O 作为温室气体中的痕量气体,其潜在的增温潜势是 CO_2 的近 300 倍,对温室效应的贡献约占 5%。土壤 N_2O 主要是在微生物的参与下,通过硝化和反硝化作用产生的。通气良好的条件有利于硝化作用进行;相反,有利于反硝化作用进行。此外,土壤 N_2O 也可通过化学反硝化(非生物学过程)产生。

一、实验目的与要求

(1) 明确 Agilent 7890A 气相色谱仪测 N_2O 的基本原理。

(2) 能与同组学生协同开展静态箱法采集土壤 N_2O,能独自操作 Agilent 7890A 气相色谱仪,并能全面理解静态箱-气相色谱法气体采集与分析相关注意事项。

(3) 能对实验数据进行计算分析和制作规范图表,对现象和结果进行合理分析与解释。

(4) 能从实验中挖掘课程思政元素,实现立德树人目标。

二、基本原理

电子俘获检测器(electron capture detector,简称ECD)是选择性好、灵敏度高离子化检测器,对电负性物质特别敏感,如对含卤素、硫、磷、氮的物质有信号,物质的电负性越强,电子吸收系数越大,检测器的灵敏度越高,而对电中性(无电负性)的物质,如烷烃等则无信号。由柱流出的载气及吹扫气进入ECD池,在放射源放出β射线的轰击下被电离,产生大量电子。在电源、阴极和阳极电场作用下,该电子流向阳极,得到$10^{-9} \sim 10^{-8}$ A 的基流。当电负性组分从柱后进入检测器时,即俘获池内电子,使基流下降,产生一负峰。通过放大器放大,在记录器记录,即为响应信号,其大小与进入池中组分量呈正比例关系。负峰不便观察和处理,通过极性转换即为正峰(图4-3)。

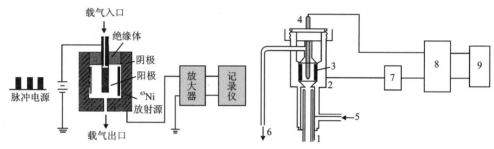

图4-3 ECD系统示意图
1.色谱柱;2.阴极;3.放射源;4.阳极;5.吹扫气;6.气体出口;7.直流或脉冲电源;
8.微电流放大器;9.记录器或数据处理系统

三、应用范围

本方法适用于农田、林地、草地等不同土壤利用类型的土壤N_2O排放通量的测定。

四、主要仪器设备与材料

(1)氮气:纯度99.99%。
(2)标准气体:铝合金钢瓶装的N_2O标准气体,浓度为326×10^{-6},纯氮气作本底气。
(3)配套设备:①注射器,体积为50~100 mL;②铝箔复合薄膜采气袋:容积100~200 cm^3;③采气箱:49 cm×49 cm×90 cm(长×宽×高);④采气底座:不锈钢材质,50 cm×50 cm×25 cm(长×宽×高);⑤电源线、插排、铁锹、土铲。
(4)分析仪器:Agilent 7890A气相色谱仪,也可以根据实验条件采用其他仪器分析。

五、实验步骤

1. 气体采集

(1)采气箱底座用不锈钢材料做成,长×宽×高为50 cm×50 cm×20 cm,采气箱用透明有机玻璃制成,长×宽×高为49 cm×49 cm×90 cm。采气前一天将带有水槽的不锈钢底座预埋在土壤中,将被扣土壤表层植物提前一天铲除并尽量少扰动土壤。

(2)采气时将采气箱罩在该底座上并注水密封,采气箱内装有小风扇,采气前将箱内顶部风扇打开约 1 min,使箱内气体混合均匀。

(3)用 50～100 mL 的注射器每间隔 10 min 抽取采气箱内气体 1 次,取样时间分别为 0 min、10 min、20 和 30 min,抽取气体注入 100 cm³ 采气袋中,并记下取气样时的箱内温度以及观测前后的大气温度和气压;将气样带回实验室分析。

2. N_2O 气体测试

(1)打开气源。
(2)打开仪器、计算机。
(3)打开工作站(Agilent 7890A 联机),时间可能比较长,耐心等待(不要多次点击)。
(4)选择"从仪器上传"。
(5)在"调用方法"中选择要用的方法(出现对话框选"否")。
(6)在"运行控制"中选择"样品信息",输入样品名称,然后点击"运行方法"。
(7)气样用 Agilent 7890A 气相色谱仪测定时,N_2O 用 μECD 检测器测定,检测温度为 300 ℃。
(8)进样(将管道内的气体完全置换需约 30 s),然后按一下仪器上的"start",停止进样(6～8 min 后仪器自动出结果)。
(9)谱图优化:从"图形"菜单中选择"信号选项",从"范围"中选择"全量程"或"自动量程"及合适的显示时间或选择"自定义量程"手动输入 X、Y 坐标范围进行调整,点击"确定"。反复进行,直到图的显示比例合适为止。
(10)积分参数优化:从"积分"菜单中选择"积分事件"选项,选择合适的"斜率灵敏度""峰宽""最小峰面积""最小峰高"。从"积分"菜单中选择"积分"选项,则数据被积分。如积分结果不理想,则修改相应的积分参数,直到满意为止。点击左边带有绿色对号的图标,将积分参数存入方法。
(11)在"报告"中选择"打印报告"(报告中有谱图和结果)。
(12)实验结束后在"调用方法"中选择"关闭方法",待各处温度降下来后(低于 50 ℃),退出工作站,退出 Windows 所有的应用程序,关闭计算机,关闭打印机电源,关闭 Agilent 7890A 电源,最后关闭气体开关。

六、结果计算

N_2O 气体排放通量计算公式同 CO_2 排放通量公式,即式(4-20)。

七、注意事项

(1)气体钢瓶总压力表不得低于 2 MPa。
(2)必须严格检漏。
(3)严禁无载气气压时打开电源。
(4)气体采集时必须密封,避免采气箱内气体与外界气体进行交换。
(5)采气前要先开风扇,混匀后再采气。

(6) 每次气体进样时确保用力一致。

八、实验设计与研究探索

土壤 N_2O 排放通量直接受土壤微生物种类尤其是硝化反硝化微生物的数量和活性影响。此外,土壤温度、湿度、pH、C/N、有机质等土壤理化特性,以及植被类型、土地利用方式、水肥管理、耕作方式等也会影响土壤 N_2O 的产生和排放。因此,可探究不同土地利用类型(农田、林地、草地)、不同水肥管理等对土壤 N_2O 排放通量的影响。

(1) 不同土地利用类型(农田、林地、草地)对土壤 N_2O 排放通量的影响:分别采集分析农田、林地、草地土壤 N_2O 排放通量,对比分析各土地利用类型土壤 N_2O 排放通量的差异,并分析原因。

(2) 不同水肥管理对农田土壤 N_2O 排放通量的影响:分别采集分析不同水肥管理模式下的土壤 N_2O 排放通量,比较不同水肥管理模式下土壤 N_2O 排放通量的差异,并分析原因。

九、思考题

(1) 气体采集时,如何确保采集的气体就是土壤中排放的气体,而不是采气箱外的空气?注意:从底座、气箱、水封、三通阀使用等角度分析。

(2) 在进行土壤 N_2O 采集过程中,为什么在采气前开 1 min 风扇?

(3) 在利用 Agilent 7890A 进行 N_2O 浓度测定时,为什么要使每次进气用力要一致?

参考文献

第四章 土壤生物学性质测定与分析	本章文献编号
第一节 土壤磷酸酶活性测定(紫外分光光度法)	[1-16]
第二节 土壤硝酸还原酶活性测定(酚二磺酸比色法)	[1-16]
第三节 土壤亚硝酸还原酶活性测定(Грисс 比色法)	[1-16]
第四节 土壤蔗糖酶活性测定(3,5-二硝基水杨酸比色法)	[1-16]
第五节 土壤蛋白酶活性测定(茚三酮比色法)	[1-16]
第六节 土壤脲酶活性测定(苯酚钠-次氯酸钠比色法)	[1-16]
第七节 土壤过氧化氢酶活性测定	[1-16]
第八节 土壤微生物生物量碳测定	[1-4,10,12-16]
第九节 土壤微生物生物量氮测定(茚三酮比色法)	[1-4,10,12-16]
第十节 土壤微生物生物量磷测定(无机磷测定法)	[1-4,10,12-16]
第十一节 土壤呼吸速率测定与分析(静态箱-气相色谱法)	[1,3-4,6,10-17]
第十二节 土壤 CH_4 排放通量测定与分析(静态箱-气相色谱法)	[1,3-4,6,10-17]
第十三节 土壤 N_2O 排放通量测定与分析(静态箱-气相色谱法)	[1,3-4,6,10-17]

[1] 关松荫.土壤酶及其研究法[M].北京:农业出版社,1986.

[2] 周礼恺.土壤酶学[M].北京:科学出版社,1987.

[3] 胡慧蓉,王艳霞.土壤学实验指导教程[M].北京:中国林业出版社,2020.

[4] 林大仪.土壤学实验指导[M].北京:中国林业出版社,2004.

[5] JIANG Y, WANG X M, CHEN Y Z, et al. Research on the effects of rare earth combined contamination on soil microbial diversity and enzyme activity[J]. Ecological Chemistry and Engineering S, 2022, 29(2): 227-236.

[6] 刘光崧.土壤理化分析与剖面描述[M].北京:中国标准出版社,1996.

[7] CARTER M R, GERGORICH E G.土壤采样与分析方法[M].李保国,李永涛,任图生,等,译.北京:电子工业出版社,2022.

[8] 全国农业技术推广服务中心.土壤分析技术规范[M].2版.北京:中国农业出版社,2006.

[9] 土壤环境监测分析方法编委会.土壤环境监测分析方法[M].北京:中国环境出版集团,2019.

[10] 鲍士旦.土壤农化分析[M].3版.北京:中国农业出版社,2000.

[11] 乔胜英.土壤理化性质实验指导书[M].武汉:中国地质大学出版社,2012.

[12] 鲁如坤.土壤农业化学分析方法[M].北京:中国农业科技出版社,2000.

[13] 李酉开.土壤农业化学常规分析方法[M].北京:科学出版社,1983.

[14] 劳家柽.土壤农化分析手册[M].北京:农业出版社,1988.

[15] 种云霄.农业环境科学与技术实验教程[M].北京:化学工业出版社,2016.

[16] 曾巧云.环境土壤学实验教程[M].北京:中国农业大学出版社,2022.

[17] 国家市场监督管理总局,中国国家标准化管理委员会.土壤质量 土壤气体采样指南:GB/T 36198—2018[S].北京:中国标准出版社,2018.

第五章 土壤肥力测定与分析

第一节 土壤有机质测定与分析(重铬酸钾容量法)

土壤有机质是指存在于土壤中含碳的有机物质,包括各种动植物的残体、微生物体及其分解和合成的各种有机质。土壤有机质是土壤固相部分的重要组成成分,尽管其含量只占土壤总量的很小一部分,但它对土壤形成、土壤肥力、环境保护及农林业可持续发展等都有极其重要的意义。

一、实验目的与要求

(1)明确重铬酸钾容量法测定土壤有机质的基本原理。
(2)能独立完成土壤有机质测定全过程,理解操作过程的注意事项。
(3)能对实验数据进行计算分析和制作规范图表,对现象和结果进行合理分析与解释。
(4)能从实验中挖掘课程思政元素,实现立德树人目标。

二、基本原理

在加热的条件下,用过量的重铬酸钾-硫酸溶液氧化土壤有机碳,多余的重铬酸钾用硫酸亚铁溶液滴定,同时以二氧化硅为添加物作空白试验,根据氧化前后氧化剂的消耗量,乘以转换系数 1.724,再乘以校正系数 1.1,即为土壤有机质含量。

土壤有机碳被氧化化学反应为

$$2K_2Cr_2O_7 + 8H_2SO_4 + 3C \rightarrow 2K_2SO_4 + 2Cr_2(SO_4)_3 + 3CO_2\uparrow + 8H_2O \tag{5-1}$$

$FeSO_4$ 还原多余 $K_2Cr_2O_7$ 化学反应为

$$K_2Cr_2O_7 + 6FeSO_4 + 7H_2SO_4 \rightarrow K_2SO_4 + Cr_2(SO_4)_3 + 3Fe_2(SO_4)_3 + 7H_2O \tag{5-2}$$

3 个邻菲罗啉($C_{12}H_8N_2$)分子与 1 个亚铁离子络合,形成红色的邻菲罗啉亚铁络合物,遇强氧化剂,则变为淡蓝色的正铁络合物,其反应如下

$$[(C_{12}H_8N_2)_3Fe]^{3+} + e \rightleftharpoons [(C_{12}H_8N_2)_3Fe]^{2+} \tag{5-3}$$
$$\text{淡蓝色} \qquad\qquad \text{红色}$$

三、应用范围

本方法适用于有机质含量低于 150 g/kg 的所有土壤。

四、主要仪器设备与材料

主要包括电热恒温烘箱、万分之一分析天平、硬质试管、三角瓶(150 mL)、铁架台、滴定管(25 mL)、移液管、弯颈(长颈)漏斗、长条蜡光纸、吸管(10 mL)、量筒(100 mL)、角匙、吸水纸、滴瓶(50 mL)、吸耳球等。

五、试剂

药品试剂有：SiO_2粉末、浓H_2SO_4、邻菲罗啉指示剂、$K_2Cr_2O_7$、$FeSO_4 \cdot 7H_2O$，除标定用$K_2Cr_2O_7$为优级纯外，其他试剂均为分析纯。试验用水为蒸馏水。

六、实验步骤

1. 试剂配制

(1) 0.8 mol/L (1/6 $K_2Cr_2O_7$)标准溶液(或 0.133 mol/L $K_2Cr_2O_7$)：称取39.224 5 g 经130℃烘干3~4 h的$K_2Cr_2O_7$(GB642-77，分析纯)溶于蒸馏水中，于1000 mL容量瓶中定容。

(2) 0.2 mol/L $FeSO_4$标准溶液：准确称取80 g 分析纯硫酸亚铁铵[$Fe(NH_4)_2(SO_4)_2 \cdot 6H_2O$]或56 g 硫酸亚铁($FeSO_4 \cdot 7H_2O$)，溶解于蒸馏水中，加浓硫酸5 mL(或3 mol/L的H_2SO_4 60 mL)，然后加水稀释至1 L。此溶液的标准浓度可以用0.016 7 mol/L 重铬酸钾($K_2Cr_2O_7$)标准溶液标定。

(3) 邻菲罗啉指示剂：称取1.485 g 分析纯邻菲罗啉和0.695 g $FeSO_4 \cdot 7H_2O$，溶于100 mL蒸馏水中，储于棕色滴瓶中，此指示剂现配现用。

2. 土壤样品准备与称取

称取0.1~0.5 g风干磨细过60目(小于0.25 mm)或过100目(小于0.149 mm)筛子的土样(精确到0.000 1 g，有机质含量大于7%时称0.1 g，有机质含量在4%~7%时称0.2 g，有机质含量在2%~4%时称0.3 g，有机质含量小于2%时称0.5 g)。用长条蜡光纸或硫酸纸将土样送入干燥硬质试管底部，每个土样重复3次。

3. 烘箱预热与保温氧化

用移液管准确加入5 mL 0.8 mol/L(1/6$K_2Cr_2O_7$)标准溶液(若土壤中含有氯化物需先加入0.1 g Ag_2SO_4)，轻轻摇匀后用移液管加入5 mL浓H_2SO_4充分摇匀(先缓慢加入2~3 mL摇匀，再用2~3 mL将壁上土样冲洗干净)，对于石灰性土壤，浓硫酸必须慢慢加入，管口盖上弯颈或长颈小漏斗冷凝蒸出之水汽。

将烘箱预先升温到180℃，放入烘箱后等烘箱恒温180℃时开始计时，保温氧化时间为30 min，同时以SiO_2粉末代替土样进行空白试验。

4. 消煮液转移与滴定

冷却后，将试管内的消煮液及土壤残渣全部转入150 mL三角瓶中，总体积控制在60~80 mL，加3~5滴邻菲罗啉指示剂，用硫酸亚铁标准溶液滴定剩余的重铬酸钾，滴定开始时以重铬酸钾的橙色为主,滴定过程中渐现 Cr^{3+} 的绿色,快到终点变为灰绿色,如亚铁溶液过量半滴,即变成红色,表示终点已到。分别记录空白与土样消耗的 $FeSO_4$ 毫升数(V_0、V)。

七、结果计算

$$\text{有机质含量}(g/kg)=[(V_0-V)C\times 3\times 1.724\times 1.1]/m \qquad (5-4)$$

式中:V_0 为滴定空白液时所用去的硫酸亚铁毫升数(mL);V 为滴定样品液时所用去的硫酸亚铁毫升数(mL);C 为标准硫酸亚铁的浓度(mol/L);3 为 1/4 碳原子的摩尔质量数(g/mol);m 为烘干土壤样品的质量(g);

八、注意事项

(1)经风干后的土壤样品中不得有植物根叶、石块、瓦砾等杂物,研磨过 60 目(小于 0.25 mm)土壤筛装瓶备用。

(2)用长条蜡光纸或硫酸纸将土样送入干燥硬质试管底部。

(3)在测定土壤有机质时,样品中加入重铬酸钾-硫酸溶液后,一定要把试管内的反应物充分摇匀,应尽量减少土样粘到壁上。

(4)放入预先已恒温到 180 ℃ 的烘箱中,当烘箱再次达到 180 ℃ 恒温时开始计时,不可以放入后立即计时。

(5)如果样品测定时所用的硫酸亚铁溶液体积小于空白试验的 1/3,可能氧化不完全,应弃去重做。

(6)消煮好的溶液颜色,一般应是黄色或黄中稍带绿色,如果以绿色为主,则说明重铬酸钾用量不足,应减少土壤样品量重做。

(7)滴定所用的硫酸亚铁溶液必须现配现用,不得提前配好备用。

九、实验拓展与研究探索

拓展 1:油浴加热重铬酸钾容量法:准确称取 0.100 0~0.500 0 g(精确到 0.000 1 g)过 0.25 mm 筛的风干土壤样品放入硬质试管中,准确加入 10.00 mL 0.4 mol/L 重铬酸钾-硫酸溶液,摇匀并在试管口插入一玻璃漏斗置于试管架上,再将试管架沉入已预先加热到 185~190 ℃ 的油浴内,使试管中液面低于油浴液面,要求放入后油浴温度下降到 170~180 ℃,从试管中溶液沸腾开始计时,其间晃动几次,以使油浴温度均匀,并维持 170~180 ℃,消煮(5±0.5)min,将试管架从油浴中提出,冷却片刻,擦去试管外的蜡液。将试管内的消煮液及土壤残渣无损转入 150 mL 三角瓶中,总体积控制在 60~80 mL,加 3~5 滴邻菲罗啉指示剂,用硫酸亚铁标准溶液滴定剩余的重铬酸钾,由橙黄→灰绿→淡绿→砖红为终点。

拓展 2:灼烧减量法:研磨 1g 至全部通过 0.25 mm 孔径筛土壤样品,在(105±5)℃ 下烘 1 h 后称重,再放置于(600±20)℃ 马弗炉中灼烧 3 h,取出后先在空气中冷却 5 min 左右,再移入干燥器中冷却至室温,称重。利用质量差值除以烘干土样质量即为土样有机质含量。

拓展 3:假设待测土壤的有机质含量为 2%,计算出本次实验滴定所需硫酸亚铁溶液的体积数,并完成该溶液的配置。

拓展 4：每小组选择一个代表或老师专门挑选课堂表现不积极的学生进行分析总结，锻炼沟通交流与分析总结能力。

拓展 5：引导学生对消解转移入三角瓶的液体按顺序排列并拍照，让学生预判有机质含量高低；滴定结束后及时对实验结果进行计算分析。

十、思考题

（1）重铬酸钾容量法测定土壤有机质时所用的硫酸亚铁溶液体积小于空白试验的 1/3 时，应弃去重做，为什么？

（2）重铬酸钾容量法测定土壤有机质时，如果发现消煮好的溶液以绿色为主，可能原因是什么？应如何改进？

（3）重铬酸钾容量法测定土壤有机质时，是否可以将硬质试管放入预先已恒温到 180 ℃ 的烘箱中立即开始计时？

（4）在测定土壤有机质时，样品中加入重铬酸钾-硫酸溶液后，为什么一定要把试管内的反应物充分摇匀，而且尽量避免土样粘到壁上？

（5）为什么该法测定土壤有机质时，要乘转换系数 1.724 与校正系数 1.1？

（6）滴定所用的硫酸亚铁溶液为什么必须现配现用？

（7）称好的土样不能直接从管口倒入，而要用长条蜡光纸或硫酸纸将土样送入干燥硬质试管底部，为什么？

第二节　土壤溶解性有机碳测定与分析（TOC 分析仪）

土壤溶解性有机碳（DOC）是陆生生态系统中极为活跃的有机组分，既是土壤生物化学过程的产生物，又是土壤微生物生长、分解有机碳的重要能源，是土壤圈层与相关圈层（如生物圈、大气圈、水圈和岩石圈）发生物质交换的重要形式。与其他组分相比，DOC 对土壤质量变化、环境因素以及土地利用变化表现出高度敏感性，在陆地生态系统碳循环中具有重要的作用。土壤 DOC 含量一般不超过土壤有机碳总量的 2%，但与较稳定的腐殖质组分相比，土壤 DOC 的降解速率较快，并且对季节变化、土壤性质及土地利用方式变化等响应较快，因此土壤 DOC 的动态变化能够反映土壤有机碳的稳定性。同时研究表明土壤 DOC 的动态变化还可以解释 CO_2 释放量的变化，土壤 DOC 通量比全球植物和大气间碳交换量低 1~2 个数量级，生物圈碳平衡很小的变化会导致 DOC 的巨大变化，DOC 浓度和通量是土壤环境变化的敏感指标，明显地影响大气 CO_2。可见土壤 DOC 动态变化能够灵敏地反映土壤有机碳的循环与平衡趋势，研究土壤 DOC 动态变化对全球碳循环探究具有重要的意义。因此，土壤 DOC 的消长动态及其影响因素已经成为土壤、环境和生态科学领域研究的热点之一。

一、实验目的与要求

（1）理解测定土壤溶解性有机碳的基本原理。

（2）能独立测定土壤溶解性有机碳含量，比较分析土壤溶解性有机碳对土壤性质的影响。

(3) 能对实验数据进行计算分析和制作规范图表,对现象和结果进行合理分析与解释。

(4) 能从实验中挖掘课程思政元素,实现立德树人目标。

二、基本原理

TOC 分析仪主要由进样口、无机碳反应器、有机碳氧化反应(或总碳氧化反应器)、气液分离器、非分光红外 CO_2 分析器、数据处理部分等部件组成。利用燃烧氧化-非分散红外吸收法中的差减法,水样分别被注入高温燃烧管(850 ℃)和低温反应管(150 ℃)中,经高温催化燃烧氧化,有机化合物和无机碳酸盐均转化产生 CO_2,经低温反应管的水样受酸化而使无机碳酸盐分解产生 CO_2,所产生的 CO_2 依次导入非分散红外检测器,分别测得水中总碳(TC)和无机碳(IC 或 TIC),总碳与无机碳之差值即为总有机碳(TOC)。该原理具有流程简单、重现性好、灵敏度高等优点。

三、应用范围

本方法适用于各类土壤 TOC 值的测定。

四、主要仪器设备与材料

主要有 50 mL 量筒、50 mL 离心管、真空泵、0.45 μm 水系滤膜、振荡器、离心机、TOC 分析仪、TOC 专用玻璃管、5 mL 移液枪等。

五、试剂

试剂有去离子水、磷酸。

六、实验步骤

1. 土壤溶液的制备

称取 6.00 g 新鲜土样或 5.00 g 过 60 目土壤筛的风干土,置于 50 mL 塑料离心管中,加入 30 mL 去离子水,在(22±5)℃下恒温连续振荡 1 h,3000 r/min 离心 20 min,或用滤纸过滤后,使用真空泵抽滤过 0.45 μm 滤膜,取上清液转入 TOC 专用玻璃管。

2. 磷酸溶液的配制

吸取 1.5 mL 磷酸,加入 125 mL 超纯水中,配制磷酸溶液。

3. 开机

打开电脑主机及 TOC 分析仪主机,开启高纯氧(钢瓶减压阀出口压力设定为 1000~1100 Pa)。

4. TOC 仪器操作与 TOC 值测定

打开软件,设置温度 850 ℃,选择"options"→"settings"→"parameters",改为 850 ℃,点击"OK",等待升温。

先放 6 个超纯水空白样品,再把样品放在盘上。前 3 个在电脑"Name"选择"run in",后

3个选择"blank",其他样品名自行命名,后面"Method"选择"TIC/TC","Coefficients"选择"tic‐toc 50 ppm‐1"(TOC数值小于50时),在"TIC vol"与"TC vol"输入0.3(0.2～0.4可选)。

升温结束后,点击电脑操作界面上方绿色标志,开始测试,大约每小时可测4个样,每10个样品之后加1个冲洗。

测试结束后,可用U盘导出数据,点击Export/import导出Excel文件。关闭氧气,将温度调至0℃,"options"→"settings"→"parameters",改为0,点击"OK",当温度降至55℃以下时退出操作软件"File"→"Exit",关闭仪器电源,拔掉电源插头。

7. TOC含量计算

$$TOC = TC - IC(TIC) \quad (5-5)$$

土壤TOC含量(mg/kg)=溶液TOC含量(mg/L)×溶液体积(mL)/土壤质量(g)

$$(5-6)$$

八、注意事项

(1)保证高纯氧气减压阀出口压力需保持在1000～1100 Pa之间,软件页面也会显示钢瓶压力。

(2)每10个样品之后加1个冲洗,避免管道阻塞。

(3)仪器内磷酸溶液较少时,及时补充。

(4)关机时必须等待温度降至55℃以下时才可关机,降温时间大概5～6 h。

九、实验设计与研究探索

不同土壤发生层次由于其成土因素差异、主导成土过程不同,特别是土壤施肥种类和用量、灌溉等农艺管理手段不同,土壤溶解性有机碳含量差异较大。此外,不同实验条件(如温度、搅拌或振荡时间、样品保存时间等)对土壤溶解性有机碳也有较大影响。为此,可以探索同一土壤剖面不同土层以及不同实验条件究竟对土壤溶解性有机碳有什么影响,并通过查阅教材和文献资料探究可能的原因。

(1)不同土壤发生层对土壤溶解性有机碳含量的影响:分别测定各发生层土壤溶解性有机碳含量,分析土壤剖面各发生层次溶解性有机碳含量变化规律,并加以解释。

(2)搅拌或振荡时间对土壤溶解性有机碳含量的影响:搅拌或振荡时间分别设为10 min、20 min、30 min、40 min、50 min,室温条件下充分混匀后测定溶解性有机碳含量。

(3)温度对土壤溶解性有机碳含量的影响:振荡温度分别设定为10～12℃、20～22℃、30～32℃、40～42℃,搅拌或振荡时间以40～50 min为最佳,振荡结束时抽滤测定溶解性有机碳含量。

(4)不同水土比对土壤溶解性有机碳含量的影响:分别设2.5∶1、5∶1、10∶1三个不同水土比,按照前面实验操作提取溶解性有机碳并进行测定分析。

(5)存放时间和存放温度对土壤溶解性有机碳含量的影响:土壤中溶解性有机碳非常活跃,很容易被微生物代谢分解,不同的存放时间和存放温度直接影响土壤溶解性有机碳含量的准确性、代表性。为探明存放时间和存放温度对土壤有机碳含量的影响,可分别在不同存放温度(-20℃、4℃、15℃、25℃)、不同存放时间(1 d、3 d、5 d、10 d、15 d、30 d)下测定土壤溶解性有机碳含量的变化,进而筛选出不影响土壤溶解性有机碳含量准确性、代表性的存放时间和存放温度。

十、思考题

(1)在测定土壤溶解性有机碳含量时,一组学生把 50 mL 离心管插入试管架后直立放在振荡器上振荡 1 h,二组学生将 50 mL 离心管水平首尾交错放置,分别说明这两组学生的操作对实验结果有什么影响?

(2)通过测定土壤剖面各发生层溶解性有机碳含量,分析总结土壤剖面各发生层次溶解性有机碳含量变化规律,并加以解释。

(3)某学生在测定土壤溶解性有机碳时,刚测完一半,另一半已经完成抽滤还没有上机测试,突然有事临时出差一周,于是该学生把抽滤完成的样品冷藏在冰箱,等一周后回来再测。请问该学生的做法是否合适,应该怎么做?

第三节 土壤全氮测定(半微量凯氏法)

土壤氮素形态各异、种类繁多,各种形态氮的含量受微生物和环境因子作用而改变。通过测定土壤氮素的含量、形态分布,可阐明土壤氮素供应能力,为合理施用氮肥提供依据。

目前测定全氮的方法有多种,但普遍采用的是硒粉-硫酸铜-硫酸钾-硫酸消煮法,又称凯氏法。主要是用硫酸钾、硫酸铜和硒粉作催化剂,加入浓硫酸,在高温处理下将土壤中有机含氮化合物转变成 NH_4^+。凯氏法很广泛应用于全氮的测定,由于分析者分析的要求和目的需要,方法得到不断地改进。当难提取性固定态铵的含量高时,凯氏法的测定值偏低。在这种情况下需用 HF-HCl 法破坏黏土矿物,从而较准确地测定出包括固定态铵在内的全氮。

一、实验目的与要求

(1)明确半微量凯氏法测定土壤全氮的基本原理。
(2)能独立使用凯氏定氮仪测定土壤全氮含量,判定土壤肥力水平。
(3)能对实验数据进行计算分析和制作规范图表,对现象和结果进行合理分析与解释。
(4)能从实验中挖掘课程思政元素,实现立德树人目标。

二、基本原理

样品在加速剂的参与下,用浓硫酸消煮时,各种含氮有机化合物经过复杂的高温分解反应,转化为氨与硫酸结合成硫酸铵。碱化后蒸馏出来的氨用硼酸吸收,以标准溶液滴定,求出土壤全氮含量(不包括全部硝态氮)。

三、应用范围

本方法适用于各类土壤全氮含量的测定。

四、主要仪器设备与材料

主要有分析天平(精确到 0.000 1 g)、移液管、红外线消煮炉/电炉、消煮管、凯氏定氮仪、三角瓶、半微量滴定管等。

五、试剂

(1)硫酸:$\rho=1.84$ g/mL,化学纯。

(2)硫酸标准溶液:使用 $c(\frac{1}{2}H_2SO_4)=0.01$ mol/L 的硫酸标准溶液或使用 0.01 mol/L 盐酸标准溶液。0.01 mol/L 硫酸标准溶液通过 0.1 mol/L 标准硫酸溶液稀释 10 倍。量取 2.78 mL 浓硫酸,加水稀释至 1 L,即得 0.1 mol/L 标准硫酸溶液。0.01 mol/L 盐酸标准溶液可由 0.1 mol/L 盐酸标准溶液稀释 10 倍获得,量取 8.3 mL 浓盐酸,加水稀释至 1 L,摇匀即可获得 0.01 mol/L 盐酸标准溶液。硫酸和盐酸均为分析纯。

(3)氢氧化钠溶液(质量分数 40%或 10 mol/L):称取 400 g 氢氧化钠溶于水中,定容至 1 L。分析纯。

(4)硼酸-指示剂混合液:由硼酸溶液和混合指示剂配制。

硼酸溶液:称取 20.00 g 硼酸溶于水中,稀释至 1 L($\rho=20$ g/L,质量分数 2%)。分析纯。

混合指示剂:称取 0.5 g 溴甲酚绿和 0.1 g 甲基红于玛瑙研钵中,加入少量体积分数 95% 乙醇,研磨至指示剂全部溶解后,加体积分数 95%乙醇定量至至 100 mL。使用前,每升硼酸溶液中加 20 mL 混合指示剂,并用稀酸或稀碱调节至紫红色(pH 约 4.5)。此液放置时间不宜过长,如在使用过程中 pH 有变化,需随时用稀酸或稀碱调节。

(5)加速剂:称取 100 g 硫酸钾(化学纯)、10 g 硫酸铜($CuSO_4 \cdot 5H_2O$)(化学纯)、1 g 硒粉于研钵中研细,必须充分混合均匀。

(6)(1:1)硫酸溶液:浓硫酸与纯水按照体积 1:1 配制。

(7)高锰酸钾溶液:称取 25 g 高锰酸钾溶于 500 mL 水,储于棕色瓶中。

(8)还原铁粉:磨细通过 0.149 mm 孔径筛(0.15 mm,100 目)。

(9)其他试剂:辛醇。

六、实验步骤

1. 称样

称取 0.5~1 g 通过 0.25 mm 孔径筛的风干土样(精确至 0.000 1 g,含氮约 1 mg)。

2. 土样消煮

(1)不包括硝态和亚硝态氮的消煮:将试样送入干燥的消化管底部,加少量无离子水约 (0.5~1 mL)湿润土样后,加入 2.0 g 加速剂,再加 5 mL 浓硫酸,摇匀。将消化管置于控温消煮炉上,用小火加热,待管内反应缓和时(10~15 min),加强火力使消煮的土样保持微沸(约375 ℃),加热的部位不超过瓶中的液面,以防止瓶壁温度过高而使铵盐受热分解,导致氮素损失。消煮的温度以硫酸蒸汽在瓶颈上部 1/3 处冷凝回流为宜。待消煮液和土粒全部变为灰白稍带绿色后,在继续消煮 1 h。消煮完毕,冷却,待蒸馏。在消煮土样的同时,做两份空白试验,除不加土样外,其他操作皆与测定土壤相同。

(2)包括硝态和亚硝态氮的消煮:将试样送入干燥的消化管底部,加 1 mL 高锰酸钾溶液,轻轻摇动消化管,缓缓加入 2 mL(1∶1)硫酸溶液,不断转动消化管,放置 5 min 后,再加入一滴辛醇。通过长颈漏斗将 0.5 g(±0.01 g)还原铁粉送入消化管底部,瓶口盖上弯颈漏斗,准动消化管,使铁粉与酸接触,待剧烈反应停止时(约 5 min),将消化管置于控温消煮炉上缓缓加热 45 min(管内土液保持微沸,以不引起大量水分丢失为宜)。停止加热,待消化管冷却后,加 2.0 g 加速剂和 8 mL 浓硫酸,摇匀。按"(1)不包括硝态和亚硝态氮的消煮"的步骤,消煮至试液完全变为黄绿色,再继续消煮 1 h,冷却,待蒸馏。在消煮试样的同时,做两份空白试验。

3. 氨的蒸馏

(1)蒸馏前先检查蒸馏装置是否漏气,并通过水的馏出液将管道洗净。

(2)待消煮液冷却后,用少量去离子水将消煮液定量地全部转入蒸馏器内,并用水洗涤消煮管 4~5 次(总用水量不超过 30~35 mL)。若用半自动式自动定氮仪,不需要转移,可直接将消煮管放入定氮仪中蒸馏。

于 150 mL 锥形瓶(三角瓶)中,加入 20 g/L 硼酸-指示剂混合液 5 mL,放在冷凝管末端,管口置于硼酸液面以上 3~4 cm 处。然后向蒸馏室内缓缓加入 10 mol/L 氢氧化钠溶液 20 mL,通过蒸汽蒸馏,待馏出液体积约 50 mL 时,即蒸馏结束。用少量以调节至 pH 4.5 的水洗涤冷凝管的末端。

(3)用 0.01 mol/L 硫酸或 0.01 mol/L 盐酸标准溶液滴定馏出液由蓝绿色至刚变为紫红色。记录所用算标准溶液的体积。空白测定所用酸标准溶液的体积,一般不超过 0.4 mL。

七、结果计算

$$土壤全氮(N)含量(g/kg) = \frac{(V-V_0) \times C\left(\frac{1}{2}H_2SO_4\right) \times 14.0 \times 10^{-3}}{m} \times 10^3 \quad (5-7)$$

式中:V 为滴定试液(样品)时所用酸标准溶液的体积(mL);V_0 为滴定空白时所用酸标准的体积(mL);C 为 0.01 mol/L $\left(\frac{1}{2}H_2SO_4\right)$ 或 HCl 标准溶液浓度;14.0 为单原子的摩尔质量(g/mol);10^{-3} 为将 mL 换算成 L;m 为烘干土壤的质量(g)。

八、注意事项

(1)蒸馏前先检查蒸馏装置是否漏气,并通过水的馏出液将管道洗净。

(2)在消煮过程中须经常转动凯氏瓶,使喷溅在瓶壁上的土粒及早回流到酸液中,特别是黏重土壤,喷溅现象严重,更应注意。

(3) 5 mL 硼酸吸收液可有效地吸收约 5 mg 氮，此量约为方法中土样所释出总氮量的 5 倍。混合指示剂最好在使用时与硼酸溶液混合，如果混合过久则可能有终点不灵敏的现象发生。

(4) 为保证获得精确之测定结果，土壤含氮小于 0.1%，土壤样品需研细通过 100 目筛，称土样 1 g；土壤含氮大于 0.1%，称 0.5~1.0 g 土样；含 N 在 0.2% 以上应称 0.5 g 以下土样且分析取样必须充分混匀。

九、实验设计与研究探索

不同土壤发生层次由于其成土因素差异和主导成土过程不同，土壤有机质含量差异较大，其全氮含量存在较大差异。此外，不同土壤利用方式（如林地、草地、农田、水田）、不同耕作和水肥管理以及不同的实验条件（如消解温度、时间等）等都会对土壤全氮有较大影响。为此，可以探索同一土壤剖面不同土层、不同土壤利用与管理方式，以及不同实验条件对土壤全氮含量的影响，并通过查阅教材和文献资料探究可能的原因。

(1) 不同土壤发生层对土壤全氮含量的影响：分别测定土壤剖面各发生层次土壤全氮含量，分析土壤剖面各发生层次全氮含量值变化规律，并加以解释。

(2) 不同土壤利用方式和水肥管理对土壤全氮含量的影响：测定不同土壤利用方式和水肥管理的土壤全氮含量，分析其差异，并给出合理解释。

(3) 不同消解温度和时间对土壤全氮含量的影响：设定不同的消解温度和时间，测定全氮含量，分析消解温度和时间对土壤全氮含量的影响。

十、思考题

(1) 为什么混合指示剂最好在使用时与硼酸溶液混合？

(2) 为什么在消煮过程中必须经常转动凯氏瓶？

(3) 结合本实验，是否可以根据实验条件和具体情况对实验方案进行适当调整？调整后是否对实验结果有影响？从中能得到什么启示？

(4) 查阅资料分析不同土壤发生层次、不同土壤利用方式（如林地、草地、农田、水田）、不同耕作和水肥管理对土壤全氮含量有什么影响？

第四节　土壤铵态氮测定（KCl 浸提–靛酚蓝比色分法）

铵态氮是能被植物直接吸收利用的速效态氮，土壤中还有一种固定在矿物晶格内的固定态铵很难被植物吸收。铵态氮包括水溶性铵和交换性铵，其含量为 5~50 mg/kg。当土壤中铵态氮含量低于 5 mg/kg 时，植物的生长发育会受到限制导致减产；而当土壤中铵态氮含量高于 50 mg/kg 时，会导致植物生长不良、萎缩甚至死亡。测定铵态氮的方法较多，这里推荐氯化钾浸提-蒸馏法和靛酚蓝比色分法。

一、实验目的与要求

(1)明确 KCl 浸提-靛酚蓝比色分法测定土壤铵态氮的基本原理。
(2)能独立使用分光光度计测定土壤铵态氮含量,判定土壤铵态氮水平。
(3)能对实验数据进行计算分析和制作规范图表,对现象和结果进行合理分析与解释。
(4)能从实验中挖掘课程思政元素,实现立德树人目标。

二、基本原理

土壤浸出液中的 NH_4^+ 在强碱性介质与次氯酸盐和苯酚作用下,生成水溶性染料靛酚蓝,溶液的蓝色很稳定,在 NH_4^+—N 浓度为 $0.05\sim0.5\ \mu g/mL$ 范围内,其吸光度与铵态氮含量呈正比,可用比色法测定。

三、应用范围

本方法适用于各类土壤铵态氮含量的测定。

四、主要仪器设备与材料

主要包括分光光度计、往复式或旋转式振荡机、塑料瓶(200 mL)、分析天平(精确到 0.000 1 g)、移液管、三角瓶等。

五、试剂

(1)苯酚溶液:称取 10.0 g 苯酚(C_6H_5OH,分析纯)和 100 mg 硝普钠[$Na_2Fe(CN)_5NO_2H_2O$]溶于水中,定容至 1 L。此试剂不稳定,须储于棕色瓶中,存放在 4 ℃冰箱中。

(2)次氯酸钠碱性溶液:称取 10.0 g 氢氧化钠(NaOH,分析纯)、7.06 g 磷酸氢二钠($Na_2HPO_4 \cdot 7H_2O$,分析纯)、31.8 g 磷酸钠($Na_3PO_4 \cdot 12H_2O$,分析纯)和 10 mL 52.5 g/L 的次氯酸钠(NaOCl,分析纯,即含 5% 有效氯的漂白溶液)溶于水中,定容至 1 L,储于棕色瓶中,在 4 ℃冰箱中保存。

(3)掩蔽剂:酒石酸钾钠溶液[$\rho(KNaC_4H_4O_6 \cdot 4H_2O)=400\ g/L$]与 100 g/L 的 EDTA 二钠盐溶液等体积混合,每 100 mL 混合液中加 0.5 mL 氢氧化钠溶液[$\rho(NaOH)=10\ mol/L$],即得清亮的掩蔽剂溶液。

(4)铵态氮标准储备液[$\rho(N)=100\ \mu g/mL$]:称取 0.471 7 g 于 105 ℃烘干 2 h 的硫酸铵[$(NH_4)_2SO_4$,优级纯]溶于水,定容至 1 L。

(5)铵态氮标准溶液[$\rho(N)=2.5\ \mu g/mL$]:测定当天将铵态氮标准储备液用水稀释至 40 倍(如 2.5 mL 稀释至 100 mL)。

(6)氯化钾提取液[$\rho(KCl)=2\ mol/L$]:称取 149.1 g 氯化钾(分析纯)溶于水中,定容至 1 L。

六、实验步骤

1. 浸提

称取 10.0 g(精确至 0.01 g,风干土过 10 号筛)土壤样品,置于 200 mL 塑料瓶,加入 50 mL 2 mol/L 的氯化钾提取液,塞紧瓶塞,摇匀,在振荡机上于 20~25 ℃振荡 1 h,过滤于 50 mL 三角瓶中。同时做空白试验。

2. 比色

吸取 2~10 mL 滤液(含 2~25 μg NH_4^+—N)放入 50 mL 容量瓶中,用氯化钾浸提剂补充至 10 mL,然后加入苯酚溶液 5 mL 和次氯酸钠碱性溶液 5 mL,摇匀,在 20~25 ℃的室温下放置 1 h,加入 1 mL 掩蔽剂以溶解可能生成的沉淀物,然后用水定容至刻度。用 1 cm 光径比色皿在 625 nm 波长处进行比色。

3. 标准曲线绘制

分别吸取 0.00 mL、2.00 mL、4.00 mL、6.00 mL、8.00 mL、10.00 mL NH_4^+—N 标准溶液于 50 mL 容量瓶中,各加 10 mL 氯化钾浸提剂进行显色,用系列标准溶液的零浓度调节仪器零点,进行比色,测定吸收值,绘制标准曲线或求回归方程。

七、结果计算

$$土壤铵态氮(mg/kg) = \frac{\rho \times V \times D}{m} \tag{5-8}$$

式中:ρ 为查标准曲线或求回归方程而得到的测定液中 NH_4^+—N 的质量浓度(μg/mL);V 为显色液体积(本方法为 50 mL);D 为分取倍数;m 为称样质量(g)。

八、注意事项

(1)待测液进行比色前,要测定每个比色皿的吸光度差异(皿差),扣除背景值。

(2)比色皿使用前一定要用酒精清洗干净,确保比色皿在比色时没有气泡,内外壁干净透明无杂质。

(3)振荡时离心管内液体不能太满,离心管一直保持水平放置,以确保离心管内土壤溶液能充分振荡。

(4)掩蔽剂应在显色后加入。如加入过早,会使显色反应很慢,蓝色偏低;加入过晚,则生成的氢氧化物沉淀可能老化而不易溶解。在 20 ℃左右时放置 1 h 即可加掩蔽剂。

九、实验设计与研究探索

不同土壤发生层次由于其成土因素差异和主导成土过程不同,其铵氮含量存在较大差异;此外,不同土壤利用方式(如林地、草地、农田、水田)、不同耕作和水肥管理以及不同的实验条件(如振荡时间、频率)等都会对土壤铵氮有较大影响。为此,可以探索同一土壤剖面不同土层、不同土壤利用与管理方式,以及不同实验条件对土壤铵氮含量的影响,并通过查阅教材和文献资料探究可能的原因。

(1)不同土壤发生层对土壤铵氮含量的影响:分别测定土壤剖面各发生层次土壤铵氮含量,分析土壤剖面各发生层次铵氮含量值变化规律,并加以解释。

(2)不同土壤利用方式和水肥管理对土壤铵氮含量的影响:测定不同土壤利用方式和水肥管理的土壤铵氮含量,分析其差异,并给出合理解释。

(3)不同振荡时间和振荡频率对土壤铵氮含量的影响:设定不同的振荡时间和振荡频率,测定铵氮含量,并加以分析土壤铵氮含量差异的原因。

十、思考题

(1)比色前为什么要加入掩蔽剂?

(2)某学生在测定土壤铵氮时,发现相同土样3次重复测定的吸光度值差异很大,数据不可用。请帮助该学生分析哪些环节出了问题?

(3)查阅资料分析不同土壤发生层次、不同土壤利用方式(如林地、草地、农田、水田)、不同耕作和水肥管理对土壤铵氮含量有什么影响?

第五节 土壤硝态氮测定(紫外分光光度法)

土壤中硝态氮含量为 0.5~50 mg/kg。硝态氮极易随水流失而不易为土壤吸附。由于其含量与土壤通气状况密切相关,故随季节和植物生育阶段而异。测定硝态氮的方法较多,还原蒸馏法是通过向土壤浸出液加入还原剂,直接蒸馏和滴定以测定氮。该方法操作简便,可在同一浸出液中测定铵态氮和硝态氮,适用于测定硝态氮含量较高的土壤。对于硝态氮含量低的土壤,宜采用精度较高的镀铜镉还原-重氮化偶合比色法。本书介绍用紫外分光光度法进行土壤硝态氮的测定。

一、实验目的与要求

(1)明确紫外分光光度法测定土壤硝态氮的基本原理。
(2)能独立使用紫外分光光度计测定土壤硝态氮含量,判定土壤硝态氮水平。
(3)能对实验数据进行计算分析和制作规范图表,对现象和结果进行合理分析与解释。
(4)能从实验中挖掘课程思政元素,实现立德树人目标。

二、基本原理

土壤浸出液中的 NO_3^-,在紫外分光光及波长 210 nm 处有较高的吸光度,而浸出液中的其他物质,除 OH^-、CO_3^{2-}、HCO_3^-、NO_2^- 和有机质等外,吸光度很小。将浸出液加酸中和酸化,即可消除 OH^-、CO_3^{2-}、HCO_3^- 的干扰。NO_2^- 一般含量极少,也很容易消除,因此,用校正因数法消除有机质的干扰后,即可用紫外分光光度法直接测定 NO_3^- 的含量。

待测液酸化后,分别在 210 nm 和 275 nm 处测定吸光度。A_{210} 是 NO_3^- 和以有机质为主的杂质的吸光度,A_{275} 只是有机质的吸光度,因为 NO_3^- 在 275 nm 处已无吸收。但有机质在 275 nm 处的吸光度比在 210 nm 处的吸光度要小 R 倍,故将 A_{275} 校正为有机质在 210 nm 处应有的吸光度后,从 A_{210} 中减去,即得 NO_3^- 在 210 nm 处的吸光度(ΔA)。

三、应用范围

本方法适用于各类土壤硝态氮含量的测定。

四、主要仪器设备与材料

主要有紫外可见光光度计、石英比色皿、往复式或旋转式振荡机、塑料瓶(200 mL)等。

五、试剂

(1)(1∶9)硫酸溶液:取 10 mL 浓硫酸缓缓加入 90 mL 水中。

(2)0.01 mol/L 氯化钙浸提剂:称取 2.2 g 氯化钙溶于水中,定容至 1 L。

(3)硝态氮标准储备液[$\rho(N)=100\ \mu g/mL$]:称取 0.721 7 g 经 105~110 ℃烘干 2 h 的硝酸钾(KNO_3,优级纯)溶于水,定容至 1 L,存放于 4 ℃冰箱中。

(4)硝态氮标准溶液[$\rho(N)=10\ \mu g/mL$]:测定当天吸取 10.00 mL 硝态氮标准储备液于 100 mL 容量瓶中,用水定容。

六、实验步骤

1. 浸提

称取 10.00 g(精确至 0.01 g)土壤样品放入 200 mL 塑料瓶中,加入 50.0 mL 氯化钙浸提剂,塞紧瓶盖,摇匀,在振荡机上于 20~25 ℃振荡 30 min,干过滤。同时做空白试验。

2. 比色

吸取滤液 25 mL 待测液于 50 mL 三角瓶中,加 1.00 mL (1∶9)硫酸溶液,摇匀。然后,用 1 cm 光径的石英比色皿比色,分别在 210 nm 和 275 nm 处测定吸光值(A_{210} 和 A_{275})。以酸化的浸提剂调节仪器零点。以 NO_3^- 的吸光值(ΔA)通过校准曲线求得测定液中硝态氮的质量浓度。空白测定除不加试样外,其余均同样品测定。

NO_3^- 的吸光值(ΔA)计算公式为

$$\Delta A = A_{210} - A_{275} \times R \qquad (5-9)$$

式中:R 为校正因素,是土壤浸出液中杂质(主要是有机质)在 210 nm 和 275 nm 处的吸光度的比值,其确定方法如下。

A_{210} 是波长 210 nm 处浸出液中 NO_3^- 的吸收值($A_{210硝}$)与杂质(主要是有机质)的吸收值($A_{210杂}$)的综合,即 $A_{210}=A_{210硝}+A_{210杂}$,得出 $A_{210杂}=A_{210}-A_{210硝}$。选取部分土样用酚二磺酸法测得 NO_3^-—N 的含量后,根据土液比和紫外分光光度法的工作曲线,即可计算各浸出液应有的 $A_{210硝}$ 值,即可得出 $A_{210杂}$ 值。

A_{275} 是浸出液中杂质(主要是有机质)在 275 nm 处的吸收值(因为 NO_3^- 在该波长处已无

吸收),它比 $A_{210杂}$ 小 R 倍,即 $A_{210杂}=R\times A_{275}$,得出校正因数 $R=A_{210杂}/A_{275}$。

各不同区域可根据多个土壤测定 R 的统计平均值,作为其他土壤测试 NO_3^-—N 的校正因素,其可靠性依从于被测土壤的多少,测定的土壤越多,可靠性越大。

3. 标准曲线绘制

分别吸取 0 mL、1.00 mL、2.00 mL、4.00 mL、6.00 mL、8.00 mL 10 μg/mL NO_3^-—N 标准溶液,用氯化钙浸提剂定容至 50 mL,即为 0 μg/mL、0.2 μg/mL、0.4 μg/mL、0.8 μg/mL、1.2 μg/mL、1.6 μg/mL 的标准系列溶液。各取 25 mL 于 50 mL 三角瓶汇总,分别加 1 mL (1∶9)硫酸溶液,摇匀。用系列溶液的零浓度调节仪器零点测 A_{210},计算 A_{210} 对 NO_3^-—N 浓度的回归方程,或绘制校准曲线。

七、结果计算

$$土壤硝态氮(mg/kg)=\frac{\rho\times V\times D}{m} \quad (5-10)$$

式中:ρ 为查校准曲线或求回归方程得测定液中 NO_3^-—N 质量浓度(μg/mL);V 为浸提剂体积(mL);D 为浸出液稀释倍数,若不稀释则 $D=1$;m 为称样质量(g)。

八、注意事项

(1)待测液进行比色前,要测定每个比色皿的吸光度差异(皿差),扣除背景值。

(2)比色皿使用前一定要用酒精清洗干净,确保比色皿在比色时没有气泡,内外壁干净透明无杂质。

(3)振荡时离心管内液体不能太满,离心管一直保持水平放置,以确保离心管内土壤溶液能充分振荡。

九、实验设计与研究探索

不同土壤发生层次由于其成土因素差异和主导成土过程不同,其硝态氮含量存在较大差异;此外,不同土壤利用方式(如林地、草地、农田、水田)、不同耕作和水肥管理以及不同的实验条件(如振荡时间、频率)等都会对土壤硝态氮含量有较大影响。为此,可以探索同一土壤剖面不同土层、不同土壤利用与管理方式,以及不同实验条件对土壤硝态氮含量的影响,并通过查阅教材和文献资料探究可能的原因。

(1)不同土壤发生层对土壤硝态氮含量的影响:分别测定土壤剖面各发生层次土壤硝态氮含量,分析土壤剖面各发生层次硝态氮含量值变化规律,并加以解释。

(2)不同土壤利用方式和水肥管理对土壤硝态氮含量的影响:测定不同土壤利用方式和水肥管理的土壤硝态氮含量,分析其差异,并给出合理解释。

(3)不同振荡时间和振荡频率对土壤硝态氮含量的影响:设定不同的振荡时间和振荡频率,测定硝态氮含量并加以分析造成差异的原因。

十、思考题

(1)某学生在测定土壤硝态氮时,发现相同土样3次重复的吸光度值差异很大,数据平行性很差。请问该学生分析可能是哪些环节出了问题?如何改进?

(2)查阅资料分析不同土壤发生层次、不同土壤利用方式(如林地、草地、农田、水田)、不同耕作和水肥管理对土壤硝态氮含量有什么影响?

第六节 土壤全磷测定(氢氧化钠熔融-钼锑抗比色法)

磷是植物必需的三大营养元素之一,土壤磷包括无机和有机态两大部分。我国土壤全磷含量由南至北呈逐渐增加趋向,全磷含量在 0.02%～0.11% 范围内。世界土壤全磷含量的变幅则在 0.02%～0.5% 之间。虽然土壤全磷含量并不能直接反映土壤的供磷能力,但如果土壤全磷很低(如小于 0.04%),则有可能供磷不足。

一、实验目的与要求

(1)明确氢氧化钠熔融-钼锑抗比色法测定土壤全磷的基本原理。
(2)能独立利用氢氧化钠熔融-钼锑抗比色法测定土壤全磷含量,判定土壤全磷水平。
(3)能对实验数据进行计算分析和制作规范图表,对现象和结果进行合理分析与解释。
(4)能从实验中挖掘课程思政元素,实现立德树人目标。

二、基本原理

土壤样品用氢氧化钠高温熔融是分解土壤全磷(或全钾)比较安全和简便的方法。样品经强碱熔融分解后,使土壤中含磷矿物及有机磷化合物全部转化为可溶性的正磷酸盐,用水和稀硫酸溶解熔块,在规定条件下样品溶液中的磷酸根与钼锑抗显色剂反应,生成磷钼蓝,其颜色深浅与磷的含量呈正比,通过分光光度法定量测定。

三、应用范围

本方法适用于各类土壤全磷含量的测定。

四、主要仪器设备与材料

主要有分光光度计或紫外可见分光光度计、离心机、高温电炉(可升温至 1200 ℃,温度可调)、镍(或银)坩埚(容量大于 30 mL)、具塞三角瓶(50 mL)、分析天平(感量0.000 1 g)、无磷定量滤纸。

五、试剂

(1)氢氧化钠:分析纯,粒状。
(2)无水乙醇:分析纯。

(3) 100 g/L 碳酸钠溶液：称取 10.0 g 分析纯无水碳酸钠溶于水后，稀释至 100 mL，摇匀。

(4) 体积分数 5% 硫酸溶液(50 mL/L)：吸取 5 mL 分析纯浓硫酸($\rho=1.84$ g/mL，95.0%～98.0%)缓缓加入 90 mL 水中，冷却后加水至 100 mL。

(5) 3 mol/L 硫酸溶液：量取 168 mL 浓硫酸缓缓加入盛有 800 mL 水的大烧杯中，不断搅拌，冷却后，定容至 1 L。

(6) 二硝基酚指示剂：称取 0.2 g 2,6-二硝基酚溶于 100 mL 水中。

(7) 酒石酸锑钾溶液(5 g/L)：分析纯酒石酸锑钾 0.5 g 溶于 100 mL 水中。

(8) 硫酸钼锑储备液：量取 153 mL 浓硫酸，缓缓加入 400 mL 水中，不断搅拌，冷却。另取 10.0 g 分析纯钼酸铵[$(NH_4)_6Mo_7O_{24} \cdot 4H_2O$]溶于温度约 60 ℃ 的 300 mL 水中，冷却。然后将硫酸溶液缓缓倒入钼酸铵溶液中，再加入 5 g/L 酒石酸锑钾溶液 100 mL，冷却后，加水稀释至 1 L，摇匀，储于棕色试剂瓶中。此储备液中钼酸铵浓度为 10 g/L(质量分数 1%)、硫酸浓度为 2.25 mol/L。

(9) 钼锑抗显色剂：称取 1.5 g 抗坏血酸(左旋，旋光度 +21°～+22°)溶于 100 mL 钼锑储备液中。此溶液有效期不长，宜用时现配。

(10) 磷标准储备液($\rho=100$ μg/mL)：准确称取 0.439 0 g 经 105 ℃ 烘箱烘干 2 h 的磷酸二氢钾(优级纯)，用水溶解后，加入 5 mL 浓硫酸，然后加水定容至 1 L，该溶液含磷 100 5 mg/L。该溶液可放入 4 ℃ 冰箱长期保存。

(11) 磷标准溶液($\rho=5$ μg/mL 或 5 mg/L)：吸取 5.00 mL 磷标准储备液，放入 100 mL 容量瓶中，加水定容。该溶液用时现配。

六、实验步骤

1. 熔样-待测液制备

称取 0.250 0 g(精确到 0.000 1 g)过 0.150 mm(100 目)孔径筛的风干土壤，小心放入镍(或银)坩埚底部(消煮管底部)，切勿粘在壁上，加入无水乙醇湿润土样(3～4 滴)，然后加入 2.0 g 固体氢氧化钠(土壤和氢氧化钠的质量比为 1:8，当土样用量增加时，氢氧化钠用量也需要相应增加)，平铺于土样表面，将坩埚暂放在大干燥器中，以防吸潮。

将坩埚放入高温电炉，当温度升至 400 ℃ 左右时，切断电源 15 min，以防坩埚中样品物溢出。然后，继续升温至 720 ℃，并保持 15 min，取出冷却。加入约 80 ℃ 的水 10 mL，待熔块溶解后无损转入 100 mL 容量瓶中，同时用 3 mol/L 硫酸溶液 10 mL 和水多次洗涤坩埚，洗涤液也一并移入容量瓶中，冷却后定容。用无磷定性滤纸干过滤或离心澄清。同时做空白试验。此待测液可供磷和钾的测定用。

2. 测定

吸取 2～10 mL 待测样品溶液(含磷 0.04～1.0 μg)移于 50 mL 容量瓶中，加水稀释至约 30 mL(总体积的 3/5 处)，加入 2～3 滴二硝基酚指示剂，并用 100 g/L 碳酸钠溶液或 5%(50 mL/L)硫酸溶液调节溶液至刚呈微黄色。加入 5.00 mL 钼锑抗显色剂，摇匀，加水定容。在室温 15 ℃(或 20 ℃)以上温度，放置 30 min。

3. 显色

显色的样品溶液在分光光度计上,用 1 cm 光径比色皿在 700 nm 下比色,以空白试验为参比液调节仪器零点,进行比色测定,读取吸光度,从校准曲线上查得相应的含磷量。

4. 标准曲线绘制

分别吸取 5 mg/L 磷酸标准溶液 0 mL、2 mL、4 mL、6 mL、8 mL、10 mL 于 50 mL 容量瓶中,用水稀释至约 30 mL。加入二硝基酚指示剂 2~3 滴,并用 100 g/L 碳酸钠溶液或 5% 硫酸溶液调节溶液至刚呈微黄色,准确加入钼锑抗显色剂 5 mL,摇匀,加水定容,即得含磷量分别为 0.0 mg/L、0.2 mg/L、0.4 mg/L、0.6 mg/L、0.8 mg/L、1.0 mg/L 的磷标准系列溶液。在室温 15 ℃(或 20 ℃)以上条件下放置 30 min。以磷含量为零的系列溶液调节仪器零点,于波长 700 nm 处,用 1 cm 光径比色皿进行比色,测定其吸光度,绘制磷标准曲线或计算回归方程。

七、结果计算

$$土壤全磷(g/kg) = \rho \times \frac{V_1}{m} \times \frac{V_2}{V_3} \times 10^{-3} \quad (5-11)$$

式中:ρ 为查校准曲线或求回归方程得到的待测样品溶液中磷的质量浓度(mg/L);m 为风干土样的称样质量(g);V_1 为样品熔后定容的体积(mL);V_2 为显色时溶液定容的体积(mL);V_3 为从熔样定容后分取的体积(mL);10^{-3} 为将 mg/L 换算成 kg 质量的换算系数。

八、注意事项

(1)土样小心放入镍(或银)坩埚底部(消煮管底部),切勿粘在壁上,加入无水乙醇湿润土样(3~4 滴)。

(2)土样和氢氧化钠的质量比以 1∶8 为宜,当土样用量增加时,氢氧化钠用量也需要相应增加。

(3)当温度升至 400 ℃ 左右时,切断电源 15 min,以防坩埚样品物溢出。

(4)待测液进行比色前,要测定每个比色皿的吸光度差异(皿差),扣除背景值。

(5)比色皿使用前一定要用酒精清洗干净,确保比色皿在比色时没有气泡,内外壁干净透明无杂质。

九、实验设计与研究探索

不同土壤发生层次由于其成土因素差异和主导成土过程不同,其全磷含量存在较大差异;此外,不同土壤利用方式(如林地、草地、农田、水田)、不同耕作和水肥管理以及不同的实验条件(如振荡时间、频率)等都会对土壤全磷含量有较大影响。为此,可以探索同一土壤剖面不同土层、不同土壤利用与管理方式,以及不同实验条件对土壤全磷含量的影响,并通过查阅教材和文献资料探究可能的原因。

(1)不同土壤发生层对土壤全磷含量的影响:分别测定土壤剖面各发生层次土壤全磷含量,分析土壤剖面各发生层次全磷含量值变化规律,并加以解释。

(2)不同土壤利用方式和水肥管理对土壤全磷含量的影响:测定不同土壤利用方式和水肥管理的土壤全磷含量,分析其差异,并给出合理解释。

(3)不同振荡时间和振荡频率对土壤全磷含量的影响:设定不同的振荡时间和振荡频率,测定全磷含量并分析土壤全磷含量存在差异的原因。

十、思考题

(1)某学生在测定土壤全磷时,发现相同土样3次重复的吸光度值差异很大,数据重复性很差。请问该学生可能在哪些环节出了问题?该如何改进?

(2)查阅资料分析不同土壤发生层次、不同土壤利用方式(如林地、草地、农田、水田)、不同耕作和水肥管理对土壤全磷含量有什么影响?

第七节 土壤速效磷(有效磷)含量测定 (碳酸氢钠浸提-钼锑抗比色法)

土壤速效磷也称土壤有效磷,包括水溶性磷和弱酸溶性磷,其含量大致为痕量至 30 mg/kg。土壤有效磷并不是指土壤中某一特定形态的磷,它可以反映土壤的供磷水平,是判断土壤供磷能力的一项重要指标。可以判断是否有必要施用磷肥,亦可作为施肥(磷)推荐的一个方法。测定土壤速效磷的含量,可为合理分配和施用磷肥提供理论依据。

一、实验目的与要求

(1)明确碳酸氢钠浸提-钼锑抗比色法测定土壤有效磷的基本原理。
(2)能独立完成碳酸氢钠浸提-钼锑抗比色法测定有效磷的步骤,判定土壤供磷水平。
(3)能对实验数据进行计算分析和制作规范图表,对现象和结果进行合理分析与解释。
(4)能从实验中挖掘课程思政元素,实现立德树人目标。

二、基本原理

石灰性土壤由于大量游离碳酸钙存在,不能用酸液来提取有效磷,一般用 0.5 mol/L $NaHCO_3$ 溶液作浸提剂。由于碳酸根的存在抑制了土壤中碳酸钙的溶解,降低了溶液中 Ca^{2+} 浓度,相应提高了磷酸钙的溶解度。碳酸氢钠溶液除可提取水溶性磷外,也可以抑制 Ca^{2+} 的活性,使一定量活性较大的 Ca-P 盐类中的磷被浸出,也可使一定量活性的 Fe-P 和 Al-P 盐类中的磷通过水解作用而浸出。由于浸提剂的 pH 较高(pH 为 8.5),抑制了 Fe^{3+} 和 Al^{3+} 的活性,有利于磷酸铁和磷酸铝的提取。由于浸出液中 Ca^{2+}、Fe^{3+} 和 Al^{3+} 浓度较低,速效磷多以磷酸一钙和磷酸二钙状态存在,不会产生磷的再沉淀。此外,溶液中存在着 OH^-、HCO_3^-、CO_3^{2-} 等阴离子,也有利于吸附态磷的置换。浸出液中的磷在一定的酸度下,用硫酸钼锑抗还原显色成磷钼蓝,蓝色的深浅在一定浓度范围内与磷的含量呈正比,因此可以用比色法测定其含量。

用 NaHCO₃ 作浸提剂提取的有效磷与作物吸收的磷有良好的相关性,其适应范围也广泛。但土壤浸出液的磷量与土液比、液温、振荡时间及方式有关,为此本法严格控制土液比为 1∶20,浸提液温度为 (25 ± 1) ℃,振荡提取时间为 30 min。

三、应用范围

本方法适用于各类土壤有效磷含量的测定。

四、主要仪器设备与材料

主要有振荡机、分光光度计、天平(感量 0.01 g)、三角瓶(250 mL)、带盖塑料瓶(200 mL)、容量瓶(50 mL)、漏斗、无磷滤纸、移液管(10 mL)等。

五、试剂

(1) 0.5 mol/L NaHCO₃ 浸提液(pH 8.5):称取 42.0 g 分析纯 NaHCO₃ 溶于 800 mL 蒸馏水中,以 4 mol/L NaOH 溶液调节 pH 至 8.5(用 pH 计测定),定容至 1000 mL,储于试剂瓶中。如果储存期超过 1 个月,使用时应重新调整 pH。

(2) 无磷活性炭:将活性炭先用(1∶1)盐酸浸泡过夜(24 h),在布氏漏斗上抽滤,用蒸馏水冲洗多次至无 Cl^- 为止(4~5 次),再用 0.5 mol/L NaHCO₃ 溶液浸泡过夜(24 h),在布氏漏斗上抽滤,用蒸馏水洗尽 NaHCO₃,至无磷为止,烘干备用。

(3) 7.5 mol/L 硫酸钼锑抗储存液:取约 400 mL 蒸馏水,放入 1 L 烧杯中,将烧杯浸在冷水内,后缓缓注入 208.3 mL 分析纯浓硫酸,并不断搅拌,冷却至室温。另称取 20 g 分析纯钼酸铵,溶于 60 ℃ 的 200 mL 蒸馏水中,冷却。然后,将硫酸溶液慢慢倒入钼酸铵溶液中,不断搅拌,再加入 1000 mL 质量分数 0.5% 酒石酸锑钾溶液,用蒸馏水稀释至 1 L 摇匀,储于棕色试剂瓶中避光保存。

(4) 钼锑抗混合显色剂:称 1.5 g 抗坏血酸(左旋,旋光度 $+12°$~$+22°$,分析纯)溶于 100 mL 钼锑抗储存液中混匀。此试剂有效期为 24 h,随配随用。

(5) 磷标准液:准确称取 0.219 5 g 在 105 ℃ 烘箱中烘干 2 h 的分析纯 KH_2PO_4,溶于 400 mL 蒸馏水中。加入 5 mL 浓硫酸,转入 1000 mL 容量瓶中,加蒸馏水定容至刻度后摇匀,此溶液为 50 mg/L 磷标准液,此溶液不易久储。

六、实验步骤

1. 待测液的制备

称取 5.00 g 通过 1 mm 筛孔的风干土样置于 250 mL 三角瓶(或 200 mL 带盖塑料瓶)中,加入一小勺无磷活性炭(约 1 g)和 100 mL 0.5 mol/L NaHCO₃ 浸提液,塞紧瓶塞,在振荡机上振荡 30 min,取出后立即用干燥漏斗和无磷滤纸过滤,滤液用另一只三角瓶盛接。同时进行空白试验。若滤液不清,可将滤液倒回漏斗,重新过滤。

2. 测定

吸取滤液 10 mL(吸取 10 mL 含量 1% 以下的 P_2O_5 样品,含磷高的可改为 5 mL 或 2 mL,

但必须用 0.5 mol/L NaHCO₃ 浸提液补足至 10 mL),于 50 mL 容量瓶中,加钼锑抗混合显色剂 5 mL,小心摇动。在室温高于 20 ℃处放置 30 min 后,用分光光度计在波长 660 nm(光电比色计用红色滤光片)比色,以空白液的吸收值为 0,读出待测液的吸光度值。

3. 标准曲线绘制

分别吸取 50 mg/L 磷标准液 0 mL、1 mL、2 mL、3 mL、4 mL、5 mL 于 50 mL 容量瓶中,各加入 0.5 mol/L NaHCO₃ 浸提液 1 mL 和钼锑抗显色剂 5 mL,除尽气泡后定容,充分摇匀,即为 0 mol/L、0.1 mol/L、0.2 mol/L、0.3 mol/L、0.4 mol/L、0.5 mol/L 的磷标准液。在室温高于 20 ℃处放置 30 min,30 min 后与待测液同时进行比色,读取吸光度值。以磷溶液浓度为横坐标,以吸光度值为纵坐标,绘制磷标准曲线或求回归方程。

七、结果计算

$$土壤有效磷(速效磷,mg/kg) = \frac{\rho \times V \times D}{m \times 10^3} \times 1000 \qquad (5-12)$$

式中:ρ 为从标准曲线上或求回归方程得到的磷的质量浓度($\mu g/mL$);V 为显色时的定容体积(mL);D 为分取倍数,即浸提液总体积与显色时对吸取浸提液体积之比(试样提取液体积/显色时分取体积);m 为风干土称样质量(g);10^3 为将 μg 换算成 mg;1000 为换算成每千克含磷量。

八、注意事项

(1) 钼锑抗混合显色剂的加入量要准确。

(2) 加入混合显色剂后,即产生大量的 CO_2,在混匀的过程中易导致试液外溢,造成测定误差,因此必须小心慢慢加入,同时充分摇动排出 CO_2,以避免 CO_2 的存在影响比色结果。

(3) 活性炭一定要洗至无 Cl^- 反应,否则不能使用。

(4) 待测液进行比色前,要测定每个比色皿的吸光度差异(皿差),扣除背景值。

(5) 比色皿使用前一定要用酒精清洗干净,确保比色皿在比色时没有气泡,内外壁干净透明无杂质。

(6) 此法温度影响很大,一般测定应在 20~25 ℃的温度下进行。如果室温低于 20 ℃,可将容量瓶放在 30~40 ℃的热水中保温 20 min,取出冷却后进行比色。

九、实验设计与研究探索

不同土壤发生层次由于其成土因素差异和主导成土过程不同,其有效磷含量存在较大差异;此外,不同土壤利用方式(如林地、草地、农田、水田)、不同耕作和水肥管理以及不同的实验条件(如振荡时间、频率)等都会对土壤有效磷含量有较大影响。为此,可以探索同一土壤剖面不同土层、不同土壤利用与管理方式,以及不同实验条件对土壤有效磷含量的影响,并通过查阅教材和文献资料探究可能的原因。

(1) 不同土壤发生层对土壤有效磷含量的影响:分别测定土壤剖面各发生层次土壤有效

磷含量,分析土壤剖面各发生层次有效磷含量值变化规律,并加以解释。

(2) 不同土壤利用方式和水肥管理对土壤有效磷含量的影响:测定不同土壤利用方式和水肥管理的土壤有效磷含量,分析其差异,并给出合理解释。

(3) 不同振荡时间和振荡频率对土壤有效磷含量的影响:设定不同的振荡时间和振荡频率,测定有效磷含量并分析造成土壤有效磷含量差异的原因。

十、思考题

(1) 某学生在测定土壤有效磷时,发现相同土样3次重复的吸光度值差异很大,数据平行性很差。请问该学生可能在哪些环节出了问题?该如何改进?

(2) 查阅资料分析不同土壤发生层次、不同土壤利用方式(如林地、草地、农田、水田)、不同耕作和水肥管理对土壤有效磷含量有什么影响?

第八节 土壤全钾测定
(氢氧化钠熔融-火焰光度法或原子吸收分光光度法)

土壤全钾是指土壤中含有的全部钾,包括水溶性钾、交换性钾、非交换性钾和结构态钾等。土壤全钾含量为 $0.3\% \sim 3.6\%$,一般为 $1\% \sim 2\%$。土壤全钾仅反映了土壤钾素的总储量,其中 $90\% \sim 98\%$ 在相当长时间内是无效的,因此全钾含量不能用以指导施肥。土壤全钾含量主要受土壤矿物种类影响,即受成土母质影响。另外,生物气候条件、土地利用方式等因素也会对土壤矿物的风化产生影响,并最终影响土壤全钾含量。中国土壤全钾含量以广西的砖红壤最低,约为 0.36%,而最高则为吉林的风沙土,可达 2.61%。一般地,我国华南地区各类土壤除紫色土等类型外,全钾含量较低,而东北和西北地区的全钾含量较高。

一般而言,全钾含量较高土壤的缓效钾和速效钾含量也相对较高。因此,全钾含量的大小虽然不能反映钾对植物的有效性,却能够反映土壤潜在供钾能力。因此,测定土壤全钾含量对了解土壤的供钾潜力以及合理分配和施用钾肥,特别是对制订大范围的施肥决策具有十分重要的意义。

一、实验目的与要求

(1) 明确氢氧化钠熔融-火焰光度法或原子吸收分光光度法测定土壤全钾的基本原理。

(2) 能独立完成氢氧化钠熔融-火焰光度法或原子吸收分光光度法测定土壤全钾的实验步骤,判定土壤的供钾潜力。

(3) 能对实验数据进行计算分析和制作规范图表,对现象和结果进行合理分析与解释。

(4) 能从实验中挖掘课程思政元素,实现立德树人目标。

二、基本原理

土壤中的有机物、各种矿物在高温及氢氧化钠熔剂的作用下被氧化和分解,难溶的硅酸盐分解成可溶性化合物,土壤矿物晶格中的钾转变成可溶性钾形态,同时土壤中的不溶性磷酸盐也转变成可溶性磷酸盐,在以稀硫酸溶解熔融物后,钾转化为钾离子,可用火焰光度计或原子吸收分光光度计测定其含量。

三、应用范围

本方法适用于各类土壤全钾含量的测定。

四、主要仪器设备与材料

主要有火焰光度计或原子吸收分光光度计、高温电炉(可升温至1200 ℃,温度可调,可用马弗炉替代)、镍或银坩埚(容积不小于30 mL)(可用消煮管代替)、天平(感量0.000 1 g)、三角瓶(250 mL)、带盖塑料瓶(200 mL)、容量瓶(50 mL)、移液管(10 mL)等。

五、试剂

(1)氢氧化钠:分析纯,粒状为宜。

(2)无水乙醇:分析纯。

(3)3 mol/L 硫酸溶液:量取168 mL浓硫酸缓缓加入到盛有约800 mL水的大烧杯中,不断搅拌,冷却后用水稀释至1 L。

(4)4.5 mol/L 硫酸溶液:量取250 mL浓硫酸,缓缓加入750 mL水中,不断搅拌,冷却后用水稀释至1 L。

(5)(1∶1)盐酸溶液:盐酸(1.19 g/mL,分析纯)与水等体积混合。

(6)0.2 mol/L 硫酸溶液:量取11.1 mL浓硫酸,定容至1 L。

(7)钾标准溶液($\rho=100\ \mu g/mL$):准确称取0.190 7 g KCl(氯化钾,优级纯,经110 ℃烘干2 h)溶解于水中,在容量瓶中定容至1 L,储于塑料瓶中。

六、实验步骤

1. 待测液制备

称取0.250 0 g(精确到0.000 1 g)过0.150 mm(100目)孔径筛的风干土壤,小心放入镍(或银)坩埚底部(消煮管底部),切勿粘在壁上,加入无水乙醇湿润土样(5滴),然后加入2.0 g固体氢氧化钠(土壤和氢氧化钠的质量比为1∶8,当土样用量增加时,氢氧化钠用量也需要相应增加),平铺于土样表面,将坩埚暂放在大干燥器中,以防吸潮。

将坩埚放入高温电炉,当温度升至400 ℃左右时,切断电源15 min,以防坩埚样品物溢出。然后,继续升温至720 ℃,并保持15 min。关闭电源,打开炉门,稍冷后取出坩埚,观察熔块,应为淡蓝色或蓝绿色(若显棕黑色,表示分解不完全,应再熔一次)。冷却后,加入10 mL约80 ℃的水,待熔块溶解后,将溶液无损地转入100 mL容量瓶中,用10 mL 3 mol/L硫酸溶液和水多次洗涤坩埚,洗涤液全部移入容量瓶。冷却后定容,过滤(无磷滤纸过滤),滤液为土壤全钾(或全磷)待测液。同时做空白试验。

2. 测定

吸取待测液5.00 mL(或10.00 mL)于50 mL容量瓶中(K的浓度控制在10～30 $\mu g/mL$),

用水定容,直接在火焰光度计或原子吸收分光光度计上测定,记录检流计的读数,然后从工作曲线上查得待测液的K浓度(μg/mL)。注意在测定完毕后,用蒸馏水在喷雾器下继续喷雾5 min,吸取多余的盐酸,使喷雾器保持良好的使用状态。

3. 标准曲线绘制

分别吸取 0 mL、2 mL、5 mL、10 mL、20 mL、40 mL、60 mL 100 μg/mL 钾标准溶液,放入100 mL 容量瓶中,加入与待测液中等量试剂成分,使标准溶液中离子成分与待测液相近(在配置标准系列溶液时应各加 0.4 g 氢氧化钠和 1 mL 4.5 mol/L 硫酸溶液),用水定容至 100 mL,此为含钾分别为 0 μg/mL、2 μg/mL、5 μg/mL、10 μg/mL、20 μg/mL、40 μg/mL、60 μg/mL 的钾标准系列溶液。将配置好的钾标准系列溶液,用 100 μg/mL 钾标准溶液调节火焰光度计或原子吸收分光光度计的零点,然后由稀到浓依次进行测定,在火焰光度计或原子吸收分光光度计上进行测定,以检流计读数为纵坐标,以 K 浓度为横坐标,绘制标准曲线图或计算回归方程。

七、结果计算

$$\text{土壤全钾含量}(K, g/kg) = \frac{\rho \times V \times D}{m \times 10^6} \times 10^3 \quad (5-13)$$

式中:ρ 为从标准曲线上查得待测液中 K 的质量浓度(μg/mL);V 为测定液的定容体积(mL)(本试验中待测液的定容体积为 50 mL);D 为分取倍数,即熔融液定容体积/熔融液吸取量,本试验中熔融液定容体积为 100 mL,熔融液吸取量为 5.00 mL 或 10.00 mL;m 为风干土样称重质量(g);10^6 为将 μg 换算成 g,10^3 为将 g 换算成 kg。

八、注意事项

(1)在测定完毕后,用蒸馏水在喷雾器下继续喷雾 5 min,吸取多余的盐酸,使喷雾器保持良好的使用状态。

(2)如果滤液同时用来测定全钾和全磷含量,则必须用无磷滤纸过滤。

(3)熔融过程严格按照设定升温速度、保持温度和保温时间执行,以免造成熔融不彻底或熔融物外溢等情况,影响测定结果。

(4)测定滤液时,最好按照钾含量由低到高的顺序进行。

九、实验设计与研究探索

由于成土因素差异(尤其是成土母质、生物、气候因素)和主导成土过程不同,不同土壤发生层次的全钾含量存在较大差异;此外,不同土壤利用方式(如林地、草地、农田、水田)、不同耕作和水肥管理以及不同的实验条件(如振荡时间、频率)等都会对土壤全钾含量有较大影响。为此,可以探索同一土壤剖面不同土层、不同土壤利用与管理方式,以及不同实验条件对土壤全钾含量的影响,并通过查阅教材和文献资料探究可能的原因。

(1)不同土壤发生层对土壤全钾含量的影响:分别测定土壤剖面各发生层次土壤全钾含量,分析土壤剖面各发生层次全钾含量值变化规律,并加以解释。

(2)不同土壤利用方式和水肥管理对土壤全钾含量的影响:测定不同土壤利用方式和水肥管理的土壤全钾含量,分析其差异,并给出合理解释。

(3)不同熔融条件(特别是升温速度、温度高低和保温时间)对土壤全钾含量的影响:设定不同的升温速度、温度高低和保温时间,测定全钾含量并分析造成土壤全钾含量差异的原因。

十、思考题

(1)某学生在测定土壤全钾含量时,发现相同土样 3 次重复的吸光度值差异很大,数据平行性很差。请问该学生可能在哪些环节出了问题?该如何改进?

(2)查阅资料分析不同土壤发生层次、不同土壤利用方式(如林地、草地、农田、水田)、不同耕作和水肥管理对土壤全钾含量有什么影响?

第九节 土壤速效钾测定
(乙酸铵浸提-火焰光度法或原子吸收分光光度法)

土壤钾包括 3 种形态:矿物钾、缓效钾和速效钾,矿物钾主要存于土壤粗粒部分,约占全钾的 90% 左右,植物极难吸收;缓效钾约占全钾的 2%～8%,是土壤速效钾供给源;速效钾仅占全钾的 0.1%～2%,是吸附于土壤胶体表面代换性钾和土壤溶液钾离子。植物主要吸收土壤溶液中的钾离子,一般土壤中速效钾含量高低除受耕作、施肥等影响外,还受土壤缓放性钾储量和转化速率控制。

一、实验目的与要求

(1)明确乙酸铵浸提-火焰光度法或原子吸收分光光度法测定土壤速效钾的基本原理。

(2)能独立完成乙酸铵浸提-火焰光度法或原子吸收分光光度法测定土壤速效钾步骤,判定土壤供钾水平。

(3)能对实验数据进行计算分析和制作规范图表,对现象和结果进行合理分析与解释。

(4)能从实验中挖掘课程思政元素,实现立德树人目标。

二、基本原理

以中性 1 mol/L 乙酸铵(CH_3COONH_4,或 NH_4OAc)溶液为浸提剂,铵离子与土壤胶体表面的钾离子进行交换,连同水溶性钾离子一起进入溶液。浸出液中的钾可直接用火焰光度计或原子吸收分光光度计测定。

三、应用范围

本方法适用于各类土壤速效钾含量的测定。在非石灰性土壤中测定的是交换性钾,而在石灰性土壤中测定的是交换性钾加水溶性钾。

四、主要仪器设备与材料

主要有往复式或旋转式振荡机、火焰光度计或原子吸收分光光度计、带塞塑料瓶(200 mL)、天平(感量 0.01 g)、三角瓶(250 mL)、容量瓶(50 mL)、移液管(10 mL)等。

五、试剂

(1) 1 mol/L 乙酸铵溶液：称取化学纯 CH_3COONH_4（乙酸铵）77.09 g 加水稀释，定容至 1 L。用稀乙酸(HOAc)或氢氧化铵(NH_4OH)或氨水($NH_3 \cdot H_2O$)调节至 pH 为 7.0，然后稀释至 1 L。具体方法如下。

取 1 mol/L CH_3COONH_4 溶液 50 mL，用溴百里酚蓝作为指示剂，用(1∶1)氢氧化铵或稀乙酸调节至溶液呈绿色，即 pH 为 7.0（也可在酸度计上调节）。根据 50 mL 所用氢氧化铵或乙酸的毫升数，算出所配溶液大概需要量，最后也调节至 pH 为 7.0。该溶液不易久放。

(2) 100 μg/mL 钾标准溶液：准确称取 0.190 7 g KCl（氯化钾，优级纯，经 110 ℃烘干 2 h）溶解于 1 mol/L 乙酸铵溶液中，在容量瓶中定容至 1 L，即 100 μg/mL 钾标准溶液。

(3) K 标准曲线绘制：分别吸取 0 mL、2.50 mL、5.0 mL、10.0 mL、15.0 mL、20.0 mL、40.0 mL 100 μg/mL 钾标准溶液放入 100 mL 容量瓶中，并用 1 mol/L CH_3COONH_4 溶液定容，即得 0 μg/mL、2.50 μg/mL、5.0 μg/mL、10.0 μg/mL、15.0 μg/mL、20.0 μg/mL、40.0 μg/mL 的 K 标准系列溶液。以乙酸铵溶液调节仪器零点（即 0 μg/mL 的 K 标准系列溶液），然后从稀到浓依次在火焰光度计或原子吸收分光光度计上测定，记录检流计的读数。以检流计读数为纵坐标，以钾的浓度(μg/mL)为横坐标，绘制标准曲线或求回归方程。

六、实验步骤

1. 待测液制备

称取 5.00 g（精确至 0.01 g）过 1 mm 筛孔的风干土样于 200 mL 三角瓶或塑料瓶中，加入 50 mL 1 mol/L 中性 CH_3COONH_4 溶液，盖紧瓶塞，摇匀，在 20～25 ℃下，以 150～180 r/min 的转速振荡 30 min，用干的普通定性滤纸过滤，滤液盛于小三角瓶中。以乙酸铵溶液调节仪器零点，滤液直接在火焰光度计上测定，或用乙酸铵溶液稀释后在原子吸收分光光度计上测定，记录其检流计上的读数。同时进行空白试验（空白试验不加土样）。

2. 测定

吸取待测液 5.00 mL（或 10.00 mL）于 50 mL 容量瓶中（K 的浓度控制在 10～30 μg/mL），用水定容，直接在火焰光度计或原子吸收分光光度计上测定，记录检流计的读数，然后从工作曲线上查得待测液的 K 浓度(μg/mL)。注意在测定完毕后，用蒸馏水在喷雾器下继续喷雾 5 min，吸取多余的盐酸，使喷雾器保持良好的使用状态。

3. 标准曲线绘制

分别吸取 0 mL、2 mL、5 mL、10 mL、20 mL、40 mL、60 mL 100 μg/mL 钾标准溶液，放入 100 mL 容量瓶中，加入与待测液中等量试剂成分，使标准溶液中离子成分与待测液相近（在配置标准系列溶液时应各加 0.4 g 氢氧化钠和 4.5 mol/L 硫酸溶液 1 mL),用水定容至 100 mL,此为含钾分别为 0 μg/mL、2 μg/mL、5 μg/mL、10 μg/mL、20 μg/mL、40 μg/mL、60 μg/mL 的钾标准系列溶液。用 100 μg/mL 钾标准溶液调节火焰光度计或原子吸收分光光度计的零点,然后将配置好的钾标准系列溶液由稀到浓依次进行测定,在火焰光度计或原子吸收分光光度计上进行测定,以检流计读数为纵坐标,以 K 浓度为横坐标,绘制标准曲线图或计算回归方程。

七、结果计算

$$土样有效钾(速效钾,mg/kg) = \frac{\rho \times V \times D}{m \times 10^3} \times 10^3 \quad (5-14)$$

式中:ρ 为从标准曲线或回归方程上查得测定液中 K 的质量浓度($\mu g/mL$);V 为加入浸提剂体积,50 mL;D 为稀释倍数,若不稀释则 $D=1$;m 为风干土壤样品的称重质量(g);10^3(右侧)为将 μg 换算成 mg,10^3(下)将 g 换算为 kg。

八、注意事项

(1) 加入醋酸铵溶液于土样后,不宜放置过久,否则可能有部分矿物钾转入溶液中,使速效钾量偏高。土壤速效钾(mg/kg)等级参考指标:小于 30 为极低,30～60 为低,60～100 为中等,100～160 为高,大于 160 为极高。

(2) 在测定完毕后,用蒸馏水在喷雾器下继续喷雾 5 min,吸取多余的盐酸,使喷雾器保持良好的使用状态。

(3) 测定浸提液时,最好按照有效钾含量由低到高的顺序进行。

九、实验设计与研究探索

由于成土因素差异和主导成土过程不同,不同土壤发生层次的速效钾含量存在较大差异;此外,不同土壤利用方式(如林地、草地、农田、水田)、不同耕作和水肥管理以及不同的实验条件(如振荡时间、频率)等都会对土壤速效钾含量有较大影响。为此,可以探索同一土壤剖面不同土层、不同土壤利用与管理方式,以及不同实验条件对土壤速效钾含量的影响,并通过查阅教材和文献资料探究可能的原因。

(1) 不同土壤发生层对土壤速效钾含量的影响:分别测定土壤剖面各发生层次土壤速效钾含量,分析土壤剖面各发生层次速效钾含量值变化规律,并加以解释。

(2) 不同土壤利用方式和水肥管理对土壤速效钾含量的影响:测定不同土壤利用方式和水肥管理的土壤速效钾含量,分析其差异,并给出合理解释。

(3) 不同振荡时间和振荡频率对土壤速效钾含量的影响:设定不同的振荡时间和振荡频率,测定速效钾含量并分析造成土壤速效钾含量差异的原因。

十、思考题

(1) 某学生在测定土壤速效钾时,结果发现相同土样 3 次重复的吸光度值差异很大,数据平行性很差。请问该学生可能在哪些环节出了问题？该如何改进？

(2)查阅资料分析不同土壤发生层次、不同土壤利用方式(如林地、草地、农田、水田)、不同耕作和水肥管理对土壤速效钾含量有什么影响？

参考文献

第五章　土壤肥力测定与分析	本章文献编号
第一节　土壤有机质测定与分析(重铬酸钾容量法)	[1-16]
第二节　土壤溶解性有机碳测定与分析(TOC 分析仪)	[1,4-5,8,16-18]
第三节　土壤全氮测定(半微量凯氏法)	[2-16,19]
第四节　土壤铵态氮测定(KCl 浸提-靛酚蓝比色分法)	[2-14]
第五节　土壤硝态氮测定(紫外分光光度法)	[2-16]
第六节　土壤全磷测定(氢氧化钠熔融-钼锑抗比色法)	[2-5,8-16,20]
第七节　土壤速效磷(有效磷)含量测定(碳酸氢钠浸提-钼锑抗比色法)	[3-14,18]
第八节　土壤全钾测定(氢氧化钠熔融-火焰光度法或原子吸收分光光度法)	[2-8,10-16]
第九节　土壤速效钾测定(乙酸铵浸提-火焰光度法或原子吸收分光光度法)	[2-8,10-16]

[1]文孝启.土壤有机质研究法[M].北京:农业出版社,1984.

[2]胡慧蓉,王艳霞.土壤学实验指导教程[M].北京:中国林业出版社,2020.

[3]林大仪.土壤学实验指导[M].北京:中国林业出版社,2004.

[4]胡学玉.环境土壤学实验与研究方法[M].武汉:中国地质大学出版社,2011.

[5]刘光崧.土壤理化分析与剖面描述[M].北京:中国标准出版社,1996.

[6]CARTER M R,GERGORICH E G.土壤采样与分析方法[M].李保国,李永涛,任图生,等,译.北京:电子工业出版社,2022.

[7]全国农业技术推广服务中心.土壤分析技术规范[M].2版.北京:中国农业出版社,2006.

[8]生态环境部土壤环境监测分析方法编委会.土壤环境监测分析方法[M].北京:中国环境出版集团,2019.

[9]鲍士旦.土壤农化分析[M].3版.北京:中国农业出版社,2000.

[10]南京农业大学.土壤农化分析[M].2版.北京:农业出版社,1996.

[11]乔胜英.土壤理化性质实验指导书[M].武汉:中国地质大学出版社,2012.

[12]鲁如坤.土壤农业化学分析方法[M].北京:中国农业科技出版社,2000.

[13]李酉开.土壤农业化学常规分析方法[M].北京:科学出版社,1983.

[14]劳家柽.土壤农化分析手册[M].北京:农业出版社,1988.

[15]种云霄.农业环境科学与技术实验教程[M].北京:化学工业出版社,2016.

[16]曾巧云.环境土壤学实验教程[M].北京:中国农业大学出版社,2022.

[17]李其胜,杨凯,蒋伟勤,等.有机(类)肥料对作物产量、土壤养分及土壤微生物多样性

的影响[J].江苏农业学报,2023,39(8):1772-1783.

[18]环境保护部.土壤有效磷的测定 碳酸氢钠浸提-钼锑抗分光光度法:HJ704—2014[S].北京:中国环境科学出版社,2014.

[19]环境保护部.土壤质量 全氮的测定 凯氏法:HJ717—2014[S].北京:中国环境科学出版社,2014.

[20]环境保护部.土壤 总磷的测定 碱熔-钼锑抗分光光度法:HJ632—2011[S].北京:科学出版社,2011.

第六章 土壤无机污染物测定与分析

第一节 土壤硫化物测定与分析(亚甲基蓝分光光度法)

硫化物指电正性较强的金属或非金属与硫形成的一类化合物。大多数金属硫化物都可看作氢硫酸的盐。由于氢硫酸是二元弱酸,因此硫化物可分为酸式盐(HS,氢硫化物)、正盐(S)和多硫化物(S_n,其中 $n=2\sim6$)3 类,如 NaHS(酸式)、FeS(正盐)、FeS_2(二硫化物)。

土壤的硫化物污染主要源自煤矿、金属矿在开采堆放过程中形成的高浓度酸性废水、造纸制革等行业废水外排以及农业含硫肥的过度施用和工业活动引起的酸沉降等,也存在于深层岩和动植物的腐败分解。硫化物在酸性条件下,转化成硫化氢,从介质中易散于空气中,产生臭味,且毒性较大。土壤中硫化物可与土壤中金属元素生成难溶性金属硫化物(如镉、铅、砷等),加重土壤重金属污染。土壤中的有机质还能将硫化物分解成 H_2S,H_2S 抑制植物根系生长,造成农作物减产,H_2S 的散逸还会对空气环境产生影响。此外,在土壤沉积环境中硫化物含量对耗氧速率产生很大影响,与生物量呈负相关关系。

一、实验目的与要求

(1)明确亚甲基蓝分光光度法测定土壤硫化物的基本原理。
(2)能独立使用分光光度计测定土壤硫化物,判定土壤硫化物污染程度。
(3)能对实验数据进行计算分析和制作规范图表,对现象和结果进行合理分析与解释。
(4)能从实验中挖掘课程思政元素,实现立德树人目标。

二、基本原理

土壤和沉积物中的硫化物经酸化生成硫化氢气体后,通过加热吹气或蒸馏装置将硫化氢吹出,用氢氧化钠溶液吸收,生成的 S^{2-} 在酸性溶液中 Fe^{3+} 存在条件下与 N,N-二甲基对苯二胺反应生成亚甲基蓝,于 665 nm 波长处测量其吸光度,硫化物含量与吸光度值呈正比例关系。

三、应用范围

本方法适用于各类土壤和沉积物中硫化物的测定。当取样量为 20 g 时,亚甲基蓝分光光度法检出限为 0.04 mg/kg,测定下限为 0.16 mg/kg。

四、主要仪器设备与材料

主要有分光光度计(具 10 mm 比色皿)、酸化-吹气-吸收装置(各连接管均采用硅胶管)(图 6-1)、酸化-蒸馏-吸收装置(图 6-2)、分析天平(感量为 0.01 g 和 0.1 mg)、采样瓶(200 mL 棕色具塞磨口玻璃瓶)、吸收管(100 mL 具塞比色管)、防爆玻璃珠等。

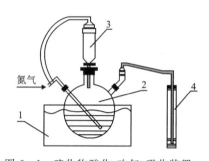

图 6-1 硫化物酸化-吹气-吸收装置
1.水浴;2.反应瓶;3.加酸分液漏斗;4.吸收管

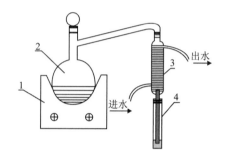

图 6-2 硫化物酸化-蒸馏-吸收装置
1.加热装置;2.蒸馏瓶;3.冷凝管;4.吸收管

五、试剂

(1) 浓硫酸:$\rho(H_2SO_4)=1.84$ g/mL,优级纯。

(2) 浓盐酸:$\rho(HCl)=1.19$ g/mL,优级纯。

(3) 氢氧化钠(NaOH):分析纯,粒状为宜。

(4) N,N-二甲基对苯二胺盐酸盐 $[NH_2C_6H_4N(CH_3)_2 \cdot 2HCl]$:分析纯。

(5) 硫酸铁铵 $[Fe(NH_4)(SO_4)_2 \cdot 12H_2O]$:分析纯。

(6) 可溶性淀粉 $[(C_6H_{10}O_5)_n]$:分析纯。

(7) 乙酸锌 $[Zn(CH_3COO)_2 \cdot 2H_2O]$:分析纯。

(8) 碘(I_2):分析纯。

(9) 碘化钾(KI):分析纯。

(10) 硫代硫酸钠($Na_2S_2O_3 \cdot 5H_2O$):分析纯。

(11) 无水碳酸钠(Na_2CO_3):分析纯。

(12) 硫化钠($Na_2S \cdot 9H_2O$):分析纯。

(13) 抗坏血酸($C_6H_8O_6$):分析纯。

(14) 乙二胺四乙酸二钠($C_{10}H_{14}O_8N_2Na_2 \cdot 2H_2O$):分析纯。

(15) 重铬酸钾($K_2Cr_2O_7$,基准试剂):取适量重铬酸钾于称量瓶中,于(105 ± 1)℃干燥 2 h,置于干燥器内冷却,备用。

(16) (1:5)硫酸溶液:量取 20 mL 浓硫酸缓慢注入 100 mL 水中,冷却。

(17) (1:1)盐酸溶液:量取 250 mL 浓盐酸缓慢注入 250 mL 水中,冷却。

(18) 抗氧化剂溶液:称取 2.0 g 抗坏血酸、0.1 g 乙二胺四乙酸二钠、0.5 g 氢氧化钠,溶于 100 mL 水中,摇匀并储于棕色试剂瓶中。临用现配。

(19) 10 g/L 氢氧化钠溶液:称取 10.0 g 氢氧化钠溶于 1000 mL 水中,摇匀。

(20)2 g/L N,N-二甲基对苯二胺溶液[$NH_2C_6H_4N(CH_3)_2 \cdot 2HCl$]：称取2.0 g N,N-二甲基对苯二胺盐酸盐溶于700 mL水中，缓慢加入200 mL浓硫酸,冷却后用水稀释至1000 mL，摇匀。此溶液室温下储存于密闭的棕色瓶内,可稳定3个月。

(21)100 g/L硫酸铁铵溶液[$Fe(NH_4)(SO_4)_2$]：称取25.0 g硫酸铁铵溶于100 mL水中,缓缓加入5.0 mL浓硫酸,冷却后用水稀释至250 mL,摇匀。溶液如出现不溶物,应过滤后使用。

(22)10 g/L淀粉溶液[$(C_6H_{10}O_5)_n$]：称取1.0 g可溶性淀粉,用少量水调成糊状,慢慢倒入50 mL沸水,继续煮沸至溶液澄清,定容至100 mL,冷却后储存于试剂瓶中。临用现配。

(23)乙酸锌溶液：$\rho[Zn(CH_3COO)_2]=1$ g/L,称取1.20 g乙酸锌,溶于少量水中,稀释至1000 mL。

(24)重铬酸钾标准溶液：$c(1/6 K_2Cr_2O_7)=0.1000$ mol/L,准确称取4.9032 g重铬酸钾溶于100 mL水中,转移至1000 mL容量瓶,稀释至标线,摇匀,可保存一年。

(25)0.01 mol/L碘标准溶液：$c(1/2\ I_2) \approx 0.01$ mol/L,准确称取1.27 g碘溶于100 mL水中,再加入10.0 g碘化钾,溶解后转移至1000 mL棕色容量瓶,稀释至标线,摇匀。临用现配。

(26)硫代硫酸钠标准溶液：$(Na_2S_2O_3) \approx 0.1$ mol/L,称取24.8 g硫代硫酸钠溶于100 mL水中,再加入1.0 g无水碳酸钠,溶解后转移至1000 mL棕色容量瓶,用水稀释至标线,摇匀。储于棕色玻璃试剂瓶中,避光可保存6个月。临用现标。如溶液出现浑浊,须过滤后标定使用,也可直接购买市售有证标准物质。

标定方法：在250 mL碘量瓶中,依次加入1.0 g碘化钾、50 mL水和10.00 mL重铬酸钾标准溶液,振摇至完全溶解后,再加入5.0 mL(1:5)硫酸溶液,立即密塞摇匀,于暗处放置5 min。取出后,用待标定的硫代硫酸钠标准溶液滴定至溶液呈淡黄色时,加1 mL淀粉溶液,继续滴定至蓝色刚好消失,记录硫代硫酸钠标准溶液的用量。同时用10.00 mL水代替重铬酸钾标准溶液进行空白滴定。硫代硫酸钠标准溶液的浓度计算公式为

$$C(Na_2S_2O_3)=\frac{0.1000 \times 10.00}{V_1-V_0} \qquad (6-1)$$

式中:$C(Na_2S_2O_3)$为硫代硫酸钠标准溶液浓度(mol/L);0.1000为重铬酸钾标准溶液浓度(mol/L);10.00为重铬酸钾标准溶液体积(mL);V_1为滴定重铬酸钾标准溶液消耗硫代硫酸钠标准溶液的体积(mL);V_0为滴定空白溶液消耗硫代硫酸钠标准溶液的体积(mL)。

(27)0.01 mol/L硫代硫酸钠标准滴定溶液：准确吸取10.00 mL硫代硫酸钠标准溶液于100 mL棕色容量瓶中,稀释至标线,摇匀。临用现配。

(28)100 mol/L硫化物标准储备液：取一定量硫化钠于布氏漏斗中,用水淋洗去除表面杂质,用干滤纸吸去水分后,称取0.75 g于100 mL水中溶解,用中速定量滤纸过滤至1000 mL棕色容量瓶中定容。临用现标。

标定方法：在250 mL碘量瓶中,依次加入10.0 mL氢氧化钠溶液、10.00 mL待标定的硫化物标准储备液、20.00 mL碘标准溶液,用水稀释至约60 mL,加入5.0 mL硫酸溶液,立即密塞摇匀,于暗处放置5 min。取出后,用硫代硫酸钠标准滴定溶液滴定至溶液呈淡黄色时,加1 mL淀粉溶液,继续滴定至蓝色刚好消失,记录硫代硫酸钠标准滴定溶液的用量。同时用

10.00 mL 水代替待标定的硫化物标准储备液进行空白试验。硫化物标准储备液的浓度计算公式为

$$\rho(S^{2-}) = \frac{(V_1 - V_0) \times C(Na_2S_2O_3) \times 16.03 \times 1000}{10.00} \qquad (6-2)$$

式中：$\rho(S^{2-})$ 为硫化物标准储备液的浓度（mg/L）；V_1 为滴定硫化物标准储备液消耗硫代硫酸钠标准液的体积（mL）；V_0 为滴定空白溶液消耗硫代硫酸钠标准滴定溶液的体积（mL）；$C(Na_2S_2O_3)$ 为硫代硫酸钠标准滴定溶液的浓度（mol/L）；16.03 为硫化物（1/2S^{2-}）的摩尔质量（g/mol）；10.00 为待标定的硫化物标准储备液体积（mL）。

硫化物标准储备液也可直接购买市售有证标准物质，或使用气体发生装置制备，制备方法为：按图 6-3 连接装置，从瓶 1 通入氮气，吹气 5 min 后，将 0.25 g 硫化钠投入瓶 1 中，迅速盖塞，调节氮气流速，以每秒 2 个气泡的速度通氮气约 5 min，待瓶 3 中的溶液呈微浑浊（生成硫化锌胶体溶液）时，停止通气，用中速定量滤纸将该溶液过滤至 250 mL 棕色试剂瓶中，标定后使用。此硫化锌胶体溶液储于冷暗处可稳定 3～7 d。

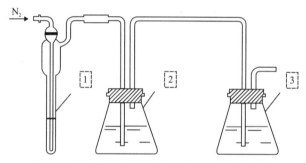

6-3 气体发生法制备硫化物标准储备液装置

1.硫化氢发生器，内装 10 mL（1∶1）盐酸溶液；2.洗气瓶，内装 200 mL 水；3.硫化锌胶体溶液生成器，内装 200 mL 乙酸锌溶液

（29）硫化物标准使用液：$\rho(S^{2-}) = 10.00$ mg/L，移取一定量新标定的硫化物标准储备液到已加入 2.0 mL 氢氧化钠溶液和 80 mL 水的 100 mL 棕色容量瓶中，用水定容，配制成含硫离子浓度为 10.00 mg/L 的硫化物标准使用液。临用现配。

（30）石英砂：粒径 0.841～0.297 mm。

（31）氮气：纯度≥99.99%。

六、实验步骤

1. 样品的采集与保存

按照实验要求采集土壤样品，采集后的样品应充满容器，并密封储存于棕色具塞磨口玻璃瓶中，24 h 内测定。也可 4℃冷藏保存，3 d 内测定。或加入氢氧化钠溶液进行固定，土壤样品应使样品表层全部浸润，沉积物样品应保证样品上部形成碱性水封，4 d 内测定。

2. 样品干物质含量和含水率的测定

在样品测定的同时，在（105±2℃）干燥测定土壤样品的含水量。

3. 试样的制备

(1) 吹气式试样的制备：称取 20 g 样品（若硫化物浓度高，可酌情少取样品，精确到 0.01 g），转移至 500 mL 反应瓶中，加入 100 mL 水，再加入 5.0 mL 抗氧化剂溶液，轻轻摇动。量取 10.0 mL 氢氧化钠溶液于 100 mL 具塞比色管中作为吸收液，导气管下端插入吸收液液面下，以保证吸收完全。连接好酸化-吹气-吸收装置，将水浴温度升至 100 ℃后，开启氮气，调整氮气流量至 300 mL/min，通氮气 5 min，以除去反应体系中的氧气。关闭分液漏斗活塞，向分液漏斗中加入 20 mL（1∶1）盐酸溶液，打开活塞将酸缓慢注入反应瓶中，将反应瓶放入水浴中，维持氮气流量为 300 mL/min。30 min 后停止加热，调节氮气流量至 600 mL/min 吹气 5 min 后关闭氮气。用少量水冲洗导气管，并入吸收液中，待测。

(2) 蒸馏式试样的制备：称取 20 g 样品（若硫化物浓度高，可酌情少取样品，精确到 0.01 g），转移至 500 mL 蒸馏瓶中，加入 100 mL 水，再加入 5.0 mL 抗氧化剂溶液，轻轻摇动，并加数粒防爆玻璃珠。量取 10.0 mL 氢氧化钠溶液于 100 mL 具塞比色管中作为吸收液，馏出液导管下端要插入吸收液液面下，以保证吸收完全。向蒸馏瓶中加入 20 mL（1∶1）盐酸溶液，并立即盖紧塞子，打开冷凝水，开启加热装置，以 2~4 mL/min 的馏出速度进行蒸馏。当比色管中的溶液达到约 60 mL 时停止蒸馏。用少量水冲洗馏出液导管，并入吸收液中，待测。注意：试样制备过程中，应保持吹气或蒸馏装置的气密性，避免发生漏气。若发生漏气则需重新取样。

(3) 空白试样的制备：用石英砂代替实际样品制备。

(4) 标准曲线的绘制：取 6 支 100 mL 具塞比色管，各加 10.0 mL 氢氧化钠溶液，分别取 0.00 mL、0.50 mL、1.00 mL、3.00 mL、5.00 mL 和 7.00 mL 硫化物标准使用液移入各比色管，加水至约 60 mL，沿比色管壁缓慢加入 10.0 mL N,N-二甲基对苯二胺溶液，立即密塞并缓慢倒转一次，开小口沿壁加入 1.0 mL 硫酸铁铵溶液，立即密塞并充分摇匀。放置 10 min 后，用水稀释至标线，摇匀。使用 10 mm 比色皿，以水作参比，在波长 665 nm 处测量吸光度。以硫化物含量（μg）为横坐标，以相应的减空白后的吸光度值为纵坐标，绘制标准曲线。注意：显色时，N,N-二甲基对苯二胺溶液和硫酸铁铵溶液均应沿比色管壁缓慢加入，然后迅速密塞混匀，避免硫化氢逸出损失。

(5) 试样的测定：①吹气式试样的测定，取下比色管，加水至约 60 mL，测定试样吸光度；②蒸馏式试样的测定，取下比色管，按照标准曲线的方法测定试样吸光度。

(6) 空白试样的测定：按照试样测定方法进行空白试样的测定。

七、结果计算

1. 土壤样品的结果计算

土壤中硫化物的含量 ω_1（mg/kg）计算公式为

$$\omega_1 = \frac{A - A_0 - a}{b \times m \times W_{dm}} \tag{6-3}$$

式中：ω_1 为土壤中硫化物的含量（mg/kg）；A 为试样的吸光度；A_0 为空白试样的吸光度；a 为标

准曲线的截距;b 为标准曲线的斜率;m 为称取土壤样品的质量(g);W_{dm} 为土壤样品的干物质含量(%)。

2. 沉积物样品的结果计算

沉积物中硫化物的含量 ω_2(mg/kg)计算公式为

$$\omega_2 = \frac{A - A_0 - a}{b \times m \times (1-w)} \quad (6-4)$$

式中:ω_2 为沉积物中硫化物的含量(mg/kg);A 为试样的吸光度;A_0 为空白试样的吸光度;a 为标准曲线的截距;b 为标准曲线的斜率;m 为称取沉积物样品的质量(g);w 为沉积物样品的含水率(%)。

八、注意事项

(1)实验中所使用的硫酸、盐酸、N,N-二甲基对苯二胺盐酸盐等均具有一定的腐蚀性,操作时应按规定要求佩戴防护器具,避免与这些化学品的直接接触,样品前处理过程应在通风橱中操作。

(2)采集的土壤样品应充满容器,并密封储存于棕色具塞磨口玻璃瓶中,24 h 内测定。也可 4 ℃冷藏保存,3 d 内测定。或加入氢氧化钠溶液进行固定,土壤样品应使样品表层全部浸润,4 d 内测定。

(3)氢氧化钠溶液作为吸收液,导气管下端插入吸收液液面下,以保证吸收完全。

(4)如样品中硫化物含量较高,可适当减少土壤样品量或对试样吸收液稀释后进行测定。

(5)显色时,N,N-二甲基对苯二胺溶液和硫酸铁铵溶液均应沿比色管壁缓慢加入,然后迅速密塞混匀,避免硫化氢逸出损失。

(6)试样制备过程中,应保持吹气或蒸馏装置的气密性,避免发生漏气。若发生漏气则需重新取样。

九、实验设计与研究探索

土壤硫化物污染主要源自煤矿、金属矿在开采堆放过程中形成的高浓度酸性废水,造纸制革等行业废水外排,含硫农肥的过度施用,工业活动引起的酸沉降等,也存在于深层岩和动植物的腐败分解。此外,不同实验条件(如加热温度、蒸馏速度等)对土壤硫化物测定也有较大影响。为此,可以探索不同污染源、不同土层深度以及不同实验条件对土壤硫化物含量的影响,并通过查阅教材和文献资料探究可能的原因。

(1)不同硫化物污染源对土壤硫化物污染程度的影响:分别测定不同污染源、不同土层深度的土壤硫化物含量,分析不同污染源造成硫化物污染的差异和污染特征,并加以解释。

(2)不同加热温度和蒸馏速度对土壤硫化物的影响:电炉温度分别设定为低、中、高档,馏出液以 2 mL/min、3 mL/min、4 mL/min 速度进行加热蒸馏,分别测定馏出液硫化物含量并加以分析。

十、思考题

(1)在土壤硫化物测定取样时,为什么采集土壤样品应充满容器,并密封储存于棕色具塞磨口玻璃瓶中?

(2)为什么在蒸馏过程中一定要时刻检查蒸馏装置的气密性?

(3)蒸馏时,馏出液导管下端为什么务必要插入吸收液液面下?

(4)结合标准工作曲线工作原理分析,在土壤样品中硫化物含量较高的情况下,为什么要减少样品量或对吸收液进行稀释后再测定?

第二节 土壤氰化物和总氰化物测定

氰化物是一种重要的基本化工原料,具有毒性强烈、作用迅速的特性,被广泛应用于机械、电镀、冶金、合成、印染等行业,伴随氰化物大规模应用而带来的土壤氰化物污染问题已成为当今社会关注的重大问题,超过土壤净化能力的氰化物在土壤中残留、蓄积和运移,成为环境的二次污染源,对水体、粮食生产及人类健康存在潜在危害。土壤中的氰化物可以通过光解作用、地表径流和地下渗漏、降解代谢、挥发等方式进入其他环境体系中,或在土壤中残留蓄积。目前已知有许多种细菌、真菌对氰化物具有降解能力,但已有研究表明,污染土壤中的氰化物自然降解速率远慢于在天然水体中的降解速率,细小土壤或尾矿砂颗粒相互间的紧密结合造成的缺氧环境限制了氰化物的某些自然降解过程,导致黏质土壤层中氰化物高度富集;在表层细粉沙状土壤中,干旱、半干旱气候条件下剖面中的氰化物可在土壤表面盐壳中高度富集,其运移行为类似于土壤中易溶盐的迁移行为。因此,土壤中氰化物含量的测定分析是土壤污染治理和修复的基础与关键。

一、实验目的与要求

(1)明确分光光度法测定土壤氰化物和总氰化物的基本原理。

(2)能独立使用分光光度计测定土壤氰化物和总氰化物,判定土壤氰化物污染程度。

(3)能对实验数据进行计算分析和制作规范图表,对现象和结果进行合理分析与解释。

(4)能从实验中挖掘课程思政元素,实现立德树人目标。

二、基本原理

采用异烟酸-巴比妥酸分光光度法或异烟酸-吡唑啉酮分光光度法,试样中的氰离子在弱酸性条件下与氯胺T反应生成氯化氰,然后与异烟酸反应,经水解后生成戊烯二醛,最后与巴比妥酸(或吡唑啉酮)反应生成紫蓝色化合物(或蓝色染料),该物质在600 nm(或638 nm)波长处有最大吸收。

三、应用范围

本方法适用于各类土壤氰化物和总氰化物的测定。当样品量为10 g,异烟酸-巴比妥酸分光光度法的检出限为 0.01 mg/kg,测定下限为 0.04 mg/kg;异烟酸-吡唑啉酮分光光度法的检出限为 0.04 mg/kg,测定下限为 0.16 mg/kg。

四、主要仪器设备与材料

主要有分析天平(0.01 g)、分光光度计、恒温水浴装置、电炉、500 mL 全玻璃蒸馏器(图 6-4)、接收瓶(100 mL 容量瓶)、25 mL 具塞比色管、250 mL 量筒等。

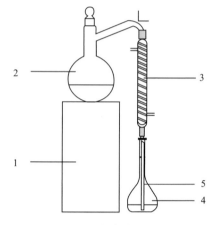

图 6-4 全玻璃蒸馏器
1.可调电炉;2.蒸馏瓶;3.冷凝管;
4.接收瓶;5.馏出液导管

五、试剂

(1)150 g/L 酒石酸溶液:称取 15.0 g 酒石酸($C_4H_6O_6$)溶于水中,稀释至 100 mL,摇匀。

(2)100 g/L 硝酸锌溶液:称取 10.0 g 硝酸锌[$Zn(NO_3)_2 \cdot 6H_2O$]溶于水中,稀释至 100 mL,摇匀。

(3)1.69 g/mL 磷酸:市售溶液试剂。

(4)1.19 g/mL 盐酸:市售溶液试剂。

(5)1 mol/L 盐酸溶液:量取 83 mL 浓盐酸缓慢注入水中,放冷后稀释至 1000 mL。

(6)50 g/L 氯化亚锡溶液:称取 5.0 g 二水合氯化亚锡($SnCl_2 \cdot 2H_2O$)溶于 40 mL 1 mol/L 盐酸溶液中,用水稀释至 100 mL,临用现配。

(7)200 g/L 硫酸铜溶液:称取 200 g $CuSO_4 \cdot 5H_2O$ 溶于水中,稀释至 1000 mL,摇匀。

(8)100 g/L 氢氧化钠溶液:称取 100 g NaOH 溶于水中,稀释至 1000 mL,摇匀后储于聚乙烯容器。

(9)10 g/L 氢氧化钠溶液:称取 10.0 g NaOH 溶于水中,稀释至 1000 mL,摇匀后储于聚乙烯容器。

(10)15 g/L 氢氧化钠溶液:称取 15.0 g NaOH 溶于水中,稀释至 1000 mL,摇匀后储于聚乙烯容器中。

(11)10 g/L 氯胺 T($C_7H_7ClNNaO_2S \cdot 3H_2O$)溶液:称取 1.0 g 氯胺 T 溶于水中,稀释至 100 mL,摇匀后储于棕色瓶中,临用现配。

(12)磷酸二氢钾溶液(pH=4):称取 136.1 g 无水磷酸二氢钾溶于水中,加入 2.0 mL 冰乙酸,用水稀释至 1000 mL,摇匀。

(13)异烟酸-巴比妥酸显色剂:称取 2.50 g 异烟酸($C_6H_6NO_2$)和 1.25 g 巴比妥酸($C_4H_4N_2O_3$)溶于 100 mL 15 g/L 氢氧化钠溶液中,摇匀。临用现配。

(14)20 g/L 氢氧化钠溶液:称取 20.0 g 氢氧化钠溶于水中,稀释至 1000 mL,摇匀后储于聚乙烯容器中。

(15)磷酸盐缓冲溶液(pH=7):称取 34.0 g 无水磷酸二氢钾和 35.5 g 无水磷酸氢二钠溶于水中,稀释至 1000 mL,摇匀。

(16)异烟酸-吡唑啉酮显色剂:称取 1.5 g 异烟酸($C_6H_6NO_2$)溶于 25 mL 20 g/L 氢氧化钠溶液中,加水稀释定容至 100 mL,得到异烟酸溶液。称取 0.25 g 吡唑啉酮(3-甲基-1-苯基-5-吡唑啉酮,$C_{10}H_{10}ON_2$)溶于 20 mL N,N-二甲基甲酰胺[$HCON(CH_3)_2$]中得到吡唑啉酮溶液。将吡唑啉酮溶液和异烟酸溶液按体积比 1∶5 混合可得异烟酸-吡唑啉酮显色剂。临用现配。注意:异烟酸配成溶液后如呈现明显淡黄色,使空白值增高,可过滤。实验中以选用无色的 N,N-二甲基甲酰胺为宜。

(17)50 μg/mL 氰化钾标准储备溶液:吸取 12.5 mg 氰化钾(KCN)于 100 mL 棕色容量瓶中,溶于 1 g/L 氢氧化钠溶液并稀释至标线,摇匀后避光储存于棕色瓶中,2~8 ℃冷藏可稳定 2 个月。注意:KCN 剧毒,避免尘土的吸入或与固体或溶液接触。

(18)0.500 μg/mL 氰化钾标准使用溶液:吸取 10.00 mL 氰化钾标准储备液于 1000 mL 棕色容量瓶中,用 10 g/L 氢氧化钠溶液稀释至标线,摇匀。临用现配。

六、实验步骤

1. 采集与保存

采集土样后用可密封的聚乙烯或玻璃容器在 4 ℃左右冷藏保存,样品要充满容器,并在采集后 48 h 内完成样品分析。

2. 样品称量

称取约 10 g(精确到 0.01 g)干重的样品于称量纸上,略微裹紧后移入蒸馏瓶。另称取样品进行土壤含水量的测定。注意:如样品中氰化物含量较高,可适当减少样品称量或对吸收液稀释后进行测定。

3. 氰化物试样制备

参照图 6-4 连接全玻璃蒸馏装置,打开冷凝水,在接收瓶中加入 10 mL 10 g/L 氢氧化钠溶液作为吸收液。在加入试样后的蒸馏瓶中依次加 200 mL 水、3.0 mL 100 g/L 氢氧化钠溶液和 10 mL 硝酸锌溶液,摇匀,迅速加入 5.0 mL 酒石酸溶液,立即盖塞。打开电炉,由低档逐渐升高,馏出液以 2~4 mL/min 速度进行加热蒸馏。接收瓶内试样近 100 mL 时,停止蒸馏,用少量水冲洗馏出液导管后取出接收瓶,用水定容(V_1),此为试样 A。

4. 总氰化物试样制备

参照图 6-4 连接全玻璃蒸馏装置,打开冷凝水,在接收瓶中加入 10 mL 10 g/L 氢氧化钠溶液作为吸收液。在加入试样后的蒸馏瓶中依次加 200 mL 水、3.0 mL 100 g/L 氢氧化钠溶液、2.0 mL 氯化亚锡溶液和 10 mL 硫酸铜溶液,摇匀,迅速加入 10 mL 磷酸,立即盖塞。打开电炉,由低档逐渐升高,馏出液以 2~4 mL/min 速度进行加热蒸馏。接收瓶内试样近 100 mL 时,停止蒸馏,用少量水冲洗馏出液导管后取出接收瓶,用水定容(V_1),此为试样 A。

注意:如在试样制备过程中,蒸馏或吸收装置发生漏气导致氰化氢挥发,将使氰化物分析产生误差且污染实验室环境,所以在蒸馏过程中一定要时刻检查蒸馏装置的气密性。蒸馏时,馏出液导管下端务必要插入吸收液液面下,使氰化氢吸收完全。

5. 空白试样制备

蒸馏瓶中只加 200 mL 水和 3.0 mL 100 g/L 氢氧化钠溶液,按步骤 3 或步骤 4 操作,得到空白试验试样 B。

6. 校准曲线绘制

(1) 异烟酸-巴比妥酸分光光度法:取 6 支 25 mL 具塞比色管,分别加入 0 mL、0.10 mL、0.50 mL、1.50 mL、4.00 mL 和 10.00 mL 氰化钾标准使用溶液,再加入 10 g/L 氢氧化钠溶液至 10 mL。标准系列溶液中氰离子的含量分别为 0 μg、0.05 μg、0.25 μg、0.75 μg、2.00 μg、5.00 μg。向各管中加入 5.0 mL 磷酸二氢钾溶液,混匀,迅速加入 0.30 mL 氯胺 T 溶液,立即盖塞,混匀,放置 1~2 min。向各管中加入 6.0 mL 异烟酸-巴比妥酸显色剂,加水稀释至标线,摇匀,于 25 ℃ 显色 15 min(15 ℃ 显色 25 min,30 ℃ 显色 10 min)。使用 10 mm 比色皿,以水作参比,分光光度计在 600 nm 波长下测定吸光度。以氰离子的含量(μg)为横坐标,以扣除试剂空白后的吸光度为纵坐标,绘制校准曲线。

(2) 异烟酸-吡唑啉酮分光光度法:取 6 支 25 mL 具塞比色管,分别加入 0 mL、0.10 mL、0.50 mL、1.50 mL、4.00 mL 和 10.00 mL 氰化钾标准使用溶液,再加入 10 g/L 氢氧化钠溶液至 10 mL。标准系列溶液中氰离子的含量分别为 0 μg、0.05 μg、0.25 μg、0.75 μg、2.00 μg、5.00 μg。向各管中加入 5.0 mL 磷酸盐缓冲溶液,混匀,迅速加入 0.20 mL 氯胺 T 溶液,立即盖塞,混匀,放置 1~2 min。向各管中加入 5.0 mL 异烟酸-吡唑啉酮显色剂,加水稀释至标线,摇匀,于 25~35 ℃ 的水浴装置中显色 40 min。使用 10 mm 比色皿,以水作参比,分光光度计在 638 nm 波长下测定吸光度。以氰离子的含量(μg)为横坐标,以扣除试剂空白后的吸光度为纵坐标,绘制校准曲线。

注意:氰化氢易挥发,因此在异烟酸-巴比妥酸分光光度法或异烟酸-吡唑啉酮分光光度法提取氰化氢过程的每一步操作都要迅速,并随时盖紧瓶塞。

(3) 试样的测定:吸取 10.0 mL 试样 A 于 25 mL 具塞比色管中,按异烟酸-巴比妥酸分光光度法或异烟酸-吡唑啉酮分光光度法进行操作。

(4) 空白试样试验:吸取 10.0 mL 空白试样 B 于 25 mL 具塞比色管中,按异烟酸-巴比妥酸分光光度法或异烟酸-吡唑啉酮分光光度法进行操作。

七、结果计算

氰化物或总氰化物含量 ω(mg/kg),以氰离子(CN^-)计,计算公式为

$$\omega = \frac{(A - A_0 - a) \times V_1}{b \times m \times W_{dm} \times V_2} \tag{6-5}$$

式中:ω 为氰化物或总氰化物(105 ℃ 干重)的含量(mg/kg);A 为试样 A 的吸光度;A_0 为空白试样 B 的吸光度;a 为校准曲线截距;b 为校准曲线斜率;V_1 为试样 A 的总体积(mL);V_2 为测试用试样 A 的体积(mL);m 为称取的样品质量(g);W_{dm} 为土壤样品中干物质含量(%)。

八、注意事项

(1) 异烟酸配成溶液后如呈现明显淡黄色,使空白值增高,可过滤。实验中以选用无色的

N,N-二甲基甲酰胺为宜。

(2) KCN 剧毒,避免尘土的吸入或与固体或溶液接触。

(3) 如样品中氰化物含量较高,可适当减少样品称量或对吸收液(试样A)稀释后进行测定。

(4) 如在试样制备过程中,蒸馏或吸收装置发生漏气导致氰化氢挥发,将使氰化物分析产生误差且污染实验室环境,所以在蒸馏过程中一定要时刻检查蒸馏装置的气密性。蒸馏时,馏出液导管下端务必要插入吸收液液面下,使氰化氢吸收完全。

(5) 铁氰化钾和碘化钾的反应是可逆的,只有在含有锌盐的微酸性溶液中,生成亚铁氰化锌沉淀后,反应才能定量;在滴定时,必须严格控制酸度,反应液只能呈微酸性(几乎接近中性),如稍偏碱,就有次硫酸盐生成,影响标定结果。

(6) 氰化氢易挥发,因此在异烟酸-巴比妥酸分光光度法或异烟酸-吡唑啉酮分光光度法提取氰化氢过程的每一步操作都要迅速,并随时盖紧瓶塞。

九、实验设计与研究探索

由于成土因素差异和主导成土过程不同,不同土壤发生层次中土壤氰化物含量差异较大;不同氰化物污染源造成的土壤污染程度也不一样;此外,不同实验条件(如加热温度、蒸馏速度等)对土壤氰化物测定也有较大影响。为此,可以探索同一土壤剖面不同土壤发生层、不同蒸馏温度以及不同污染源不同土层深度对土壤氰化物含量的影响,并通过查阅教材和文献资料探究可能的原因。

(1) 不同土壤发生层对土壤氰化物含量的影响:分别测定土壤剖面各发生层次土壤氰化物含量,分析土壤剖面各发生层次氰化物含量的变化规律,并加以解释。

(2) 不同蒸馏温度对土壤氰化物含量的影响:电炉温度分别设定为低、中、高档,馏出液以 2 mL/min、3 mL/min、4 mL/min 速度进行加热蒸馏,分别测定馏出液氰化物含量并加以分析。

(3) 不同污染源不同土层深度土壤氰化物分布特征及污染程度分析:采集不同污染源不同土层深度的土样,分析土壤氰化物含量,分析不同污染源氰化物污染程度及氰化物浓度随土层深度变化规律,并加以分析解释。

十、思考题

(1) 为什么在异烟酸-巴比妥酸分光光度法或异烟酸-吡唑啉酮分光光度法提取氰化氢过程的每一步操作都要迅速,并随时盖紧瓶塞?

(2) 为什么在蒸馏过程中一定要时刻检查蒸馏装置的气密性?

(3) 蒸馏时,馏出液导管下端为什么务必要插入吸收液液面下?

(4) 结合标准工作曲线工作原理分析,在样品中氰化物含量较高的情况下,为什么要减少样品称量或对吸收液(试样A)稀释后进行测定?

第三节 土壤铜、锌、铅、镍、铬总量测定

土壤重金属污染是指土壤中重金属元素含量明显高于其自然背景值,并造成生态破坏和

环境质量恶化的现象。重金属元素在化学中一般定义为相对密度等于或大于5.0的金属,包括Fe、Mn、Cu、Zn、Cd、Hg、Ni、Co等45种元素。As是一种类金属,但由于其很多性质和环境行为都与重金属元素类似,所以也将它归入重金属元素。一般来说,引起土壤重金属污染的元素主要包括Cu、Zn、Ni、Pb、Cr、Cd、Hg、As共8种元素。

土壤重金属污染的危害不仅仅取决于重金属在土壤中的总量,还取决于其存在形态和各形态所占的比例,其中重金属元素以水溶态、交换态的活性毒性最大,残存态的活性毒性最小。离子交换态的重金属在土壤环境中活性大毒性强,易被植物吸收,也易被植物吸附、淋失或发生反应转为其他形态。如Cr^{6+}在土壤中很稳定,其毒害程度为易被土壤吸附的Cr^{3+}的100倍以上,甲基汞要比Hg的其他形态毒性强。由于重金属元素本身所具有的特点和土壤环境的多介质、多界面、多组分以及非均一性等特点,决定了土壤重金属污染具有以下特点:隐蔽性和滞后性,不可逆性和长期性,区域性和严重性,治理难且周期长。由于重金属能进入所有生态系统中,释放到大气圈、陆地圈、生物圈和水圈,对植物、动物和人类造成严重影响,特别是重金属能在土壤和有机体中富集,在食物链中产生不可预见的结果。为此,检测土壤中重金属的含量及其存在形态对于土壤重金属污染现状调查和污染治理与修复意义重大。

在土壤重金属检测中,土壤前处理过程是一个非常关键的步骤。在整个检测分析过程中,大概有60%的分析误差来源于土壤样品前处理。土壤前处理方法主要包括干灰法、湿法消解法和微波消解法。由于湿法消解条件简单、易于操作,是目前实验室较常用的测定土壤重金属总量的前处理方法。湿法消解土壤样品可以采用电热板或石墨消解仪,其中电热板法作为湿法消解最经典的方式,一直有着举足轻重的作用。本实验采用《土壤和沉积物铜、锌、铅、镍、铬的测定火焰原子吸收分光光度法》(HJ 491—2019)中的电热板加热-火焰原子吸收分光光度法测定土壤中铜、锌、铅、镍、铬的总量。

一、实验目的与要求

(1)理解电热板加热-火焰原子吸收分光光度法测定土壤铜、锌、铅、镍、铬总量的基本原理。

(2)能独立完成土壤铜、锌、铅、镍、铬总量测定的每个实验步骤,能分析评价土壤铜、锌、铅、镍、铬的污染程度。

(3)能对实验数据进行计算分析和制作规范图表,对现象和结果进行合理分析与解释。

(4)能从实验中挖掘课程思政元素,实现立德树人目标。

二、基本原理

湿法消解一般采用$HCl+HNO_3+HF+HClO_4$体系,其原理是:在高温下,HCl能与许多金属氧化物、硅酸盐反应,生成可溶性的盐酸盐;HNO_3是一种强氧化剂,能使土壤中重金属元素释放,成为可溶性的硝酸盐;HF能够破坏土壤矿物晶格,使待测元素全部进入试液,但HF对玻璃器皿和仪器都具有很强的腐蚀性,因此消解完成后还要进行赶酸处理;$HClO_4$具有极强的氧化性,不仅能形成金属反应,还能氧化土壤中较难分解的有机物,但需要注意的是

$HClO_4$ 不宜在密闭的条件下使用,容易发生爆炸。

原子吸收光谱法又称原子吸收分光光度分析法,其基本原理是从空心阴极灯或光源中发射出一束特定波长的入射光,通过原子化器中待测元素的原子蒸汽时,部分被吸收,透过的部分经分光系统和检测系统即可测得该特征谱线被吸收的程度即吸光度,根据吸光度与该元素的原子浓度呈线性关系,即可求出待测物的含量。

三、应用范围

本方法适用于各类土壤和沉积物中铜、锌、铅、镍和铬的测定。当取样量为 0.2 g、消解后定容体积为 25 mL 时,铜、锌、铅、镍和铬的方法检出限分别为 1 mg/kg、1 mg/kg、10 mg/kg、3 mg/kg 和 4 mg/kg,测定下限分别为 4 mg/kg、4 mg/kg、40 mg/kg、12 mg/kg 和 16 mg/kg。

四、主要仪器设备与材料

主要有火焰原子吸收分光光度计,铜、锌、铅、镍和铬元素锐线光源或连续光源,温控电热板,分析天平(感量为 0.000 1 g),聚四氟乙烯坩埚(50 mL),塑料瓶,烧杯,小漏斗,250 mL 分液漏斗,三角瓶,1 L 容量瓶等。

五、试剂

(1) 硝酸:$\rho(HNO_3)=1.42$ g/mL,优级纯。

(2) 盐酸:$\rho(HCl)=1.19$ g/mL,优级纯。

(3) 氢氟酸:$\rho(HF)=1.49$ g/mL,优级纯。

(4) 高氯酸:$\rho(HClO_4)=1.48$ g/mL,优级纯。

(5) 金属铜、铅、锌、镍、铬:光谱纯。

(6) (1∶1)盐酸溶液:浓盐酸与等体积水混合。

(7) (1∶1)硝酸溶液:浓硝酸与等体积水混合。

(8) (1∶99)硝酸溶液:浓硝酸与水按体积比 1∶99 混合。

(9) 1000 g/L 铜标准储备液:称取 1.000 g 光谱纯金属铜,用 30 mL(1∶1)硝酸溶液加热溶解,冷却后,用高纯水定容至 1 L,储存于聚乙烯瓶中,4 ℃冷藏保存,有效期 2 年。亦可购买市售有证标准物质。

(10) 1000 mg/L 锌标准储备液:称取 1.000 g 光谱纯金属锌,用 40 mL(1∶1)盐酸溶液加热溶解,冷却后,用高纯水定容至 1 L,储存于聚乙烯瓶中,4 ℃冷藏保存,有效期 2 年。亦可购买市售有证标准物质。

(11) 1000 mg/L 铅标准储备液:称取 1.000 g 光谱纯金属铅,用 30 mL(1∶1)硝酸溶液加热溶解,冷却后,用高纯水定容至 1 L,储存于聚乙烯瓶中,4 ℃冷藏保存,有效期 2 年。亦可购买市售有证标准物质。

(12) 1000 mg/L 镍标准储备液:称取 1.000 g 光谱纯金属镍,用 30 mL(1∶1)硝酸溶液加热溶解,冷却后,用高纯水定容至 1 L,储存于聚乙烯瓶中,4 ℃冷藏保存,有效期 2 年。亦可购买市售有证标准物质。

(13) 1000 mg/L 铬标准储备液:称取 1.000 g 光谱纯金属铬,用 30 mL(1∶1)盐酸溶液加热溶解,冷却后,用高纯水定容至 1 L,储存于聚乙烯瓶中,4 ℃冷藏保存,有效期 2 年。亦可购买市售有证标准物质。

(14) 100 mg/L 铜标准使用液:准确移取 10.00 mL 铜标准储备液于 100 mL 容量瓶中,用(1∶99)硝酸溶液定容至标线,摇匀,储存于聚乙烯瓶中,4 ℃冷藏保存,有效期 1 年。

(15) 100 mg/L 锌标准使用液:准确移取 10.00 mL 锌标准储备液于 100 mL 容量瓶中,用(1∶99)硝酸溶液定容至标线,摇匀,储存于聚乙烯瓶中,4 ℃冷藏保存,有效期 1 年。

(16) 100 mg/L 铅标准使用液:准确移取 10.00 mL 铅标准储备液于 100 mL 容量瓶中,用(1∶99)硝酸溶液定容至标线,摇匀,储存于聚乙烯瓶中,4 ℃冷藏保存,有效期 1 年。

(17) 100 mg/L 镍标准使用液:准确移取 10.00 mL 镍标准储备液于 100 mL 容量瓶中,用(1∶99)硝酸溶液定容至标线,摇匀,储存于聚乙烯瓶中,4 ℃冷藏保存,有效期 1 年。

(18) 100 mg/L 铬标准使用液:准确移取 10.00 mL 铬标准储备液于 100 mL 容量瓶中,用(1∶99)硝酸溶液定容至标线,摇匀,储存于聚乙烯瓶中,4 ℃冷藏保存,有效期 1 年。

(19) 燃气:乙炔,纯度≥99.5%。

六、实验步骤

1. 土壤样品的预处理

除去样品中的树枝、叶片、玻璃、石块等非土壤组分,经风干、破碎、过筛后,用分析天平准确称取 0.5 g(精确至 0.000 2 g)过 0.149 mm 孔筛的风干土样试样于 50 mL 聚四氟乙烯坩埚中,用水润湿后分别加入 10 mL 浓盐酸,于通风橱内的电热板上低温加热,使样品初步分解,待蒸发至剩 3 mL 左右时,取下稍冷,然后加入 5 mL 浓硝酸、5 mL 氢氟酸和 3 mL 高氯酸,加盖后于电热板上中温加热。1 h 后开盖,继续加热除硅,为了达到良好的除硅效果,应经常摇动坩埚,当加热到冒浓厚白烟时,加盖,使黑色有机碳化合物分解。待坩埚壁上的黑色有机物消失后,开盖赶走高氯酸白烟,蒸至内容物呈黏稠状。视消解情况可再加入 3 mL 浓硝酸、3 mL 氢氟酸、1 mL 高氯酸,重复上述消解过程。当白烟再次基本冒尽,且坩埚内容物呈黏稠状时,取下稍冷,用水冲洗坩埚盖和内壁,并加入 3 mL(1∶99)硝酸溶液温热溶解残渣。然后,将溶液转移至 50 mL 容量瓶中,用(1∶99)硝酸溶液定容至标线,摇匀,待测。消煮每一批土壤样品时,同时做两个不加土样的空白试样。同时,采用烘干法测定土壤含水率。

注意:①土壤和沉积物样品种类复杂,基体差异较大,在消解时视消解情况,可适当补加硝酸、高氯酸等酸,调整消解温度和时间等条件;②石墨电热消解法亦可参考仪器推荐的消解程序,方法性能须满足本方法要求;③视样品实际情况,试样定容体积可适当调整。

2. 待测液的分析测定

(1) 仪器测定条件设置:根据仪器操作说明书调节仪器至最佳工作状态。参考测定条件如表 6-1 所示。

(2) 标准曲线绘制:取一系列 100 mL 容量瓶,按照表 6-2 标示的标准系列浓度用硝酸溶液分别稀释各元素标准使用液,配制成标准系列溶液。

按照仪器测量条件,用标准曲线的零浓度调节仪器零点,由低浓度到高浓度一次测定标准系列的吸光度,以各元素标准系列质量浓度为横坐标,以相应的吸光度为纵坐标,绘制标准曲线。

(3)试样测定:按照绘制标准曲线的仪器条件进行试样的测定。

(4)空白样品测定:按照绘制标准曲线的仪器条件进行空白样品的测定。

表 6-1 仪器参考测定条件

项目	光源	灯电流/mA	测定波长/nm	通带宽度/nm	火焰类型
铜	锐线光源(铜空心阴极灯)	5.0	324.7	0.5	中性
锌	锐线光源(锌空心阴极灯)	5.0	213.0	1.0	中性
铅	锐线光源(铅空心阴极灯)	8.0	283.3	0.5	中性
镍	锐线光源(镍空心阴极灯)	4.0	232.2	0.2	中性
铬	锐线光源(铬空心阴极灯)	9.0	357.9	0.2	还原性

注:测定铬时应调节燃烧器高度,使光斑通过火焰的亮蓝色部分。

表 6-2 各金属元素的标准系列浓度 单位:mg/L

元素	标准系列浓度					
铜	0	0.10	0.50	1.00	3.00	5.00
锌	0	0.10	0.20	0.30	0.50	0.80
铅	0	0.05	1.00	5.00	8.00	10.0
镍	0	0.10	0.50	1.00	3.00	5.00
铬	0	0.10	0.50	1.00	3.00	5.00

注:根据仪器灵敏度或试样的实际浓度调整标准系列的浓度范围,至少配制6个浓度点(含零浓度点)。

七、结果计算

土壤样品中铜、锌、铅、镍和铬的质量分数 ω(mg/kg)计算公式为

$$\omega = \frac{(\rho - \rho_0) \times V}{m \times \omega_{dm}} \tag{6-6}$$

式中:ω 为土壤中元素的质量分数(mg/kg);ρ 为由校准曲线查得试样中元素的质量浓度(mg/L);ρ_0 为空白试样中元素的质量浓度(mg/L);V 为消解后试样的定容体积(mL);m 为称取土壤样品的质量(g);ω_{dm} 为土壤样品的干物质含量(%),当测定结果小于 100 mg/kg 时结果保留至整数位,当测定结果大于或等于 100 mg/kg 时结果保留 3 位有效数字。

八、注意事项

(1)土壤样品消解时,应注意各种酸的加入顺序。

(2)空白试样制备时,加酸量要与试样制备时的加酸量保持一致。

(3)由于不同土壤所含有机质差异较大,在消解时要注意观察各种酸的用量可视消解情况酌情增减。土壤消解液应呈白色或淡黄色(含铁量高的土壤),没有明显的沉积物存在。

九、实验设计与研究探索

由于成土因素差异、主导成土过程和土地利用类型不同,土壤剖面不同发生层土样中铜、锌、铅、镍和铬的含量存在较大差异;此外,不同利用类型土壤理化特性(如有机质含量、质地、孔隙度等)、不同实验条件(如消解温度、消解时间、酸用量等)也会影响土壤铜、锌、铅、镍和铬的测定结果。为此,可以探索同一土壤剖面不同土壤发生层、不同土壤利用类型、不同消解温度和消解时间究竟对土壤铜、锌、铅、镍和铬的测定有什么影响,并通过查阅教材和文献资料探究可能的原因。

(1)不同土壤发生层对土壤铜、锌、铅、镍和铬含量的影响:分别测定土壤剖面各发生层次土壤铜、锌、铅、镍和铬含量,分析土壤剖面各发生层次铜、锌、铅、镍和铬含量的变化规律,并加以解释。

(2)不同土壤利用类型对土壤铜、锌、铅、镍和铬含量的影响:分别取农田、温室大棚、林地、草地等不同土壤利用类型土样,分析测定铜、锌、铅、镍和铬含量,分析各类型土样中铜、锌、铅、镍和铬含量差异,并分析其原因。

(3)不同消解温度与消解时间对土壤铜、锌、铅、镍和铬含量的影响:设定不同消解温度和消解时间,测定土壤铜、锌、铅、镍和铬含量,筛选出省时高效的消解温度与消解时间。

十、思考题

(1)土壤剖面不同发生层的土壤样品,其土壤铜、锌、铅、镍和铬含量是否一致?为什么?

(2)不同土壤利用类型(如农田、温室大棚、林地、草地等)会对土壤铜、锌、铅、镍和铬含量有影响吗?会产生什么影响?

(3)不同土壤理化特性(如有机质含量、质地、孔隙度等)会对土壤铜、锌、铅、镍和铬含量产生什么影响?通过所学知识和查阅资料加以解释。

第四节 土壤铅、镉总量测定

铅、镉是重金属污染土壤中常见的主要污染物,进入农田土壤后不但影响农作物生长,还会在蔬菜、稻米等农产品中积累,带来食品安全问题,是农田土壤重金属污染防治的主要对象。因此,准确测定土壤中铅、镉含量是土壤污染监测与修复治理的基础。

一、实验目的与要求

(1)理解石墨炉原子吸收分光光度法测定土壤铅、镉含量的基本原理。

(2)能独立完成土壤铅、镉含量测定每个实验步骤,能分析评价土壤铅、镉的污染程度。

(3)能对实验数据进行计算分析和制作规范图表,对现象和结果进行合理分析与解释。

(4)能从实验中挖掘课程思政元素,实现立德树人目标。

二、基本原理

当土壤中的铅、镉含量很低时,可以参考《土壤质量 铅、镉的测定石墨炉原子吸收分光光度法》(GB/T 17141—1997)测定。测定原理为:将试液注入石墨炉中,经过预先设定的干燥、灰化、原子化等升温程序使共存基体成分蒸发除去,同时在原子化阶段的高温下铅、镉化合物离解为基态原子蒸汽,并对空心阴极灯发射的特征谱线产生选择性吸收。在选择的最佳测定条件下,通过背景扣除,测定试液中铅、镉的吸光度。

三、应用范围

本方法适用于各类土壤和沉积物中铅、镉的测定。当取样量为 0.5 g、消解后定容体积为 50 mL 时,铅、镉检出限分别为 0.1 mg/kg、0.01 mg/kg。

四、主要仪器设备与材料

主要有石墨炉原子吸收分光光度计,镉、铅元素锐线光源或连续光源,氩气钢瓶,温控电热板,分析天平(感量为 0.000 1 g),聚四氟乙烯消解管(50 mL),塑料瓶,烧杯,小漏斗,250 mL 分液漏斗,三角瓶,1 L 容量瓶等。

五、试剂

(1)硝酸:$\rho(HNO_3)$=1.42 g/mL,优级纯。

(2)盐酸:$\rho(HCl)$=1.19 g/mL,优级纯。

(3)氢氟酸:$\rho(HF)$=1.49 g/mL,优级纯。

(4)高氯酸:$\rho(HClO_4)$=1.48 g/mL,优级纯。

(5)金属镉、铅:光谱纯。

(6)体积分数 0.2% 硝酸溶液:吸取 2 mL 浓硝酸,加水稀释至 1 L。

(7)1000 mg/L 镉标准储备液:称取 1.000 g 光谱纯金属镉,用 30 mL(1∶1)硝酸溶液加热溶解,冷却后,用高纯水定容至 1 L,储存于聚乙烯瓶中,4 ℃冷藏保存,有效期 2 年。亦可购买市售有证标准物质。

(8)1000 mg/L 铅标准储备液:称取 1.000 g 光谱纯金属铅,用 30 mL(1∶1)硝酸溶液加热溶解,冷却后,用高纯水定容至 1 L,储存于聚乙烯瓶中,4 ℃冷藏保存,有效期 2 年。亦可购买市售有证标准物质。

(9)250 μg/L 铅标准使用液:准确移取 2.5 mL 1000 mg/L 的铅标准储备溶液于 100 mL 容量瓶中,用体积分数 0.2% 硝酸溶液定容至刻度,混合均匀即得到 25 mg/L 的铅标准溶液。准确移取 1 mL 25 mg/L 的铅标准溶液于 100 mL 容量瓶中,用体积分数 0.2% 硝酸溶液定容至刻度,混合均匀,即得到 250 μg/L 的铅标准使用液。

(10)50 μg/L 镉标准使用液:准确移取 1 mL 1000 mg/L 的镉标准储备液于 100 mL 容量瓶中,用体积分数 0.2% 硝酸溶液定容至刻度,混合均匀,即得到 10 mg/L 的镉标准溶液。再取 0.5 mL 10 mg/L 的镉标准溶液于 100 mL 容量瓶中,用体积分数 0.2% 硝酸溶液定容,得到

50 μg/L 的镉标准使用溶液。

六、实验步骤

1. 土壤样品的消解

准确称取 0.2~0.3 g(精确至 0.000 1 g)的土壤样品(过 100 目筛)于 50 mL 聚四氟乙烯消解管中,用水润湿后加入 5 mL 盐酸,于通风橱内的石墨电热消解仪上 100 ℃ 加热 45 min。加入 9 mL 硝酸,加热 30 min,加入 5 mL 氢氟酸加热 30 min 稍冷,加入 1 mL 高氯酸,加盖 120 ℃ 加热 3 h;开盖,150 ℃ 加热至冒白烟,加热时需摇动消解管。若消解管内壁有黑色碳化物,加入 0.5 mL 高氯酸加盖继续加热至黑色碳化物消失,开盖,160 ℃ 加热赶酸至内容物呈不流动的液珠状(趁热观察)。加入 3 mL 硝酸溶液,温热溶解可溶性残渣。将溶液全部转移至 25 mL 容量瓶中,用硝酸溶液定容,摇匀,储于聚乙烯瓶中,静置,取上清液待测。于 30 d 内完成分析。

按照土壤样品消煮的步骤做不加土样的空白试样以及测定土壤的含水率。

2. 分析测定

(1)仪器测定条件设置:根据仪器操作说明书调节仪器至最佳工作状态,见表 6-3。

表 6-3 石墨炉测定条件的设置

设定条件	监测波长/nm	狭缝宽度/nm	灯电流/mA	载气流量/mL·min^{-1}
铅	283.31	0.7	6	250
镉	228.80	0.7	4	250

(2)标准曲线绘制:准确移取 0 mL、0.50 mL、1.00 mL、2.00 mL、3.00 mL、5.00 mL 铅镉混合标准使用液[$\rho(Pb)=250$ μg/L,$\rho(Cd)=50$ μg/L]于 25 mL 容量瓶中,用质量分数 0.2% 硝酸溶液定容至刻度。该标准溶液中铅的浓度分别为 0 μg/L、5.0 μg/L、10.0 μg/L、20.0 μg/L、30.0 μg/L、50.0 μg/L,镉浓度分别为 0 μg/L、1.0 μg/L、2.0 μg/L、4.0 μg/L、6.0 μg/L、10.0 μg/L。按仪器操作条件由低到高浓度顺序测定标准溶液的吸光度。用减去空白的吸光度与相对应的元素含量(μg/L)分别绘制铅、镉的校准曲线。

(3)土壤试样和空白样品测定:按照与绘制标准曲线相同的仪器条件进行空白样品和土壤试样的测定。

七、结果计算

土壤中铅、镉的质量分数 ω(mg/kg)计算公式为

$$\omega = \frac{C \times V}{m \times \omega_{dm}} \times 10^{-3} \tag{6-7}$$

式中:ω 为土壤中铅或镉元素的质量分数(mg/kg);C 为试液的吸光度减去空白试液的吸光度,在校准曲线上查得铅、镉的含量(μg/L);V 为消解后试样的定容体积(mL);m 为称取土壤样品的质量(g);ω_{dm} 为土壤样品的干物质含量(%)。

八、注意事项

(1) 微波消解后若有黑色残渣,说明碳化物未被完成消解。在温控加热设备上向坩埚补加 2 mL 硝酸、1 mL 氢氟酸和 1 mL 高氯酸,在微沸状态下加盖反应 30 min 后,揭盖继续加热至高氯酸白烟冒尽,液体呈黏稠状。上述过程反复进行直至黑色碳化物消失。

(2) 由于不同土壤所含有机质差异较大,微波消解的硝酸、盐酸和氢氟酸的用量可根据实际情况酌情增加。

(3) 样品中所含待测元素含量低时,可将样品称取量提高到 1 g(精确至 0.000 1 g),消解的硝酸、盐酸和氢氟酸的用量也按比例根据实际情况酌情增加,或增加消解次数。

(4) 为避免消解液损失和安全伤害,消解后的消解罐必须冷却至室温后才能开盖。

九、实验设计与研究探索

由于成土因素差异、主导成土过程和土地利用类型不同,土壤剖面不同发生层土样中铅、镉的含量存在较大差异;此外,不同利用类型的土壤理化特性(如有机质含量、质地、孔隙度等)、不同实验条件(如消解温度、消解时间、酸用量等)也会影响土壤铅、镉的测定结果。为此,可以探索同一土壤剖面不同土壤发生层、不同土壤利用类型、不同消解温度和消解时间究竟对土壤铅、镉测定有什么影响,并通过查阅教材和文献资料探究可能的原因。

(1) 不同土壤发生层对土壤铅、镉含量的影响:分别测定土壤剖面各发生层次土壤铅、镉含量,分析土壤剖面各发生层次铅、镉含量的变化规律,并加以解释。

(2) 不同土壤利用类型对土壤铅、镉含量的影响:分别取农田、温室大棚、林地、草地等不同土壤利用类型土样,分析测定铅、镉含量,分析各类型土样中铅、镉含量差异,并分析其原因。

(3) 不同消解温度和消解时间对土壤铅、镉含量的影响:设定不同消解温度和消解时间,测定土壤铅、镉含量,筛选出省时高效的消解温度和消解时间。

十、思考题

(1) 土壤剖面不同发生层的土壤样品,其土壤铅、镉含量是否一致?为什么?

(2) 不同土壤利用类型(如农田、温室大棚、林地、草地等)会对土壤铅、镉含量有影响吗?会产生什么影响?

(3) 不同土壤理化特性(如有机质含量、质地、孔隙度等)会对土壤铅、镉含量产生什么影响?通过所学知识和查阅资料加以解释。

第五节 土壤汞、砷总量测定

在土壤污染状况调查工作中,汞和砷为必测元素。对于土壤中汞和砷元素的检测,土壤样品的前处理过程尤为重要,同时也起到了决定性的作用。目前,比较常用的土壤样品前处理方法有电热板消解、水浴消解、微波消解、超声浸提等。待测液中砷的检测方法有分光光度法、原子吸收光谱法、原子荧光光谱法等,汞主要采用电感耦合等离子体质谱法、原子吸收法、冷原子荧光法和原子荧光法等。这些检测方法步骤烦琐,工作量很大。随着原子荧光光谱法技术的发展,双道原子荧光光谱法可以同时测定土壤中砷和汞的含量,从而能够满足大批量的土壤样品分析。

本实验参考《土壤和沉积物 汞、砷、硒、铋、锑的测定 微波消解/原子荧光法》(HJ 680—2013),采用王水微波消解-原子荧光法同时测定土壤中汞、砷含量。

一、实验目的与要求

(1) 理解微波消解/原子荧光法测定土壤中汞、砷的基本原理。
(2) 能独立完成土壤汞、砷含量测定每个实验步骤,能分析评价土壤砷、汞的污染程度。
(3) 能对实验数据进行计算分析和制作规范图表,对现象和结果进行合理分析与解释。
(4) 能从实验中挖掘课程思政元素,实现立德树人目标。

二、基本原理

微波消解主要利用微波的加热优势和特性,将特殊塑料消解罐中的待消解样品加入酸以后形成强极性溶液,利用微波体加热性质,在溶液内外同时加热,从而使加热更快速、更均匀,提高了效率。在消解后的土壤样品中加入适量的硫脲-抗坏血酸,硫脲-抗坏血酸能把五价砷还原成为三价砷。在酸性介质中,硼氢化钾将汞还原成原子态汞,砷还原成砷化氢,由氩气载入石英原子化器,在特制的砷、汞空心阴极灯的发射光激发下产生原子荧光,产生的荧光强度与试样中被测元素含量呈正比例关系,与标准系列相比较,即可求得样品中砷、汞的含量。

三、应用范围

本方法适用于各类土壤和沉积物中砷、汞的测定。当取样品量为 0.5 g 时,本方法测定汞的检出限为 0.002 mg/kg,测定下限为 0.008 mg/kg;测定砷的检出限为 0.01 mg/kg,测定下限为 0.04 mg/kg。

四、主要仪器设备与材料

主要有:①具有温度控制和程序升温功能的微波消解仪,温度精度可达±2.5 ℃;②原子荧光光度计应符合《原子荧光光谱仪》(GB/T 21191—2007)的规定,具汞、砷的元素灯;③恒温水浴装置;④分析天平,精度为 0.000 1 g;⑤实验室常用设备。

五、试剂

(1) 硝酸:$\rho(HNO_3)=1.42$ g/mL,优级纯。
(2) 盐酸:$\rho(HCl)=1.19$ g/mL,优级纯。
(3) 氢氧化钾(KOH):优级纯。
(4) 硼氢化钾(KBH_4):优级纯。
(5) (5∶95)盐酸溶液:移取 25 mL 盐酸用实验用水稀释至 500 mL。

(6)(1∶1)盐酸溶液:移取500 mL盐酸用实验用水稀释至1000 mL。

(7)硫脲(CH_4N_2S):分析纯。

(8)抗坏血酸($C_6H_8O_6$):分析纯。

(9)还原剂:①10 g/L硼氢化钾溶液A,称取0.5 g氢氧化钾放入盛有100 mL实验用水的烧杯,玻璃棒搅拌待完全溶解后再加入称好的1.0 g硼氢化钾,搅拌溶解,此液当日配制,用于测定汞;②20 g/L硼氢化钾溶液B,称取0.5 g氢氧化钾放入盛有100 mL实验用水的烧杯,玻璃棒搅拌待完全溶解后再加入称好的2.0 g硼氢化钾,搅拌溶解,此液当日配制,用于测定砷。

(10)硫脲和抗坏血酸混合溶液:称取硫脲、抗坏血酸各10 g,用100 mL实验用水溶解,混匀,使用当日配制。

(11)汞标准固定液(简称固定液):将0.5 g重铬酸钾溶于950 mL实验用水中,再加入50 mL硝酸,混匀。

(12)汞(Hg)标准溶液:①100.0 mg/L汞标准储备液,购买市售有证标准物质/有证标准样品,或称取0.135 4 g在硅胶干燥器中放置过夜的氯化汞($HgCl_2$),用适量实验用水溶解后移至1000 mL容量瓶中,最后用汞标准固定液定容至标线,混匀;②1.00 mg/L汞标准中间液,移取5.00 mL汞标准储备液,置于500 mL容量瓶中,用固定液定容至标线,混匀;③10.0 μg/L汞标准使用液,移取5.00 mL汞标准中间液,置于500 mL容量瓶中,用固定液定容至标线,混匀。用时现配。

(13)砷(As)标准溶液:①100.0 mg/L砷标准储备液,购买市售有证标准物质/有证标准样品,或称取0.132 g经过105 ℃干燥2 h的优级纯三氧化二砷(As_2O_3)溶解于5 mL 1 mg/L氢氧化钠液中,用1 mg/L盐酸溶液中和至酚酞红色褪去,实验用水定容至1000 mL,混匀;②1.00 mg/L砷标准中间液,移取5.00 mL砷标准储备液,置于500 mL的容量瓶中,加入100 mL(1∶1)盐酸溶液,用实验用水定容至标线,混匀;③100.0 μg/L砷标准使用液,移取砷标准中间液10.00 mL,置于100 mL容量瓶中,加入20 mL(1∶1)盐酸溶液,用实验用水定容至标线,混匀。用时现配。

六、实验步骤

1. 土壤的微波消煮

称取0.1~0.5 g风干、过筛的样品(精确至0.000 1 g,样品中元素含量低时可将样品称取量提高至1.0 g),置于溶样杯中,用少量实验用水润湿。在通风橱中,先加入6 mL盐酸,再慢慢加入2 mL硝酸,混匀,使样品与消解液充分接触。若有剧烈化学反应,待反应结束后再将溶样杯置于消解罐中密封。将消解罐装入消解罐支架后放入微波消解仪的炉腔中,确认主控消解罐上的温度传感器及压力传感器均已与系统连接好。

按照表6-4推荐的升温程序进行微波消解,程序结束后冷却。待罐内温度降至室温后在通风橱中取出,缓慢泄压放气,打开消解罐盖。

把玻璃小漏斗插入50 mL容量瓶的瓶口,用慢速定量滤纸过消解溶液,实验用水洗涤溶样杯及沉淀,将所有洗涤液并入容量瓶中,最后用实验用水定容至标线,混匀。

表 6-4　微波消解升温程序

步骤	升温时间/min	目标温度/℃	保持时间/min
1	5	100	2
2	5	150	3
3	5	180	25

2. 试样的制备

分取 10.0 mL 消煮试液置于 50 mL 容量瓶中,按照表 6-5 加入盐酸、硫脲和抗坏血酸混合溶液,混匀。室温放置 30 min,用实验用水定容至标线,混匀。

表 6-5　定容 50 mL 时试剂加入量　　　　　　　　　　　单位:mL

名称	汞	砷
盐酸	2.5	5.0
硫脲和抗坏血酸混合溶液	—	10.0

注:室温低于 15 ℃时,置于 30 ℃水浴中保温 20 min。

3. 原子荧光光度计的调试

原子荧光光度计开机预热,按照仪器使用说明书设定灯电流、负高压、载气流量、屏蔽气流量等工作参数,见表 6-6。

表 6-6　原子荧光光度计的工作参数

元素	灯电流/mA	负高压/V	原子化器温度/℃	载气流量/mL·min^{-1}	屏蔽器流量/mL·min^{-1}	灵敏线波长/nm
汞	15~40	230~300	200	400	800~1000	253.7
砷	40~80	230~300	200	300~400	800	193.7

4. 汞校准曲线的绘制

以硼氢化钾溶液 A 为还原剂,以(5∶95)盐酸溶液为载流,由低浓度到高浓度顺次测定校准标准系列溶液(表 6-7)的原子荧光强度。以扣除零浓度空白的校准系列原子荧光强度为纵坐标,以溶液中相对应的汞浓度(μg/L)为横坐标,绘制校准曲线。

表 6-7　汞和砷标准系列溶液的浓度　　　　　　　　　　单位:μg/L

元素	标准系列						
汞	0	0.10	0.20	0.40	0.60	0.80	1.00
砷	0	1.00	2.00	4.00	6.00	8.00	10.00

5. 砷校准曲线的绘制

以硼氢化钾溶液 B 为还原剂,以(5∶95)盐酸溶液为载流,由低浓度到高浓度顺次测定校准标准系列溶液(表 6-7)的原子荧光强度。以扣除零浓度空白的校准系列原子荧光强度为纵坐标,以溶液中相对应的砷浓度($\mu g/L$)为横坐标,绘制校准曲线。

6. 试样的测定

将制备好的试样导入原子荧光光度计中,按照与绘制校准曲线相同的仪器工作条件进行测定。如果被测元素浓度超过校准曲线浓度范围,应稀释后重新进行测定。

7. 空白样品的测定

按照试样测定的条件和步骤进行测定。

七、结果计算

土壤中汞、砷元素的含量 ω(mg/kg)计算公式为

$$\omega_1 = \frac{(\rho - \rho_0) \times V_0 \times V_2}{m \times \omega_{dm} \times V_1} \times 10^{-3} \tag{6-8}$$

式中:ω_1 为土壤中元素的含量(mg/kg);ρ 为由校准曲线查得测定试液中元素的浓度($\mu g/L$);ρ_0 为空白溶液中元素的测定浓度($\mu g/L$);V_0 为微波消解后试液的定容体积(mL);V_1 为分取试液的体积(mL);V_2 为分取后测定试液的定容体积(mL);m 为称取样品的质量(g);ω_{dm} 为土壤样品的干物质含量(%)。

八、注意事项

(1)硝酸和盐酸具有强腐蚀性,样品消解过程应在通风橱内进行,实验人员应注意佩戴防护器具。

(2)实验所用玻璃器皿均需用(1∶1)硝酸液浸泡 24 h 后,依次用自来水、实验用水洗净。

(3)消解罐的日常清洗和维护步骤:先进行一次空白消解(加入 6 mL 盐酸,再慢慢加入 2 mL 硝酸,混匀),以去除内衬管和密封盖上的残留;用水和软刷仔细清洗内衬管和压力套管;将内衬管和陶瓷外套管放入烘箱,在 200~250 ℃温度加热至少 4 h,然后在室温自然冷却。

九、实验设计与研究探索

由于成土因素差异、主导成土过程和土地利用类型不同,土壤剖面不同发生层土样中砷、汞的含量存在较大差异;此外,不同利用类型的土壤理化特性(如有机质含量、质地、孔隙度等)、不同实验条件(如消解温度、消解时间、酸用量等)也会影响土壤砷、汞的测定结果。为此,可以探索同一土壤剖面不同土壤发生层、不同土壤利用类型、不同消解温度和消解时间究竟对土壤砷、汞测定有什么影响,并通过查阅教材和文献资料探究可能的原因。

(1)不同土壤发生层对土壤砷、汞含量的影响:分别测定土壤剖面各发生层次土壤砷、汞的含量,分析土壤剖面各发生层次砷、汞含量的变化规律,并加以解释。

(2)不同土壤利用类型对土壤砷、汞含量的影响:分别取农田、温室大棚、林地、草地等不

同土壤利用类型土样,分析测定砷、汞含量,分析各类型土样中砷、汞含量差异,并分析其原因。

(3)消解温度和消解时间对土壤砷、汞含量的影响:设定不同消解温度和消解时间,测定土壤砷、汞含量,筛选出省时高效的消解温度和消解时间。

十、思考题

(1)土壤剖面不同发生层的土壤样品,其土壤砷、汞含量是否一致?为什么?

(2)不同土壤利用类型(如农田、温室大棚、林地、草地等)会对土壤砷、汞含量有影响吗?会产生什么影响?

(3)土壤理化特性(如有机质含量、质地、孔隙度等)会对土壤砷、汞含量产生什么影响?通过所学知识和查阅资料加以解释。

第六节 土壤有效态镉、铅含量测定

土壤重金属污染程度除与重金属本身的毒性、浓度大小、被污染对象对重金属的耐受性等有关外,还与重金属的存在形态有关。重金属的存在形态直接影响其生物有效性,有效态重金属更容易被生物吸收,造成的毒害作用会更强;相反,如果重金属以结合态或闭蓄态存在,就难以被生物吸收利用,其毒害作用也就相对较轻。土壤中重金属的存在形态主要受土壤pH、有机质含量、土粒粒径组成、植物种类、重金属来源等影响。因此,准确提取和测定土壤中重金属有效态含量对评价重金属生物有效性具有重要意义。目前,化学提取法是使用最广泛的评价土壤重金属生物有效性的方法,常采用的提取剂包括NH_4NO_3、$CaCl_2$、EDTA、DTPA、$NaNO_3$等。本实验采用我国在2016年颁布的《土壤 8种有效态元素的测定 二乙烯三胺五乙酸浸提电感耦合等离子体发射光谱法》(HJ 804—2016)的方法测定土壤中有效态镉、铅的含量。

一、实验目的与要求

(1)理解二乙烯三胺五乙酸浸提电感耦合等离子体发射光谱法测定土壤有效态镉、铅含量的基本原理。

(2)能独立完成土壤有效态镉、铅含量测定每个实验步骤,能分析评价土壤有效态镉、铅的污染程度。

(3)能对实验数据进行计算分析和制作规范图表,对现象和结果进行合理分析与解释。

(4)能从实验中挖掘课程思政元素,实现立德树人目标。

二、基本原理

用二乙烯三胺五乙酸-氯化钙-三乙醇胺(DTPA - $CaCl_2$ - TEA)缓冲溶液浸提出土壤中的各有效态镉和铅元素,用电感耦合等离子体发射光谱仪测定其含量。试样由载气带入雾化系统进行雾化后,以气溶胶形式进入等离子体,目标元素在等离子体火炬中被气化、电离、激发并辐射出特征谱线。在一定浓度范围内,其特征谱线强度与元素的浓度呈正比。

三、应用范围

本方法适用于各类土壤中有效态铅、镉的测定。当取样量为 10.0 g,浸提液体积为 20 mL 时,有效态铅、镉的检出限分别为 0.05 mg/kg、0.007 mg/kg,测定下限分别为 0.2 mg/kg、0.028 mg/kg。

四、主要仪器设备与材料

主要有电感耦合等离子体发射光谱仪(具有背景校正光谱计算机控制系统)、振荡器(频率可控制在 160～200 r/min)、pH 计(分度为 0.1pH)、分析天平(精度为 0.000 1 g 和 0.01 g)、离心机(3000～5000 r/min)、离心管(50 mL)、三角瓶(100 mL)、中速定量滤纸等。

五、试剂

(1) 三乙醇胺($C_6H_{15}NO_3$):TEA:分析纯。

(2) 二乙烯三胺五乙酸($C_{14}H_{23}N_3O_{10}$):DTPA:分析纯。

(3) 二水合氯化钙($CaCl_2 \cdot 2H_2O$):分析纯。

(4) 盐酸:$\rho(HCl)=1.19$ g/mL,优级纯。

(5) (1:1)盐酸溶液:浓盐酸溶液与水按体积比 1:1 配比。

(6) (1:1)硝酸溶液:$\rho(HNO_3)=1.42$ g/mL,优级纯。

(7) (2:98)硝酸溶液:浓硝酸与水按体积比 2:98 配比。

(8) 二乙烯三胺五乙酸-氯化钙-三乙醇胺(DTPA-$CaCl_2$-TEA)浸提液:c(DTPA)=0.005 mol/L,$c(CaCl_2)=0.01$ mol/L,c(TEA)=0.1 mol/L。在烧杯中依次加入 14.920 g(精确至 0.000 1 g)三乙醇胺、1.967 g(精确至 0.000 1 g)2,6-二乙烯三胺五乙酸、1.470 g(精确至 0.000 1 g)二水合氯化钙,加入适量去离子水,搅拌使其完全溶解,继续加水稀释至约 800 mL,用(1:1)盐酸溶液调节 pH 为(7.3±0.2)(用 pH 计测定),转移至 1000 mL 容量瓶中,定容至刻度,摇匀。

(9) 镉标准储备液:ρ(Cd)=1000 mg/L。取 1.000 g 光谱纯金属镉,用 30 mL(1:1)硝酸溶液加热溶解,冷却后,用高纯水定容至 1 L。储存于聚乙烯瓶中,4 ℃冷藏保存,有效期 2 年。亦可购买市售有证标准物质。

(10) 铅标准储备液:ρ(Pb)=1000 mg/L。称取 1.000 g 光谱纯金属铅,用 30 mL(1:1)硝酸溶液加热溶解,冷却后,用高纯水定容至 1 L。储存于聚乙烯瓶中,4 ℃冷藏保存,有效期 2 年。亦可购买市售有证标准物质。

(11) 10 mg/L 铅、1 mg/L 镉混合标准溶液:分别吸取铅、镉标准储备液 10 mL、1 mL 于 1 L 容量瓶中,用质量分数 2%硝酸溶液定容,储于塑料瓶中。

(12) 载气:氩气(纯度≥99.99%)。

注意:所有元素的标准溶液配制后,均应在聚乙烯或聚丙烯瓶中密封保存。

六、实验步骤

1. 试样的制备

除去样品中的枝棒、叶片、石子等异物,将采集的样品在实验室进行风干、过尼龙筛(20目)。样品的制备过程应避免沾污和待测元素损失。称取 10.00 g(准确至 0.01 g)风干土样品,置于 100 mL 三角瓶。加入 20.0 mL 浸提液,用双层锡箔纸封好瓶口。在 (20 ± 2) ℃条件下,以 160~200 r/min 的振荡频率振荡 2 h。将浸提液缓慢倒入 50 mL 离心管中,以 5000 r/min 的速度离心 10 min,上清液经中速定量滤纸过滤后在 48 h 内采用电感耦合等离子体质谱仪(ICP-MS)或原子吸收光谱(AAS)测定。

若测定所需的浸提液体积较大,可适当增加取样量,但应保证样品和浸提液比为 1:2(质量:体积,即 1 g 对比 2 mL),同时应使用与之体积相匹配的浸提容器,确保样品的充分振荡。

2. 空白试样的制备

不加土壤样品,按照与试样的制备相同的步骤制备空白试样。

3. 分析测定

(1) 启动仪器:按照仪器操作说明书启动仪器,设置测定参数。

(2) 标准曲线的绘制:分别移取一定体积的镉、铅混合标准液于一系列 100 mL 容量瓶中,用 DTPA-CaCl$_2$-TEA 浸提液稀释定容至刻度,混匀。一般来说,混合标准溶液中镉浓度分别为 0 mg/L、0.01 mg/L、0.02 mg/L、0.04 mg/L、0.08 mg/L、0.12 mg/L,铅浓度分别为 0 mg/L、0.50 mg/L、1.00 mg/L、1.50 mg/L、2.00 mg/L、5.00 mg/L。按照优化的仪器参考条件,即铅、镉检测波长分别为 220.353 nm、214.438 nm,雾化器压力 55 psi,载气流速 1.41 L/min,冷却气流速 19 L/min,将标准系列溶液一次从低到高浓度导入雾化器进行分析。以目标元素的质量浓度为横坐标,以其对应的发射强度为纵坐标,绘制标准曲线。标准曲线的浓度范围可根据实际样品中待测元素的浓度加以调整,但要确保各浓度与吸光度值成良好的一次线性关系($R^2 \geqslant 0.998$)。

(3) 试样的测定:试样测定铅,用 (2:98) 硝酸溶液冲洗系统直至仪器信号降到最低,待分析信号稳定后方能开始测定。按照与建立标准曲线相同的条件和步骤进行试样的测定。如果试样中待测元素的浓度超出了标准曲线范围,试样必须经稀释后重新测定。稀释液使用 DTPA-CaCl$_2$-TEA 浸提液,稀释倍数为 f。

(4) 实验空白试样的测定:按照与试样测定相同的条件和步骤测定实验空白试样。

七、结果计算

土壤中有效态镉、铅含量 ω(mg/kg) 计算公式为

$$\omega = \frac{(\rho - \rho_0) \times V \times f}{m \times W_{dm}} \tag{6-9}$$

式中:ω 为土壤中有效态或铅的含量(mg/kg);ρ 为由标准曲线查得测定试样中有效态(或铅)的质量浓度(mg/L);ρ_0 为由标准曲线测得实验空白试样中有效态(或铅)的质量浓度(mg/L);

V 为试样制备时加入浸提液的体积(mL);f 为试样的稀释倍数;m 为称取样品的质量(g);W_{dm} 为土壤样品中干物质含量(%)。测定结果小数位数的保留与方法检出限一致,最多保留 3 位有效数字。

八、注意事项

(1)实验所用的玻璃器皿需用(1:1)硝酸溶液浸泡 24 h 后,依次用自来水和去离子水冲洗干净,置于干净的环境中晾干。

(2)仪器点火后,应预热 30 min 以上,以防波长漂移。

(3)配制标准溶液和制备试样时,应使用同一批配制的浸提液。

(4)所有元素的标准溶液配制后,均应在聚乙烯或聚丙烯瓶中密封保存。

九、实验设计与研究探索

由于成土因素差异、主导成土过程和土地利用类型不同,土壤剖面不同发生层土样中有效态镉、铅含量存在较大差异;此外,不同利用类型的土壤理化特性(如有机质含量、质地、孔隙度等)、不同实验条件(如消解温度、消解时间、酸用量等)也会影响土壤有效态镉、铅含量的测定结果。为此,可以探索同一土壤剖面不同土壤发生层、不同土壤利用类型、不同消解温度和消解时间究竟对土壤有效态镉、铅含量测定有什么影响,并通过查阅教材和文献资料探究可能的原因。

(1)不同土壤发生层对土壤有效态镉、铅含量的影响:分别测定土壤剖面各发生层次土壤有效态镉、铅含量,分析土壤剖面各发生层次有效态镉、铅含量的变化规律,并加以解释。

(2)不同土壤利用类型对土壤有效态镉、铅含量的影响:分别取农田、温室大棚、林地、草地等不同土壤利用类型土样,分析测定有效态镉、铅含量,分析各类型土样中有效态镉、铅含量差异,并分析其原因。

(3)不同消解温度和消解时间对土壤有效态镉、铅含量的影响:设定不同消解温度和消解时间,测定土壤有效态镉、铅含量,筛选出省时高效的消解温度和消解时间。

十、思考题

(1)土壤剖面不同发生层的土壤样品,其土壤有效态镉、铅含量是否存在较大差异?为什么?

(2)不同土壤利用类型(如农田、温室大棚、林地、草地等)会对土壤有效态镉、铅含量有影响吗?会产生什么影响?

(3)土壤理化特性(如有机质含量、质地、孔隙度等)会对土壤有效态镉、铅含量产生什么影响?通过所学知识和查阅资料加以解释。

第七节 土壤重金属(铅)形态测定(Tessier 连续提取法)

重金属形态是指重金属的价态、化合态、结合态和结构态 4 个方面,即某一重金属元素在环境中以某种离子或分子存在的实际形式。重金属在土壤中的存在形态受重金属本身特性以及土壤理化特性的影响,所以其存在形式特别复杂,可以分为以下几种形态。

可交换态:可进行离子交换以及专性吸附。这种形态的重金属可以在阳离子的溶液中被释放出来,可以直接在土壤中被生物吸收。

碳酸盐结合态:通过较为温和的酸就可以将其释放的沉淀或共沉淀的活性形态重金属,也可以称为生物有效态重金属。

锰铁氧化物结合态:在土壤氧化物中共沉淀或是专性吸附,但是在还原状态下可以被释放到土壤里。

残渣态:在矿物晶格中包含的重金属形态,较难迁移和被生物利用,对于环境来说是比较安全的,只有在遇到酸、螯合剂或者微生物时才会被释放到环境中从而对生态产生影响。

有机结合态:重金属在这种形态下的含量会受到土壤中有机质含量以及配位基团含量的影响,而且金属离子的外层电子轨道形态也可以影响它。

重金属进入土壤后,通过溶解、沉淀、凝聚、络合吸附等作用,形成不同的化学形态,并表现出不同的活性。重金属的活动性、迁移路径、生物有效性及毒性等主要取决于其形态。因此,重金属形态分析是土壤重金属污染防治的关键。

一、实验目的与要求

(1)理解 Tessier 连续提取法测定不同形态铅含量的基本原理。

(2)能独立完成 Tessier 连续提取法的基本操作,并能分析测试土壤不同形态铅的含量,判断土壤中铅的污染程度。

(3)能对实验数据进行计算分析和制作规范图表,对现象和结果进行合理分析及解释。

(4)能从实验中挖掘课程思政元素,实现立德树人的目标。

二、基本原理

Tessier 连续提取法是由 Tessier 等提出,将重金属形态分为可交换态、碳酸盐结合态、铁锰氧化物结合态、残渣态和有机结合态 5 种形态。可交换态是指交换吸附在沉积物上的黏土矿物及其他成分上的重金属形态。该形态对环境变化非常敏感,易于迁移转化,能被植物吸收,能够反映人类近期排污的影响及对生物的毒性作用。碳酸盐结合态是指与碳酸盐沉淀结合的重金属形态。该形态对土壤环境条件特别是 pH 变化敏感,当 pH 下降时容易重新释放进入环境中,易被作物吸收,对作物危害大。铁锰氧化物结合态是指与铁或锰的氧化物生成土壤结核的重金属形态。土壤 pH 和氧化还原条件的变化对铁锰氧化物结合态有重要影响,pH 和氧化还原电位较高时,有利于铁锰氧化物的形成,对作物存在潜在风险。有机结合态是指以不同形式进入或包裹在有机质颗粒上,同有机质螯合或生成硫化物的重金属形态。该形态较为稳定,一般不易被生物吸收。残渣态是指存在于硅酸盐、原生和次生矿物等土壤晶格中的重金属形态,是自然地质风化过程的结果。在自然界正常条件下残渣态重金属不易释放,能长期稳定存在,不易为植物吸收,但是在植物生长、根系分泌物、土壤动物和微生物活动等作用下,其也可能向其他形态转化。

Tessier 连续提取法通过模拟各种可能的环境条件变化,使用一系列选择性试剂,按照由弱到强的原则,连续溶解重金属的不同结合相,把原来单一分析的重金属提取为不同形态,然后采用石墨炉原子分光光度计测量其各形态含量。

三、应用范围

本方法适用于各类土壤中不同重金属存在形态的测定。

四、主要仪器设备与材料

主要包括微波消解装置、石墨炉原子吸收分光光度计、铅元素锐线光源或连续光源、温控电热板、分析天平、恒温振荡器、离心机等。

主要器皿包括聚四氟乙烯消解罐、容量瓶、塑料瓶、烧杯、小漏斗、聚丙烯离心管等。

五、试剂

(1) 1.0 mol/L $MgCl_2$ 溶液:在 800 mL 超纯水中溶解 203.4 g $MgCl_2 \cdot 6H_2O$ 固体,定容至 1 L,分装成小份并高压灭菌备用,使用时用盐酸调节 pH 至 7.0。

(2) 1.0 mol/L 醋酸钠溶:在 800 mL 超纯水中溶解 136.08 g $CH_3COONa \cdot 3H_2O$ 固体,定容至 1 L,用冰醋酸调节 pH 至 5.0。

(3) 盐酸羟胺的醋酸溶液:$c(HONH_3Cl)=0.04$ mol/L,在 500 mL 超纯水中溶解 2.779 6 g 盐酸羟胺($HONH_3Cl$)固体,加入 250 mL 体积分数 25% 冰醋酸溶液,用超纯水定容至 1 L。

(4) 0.02 mol/L 硝酸溶液:量取 1.32~1.38 mL(质量分数 65%~68%)浓硝酸溶液缓缓倒入 800 mL 超纯水中,边倒边搅拌,用超纯水定容至 1 L。

(5) 体积分数 30% 过氧化氢:用浓硝酸调节 pH 至 2。

(6) 3.2 mol/L 醋酸铵的硝酸液:将 200 mL 体积分数 20% 硝酸缓缓倒入 600 mL 溶解有 246.656 g 醋酸固体的超纯水中边倒边搅拌,定容至 1 L。

六、实验步骤

1. 土壤样品处理

采集后的土壤样品风干后备用。使用前,于 55 ℃ 干燥直至恒重。将干燥后的土壤样品破碎,过 20 目尼龙筛除去沙砾和生物残体,用四分法处理,取其中一份用研钵研磨,过 100 目尼龙筛后将样品保存备用。

2. 不同形态铅的提取与测定

(1) 可交换态:准确称取 1.000 0 g 样品(精确至 0.000 1 g)置于 50 mL 聚丙烯离心管中,加 8 mL 1 mol/L $MgCl_2$ 溶液(pH=7.0),在 25 ℃ 下连续振荡 1 h;然后,在 4000 r/min 下离心 10 min,取出上清液,加 5 mL 超纯水洗残余物,再于 4000 r/min 下离心 10 min 将两次清液在 50 mL 比色管中定容,待测。

(2) 碳酸盐结合态:向上一步的残渣中加入 8 mL 1 mol/L CH_3COONa 溶液(用冰醋酸调

至 pH=5),在室温下连续振荡 5 h;然后,在 4000 r/min 下离心 10 min,过滤出上清液,再加入 5 mL 超纯水洗涤残余物,再于 4000 r/min 下离心 10 min,过滤出上清液,将两次上清液在 50 mL 比色管中定容,待测。

(3)铁锰氧化物结合态:向上一步的残渣中加入 20 mL 0.04 mol/L 盐酸羟胺的醋酸溶液,在(96±3) ℃下恒温断续振荡 6 h;然后在 4000 r/min 下离心 10 min,过滤出上清液,再加入 5 mL 超纯水洗涤残余物,再于 4000 r/min 下离心 10 min,过滤出上清液将两次上清液在 50 mL 比色管中定容,待测。

(4)有机结合态:向上一步的残渣中加入 3 mL 0.02 mol/L HNO_3 溶液,5 mL 质量分数 30% H_2O_2 溶液(pH=2),在(85±2) ℃下断续振荡 2 h;然后,再加入 3 mL 质量分数 30% H_2O_2 溶液(pH=2),在(85±2) ℃下断续振荡 3 h,取出离心管,冷却到室温。在离心管中加入 5 mL 3.2 mol/L CH_3COONH_4 的体积分数 20%硝酸溶液,加入蒸水稀释到 20 mL,连续振荡 30 min 后在 4000 r/min 下离心 10 min,过滤出上清液,加 5 mL 超纯水洗涤残余物,再于 4000 r/min 下离心 10 min,过滤出上清液,将两次上清液在 50 mL 比色管中定容,待测。

(5)残渣态:按照土壤镉、铅总量的测定方法,对上一步的残渣进行消解,并在 50 mL 比色管中定容,待测。将所有待测液使用石墨炉原子吸收分光光度法测定不同形态铅吸收值,并在标准曲线上计算相应的浓度。

七、结果计算

铅的含量按式(6-10)进行计算,所测得的吸收值(如试剂空白有吸收,则应扣除空白吸收值)在标准曲线上得到相应的浓度 C。

$$铅的含量(mg/kg) = \frac{C \times V}{m} \quad (6-10)$$

式中:C 为标准曲线上得到的相应浓度(mg/kg);V 为定容体积(mL);m 为试样质量(g)。

八、注意事项

(1)氯化镁($MgCl_2$)极易潮解,应选购小瓶(如 100 g)试剂,启用新瓶后勿长期存放。

(2)保存待测溶液的方法:在测试前加硝酸使溶液的 pH 小于 2。

(3)实验中所用的离心管和容量瓶等在使用前均用体积分数 20%硝酸溶液浸泡过夜,用超纯水冲洗干净。

(4)残渣态含量的测定也可以采用差减法获得。

(5)实验均做空白实验和平行样进行质量控制。

九、实验设计与研究探索

由于成土因素差异、主导成土过程、土地利用类型、重金属污染源等不同,土壤剖面不同发生层土样中重金属存在形态存在较大差异;此外,不同利用类型的土壤理化特性(如有机质含量、质地、孔隙度等)、不同实验条件(如消解温度、消解时间、酸用量等)也会影响重金属存在形态的准确测量。为此,可以探索同一土壤剖面不同土层、不同土壤利用类型、不同实验条件对土壤重金属不同存在形态的测定有什么影响,并通过查阅教材和文献资料探究可能的原因。

(1)不同成土因素(如生物、地形)对土壤重金属存在形态的影响:分别采集不同成土因素(生物、地形)的土壤剖面不同土层的土样,测定土壤剖面各发生层次土壤重金属存在形态及其含量,比较分析成土因素和土层深度对土壤剖面各发生层次中重金属存在形态与含量的影响,并加以解释。

(2)不同土壤管理方式对土壤铅不同存在形态的影响:分别采集露地旱作农田、水稻田、温室大棚土样,测定其土壤铅不同存在形态,分析不同土壤管理对铅存在形态的影响,并分析其原因。

(3)消解温度对土壤铅不同存在形态的影响:设定不同消解温度和消解时间,测定土壤铅的不同存在形态,筛选出省时高效的消解温度和消解时间。

十、思考题

(1)分析不同成土条件(如生物、地形)对土壤剖面不同发生层的重金属存在形态和含量产生怎样的影响,并举例说明。

(2)不同农田管理方式(如农田、温室大棚、水田等)会对土壤重金属存在形态有影响吗?通过小组讨论或查阅文献资料进行合理解释。

(3)通过查阅文献资料来分析探究土壤理化特性(如 CEC、Eh、质地等)会对土壤重金属存在形态产生什么影响?并给以合理的解释。

第八节 土壤重金属(铅)形态测定(改进 BCR 连续提取法)

重金属形态是指重金属的价态、化合态、结合态和结构态 4 个方面,即某一重金属元素在环境中以某种离子或分子存在的实际形式。由于土壤体系的复杂性,对重金属形态进行精确研究十分困难。在诸多形态分析方法中连续提取法(sequential extraction)由于操作简便、适用性强、蕴涵信息丰富等优点,得到广泛应用。使用不同的化学提取剂对土壤重金属进行连续浸提,可以将土壤中重金属形态进行分组。重金属形态不同,采用的浸提剂和浸提方法也不同。本实验分别采用改进原欧洲共同体标准物质局(BCR)连续提取法对土壤中重金属铅(Pb)的不同形态进行提取,并采用石墨炉原子吸收分光光度计测定不同形态 Pb 的含量。

一、实验目的与要求

(1)理解 BCR 连续提取法测定不同形态铅含量的基本原理。

(2)能独立完成 BCR 连续提取法的基本操作,并能分析测试土壤不同形态铅的含量,判断土壤中铅的污染程度。

(3)能对实验数据进行计算分析和制作规范图表,对现象和结果进行合理分析及解释。

(4)能从实验中挖掘课程思政元素,实现立德树人的目标。

二、基本原理

改进 BCR 连续提取法是 Rauret 等在原欧洲共同体标准物质局（European Community Bureau of Reference，简称 ECBR）提出的重金属形态标准提取流程基础上，做出改进形成的重金属形态划分方法。该方法将重金属形态分为 4 种，即弱酸提取态（如碳酸盐结合态）、可还原态（如铁锰氧化物结合态）、可氧化态（如有机态）和残渣态。

三、应用范围

本方法适用于各类土壤中不同重金属的存在形态——弱酸提取态（如碳酸盐结合态）、可还原态（如铁锰氧化物结合态）、可氧化态（如有机态）和残渣态测定。

四、主要仪器设备与材料

(1) 仪器：微波消解装置、石墨炉原子吸收分光光度计、铅元素锐线光源或连续光源、温控电热板、分析天平、恒温振荡器、离心机等。

(2) 器皿：聚四氟乙烯消解罐、容量瓶、塑料瓶、烧杯、小漏斗、离心管等。

五、试剂

(1) 0.11 mol/L 醋酸溶液：准确量取吸取 6.291 mL 冰醋酸并用超纯水定容至 1 L。

(2) 0.5 mol/L 盐酸羟胺溶液：在 800 mL 超纯水中解 34.745 g 盐酸羟胺，用超纯水定容至 1 L。

(3) 1.0 mol/L 醋酸铵溶液：在 800 mL 超纯水中解 77.08 g 醋酸铵，用超纯水定容至 1 L。

(4) 质量分数 30% H_2O_2：使用前用浓盐酸调 pH 至 2~3。

六、实验步骤

1. 土壤样品处理

采集后的土壤样品风干后备用。使用前，于 55 ℃ 干燥直至恒重。将干燥后的土壤样品破碎，过 20 目尼龙筛除去沙砾和生物残体，用四分法处理，取其中一份用研钵磨过 100 目尼龙筛，后将样品保存备用。

2. 不同形态铅的提取与测定

(1) 弱酸提取态：准确称取 1.000 0 g 样品（精确至 0.000 1 g）于 100 mL 聚丙烯离心管中，加入 40 mL 0.11 mol/L CH_3COOH 提取液，室温下振荡 16 h（250 r/min，保证管内混合物处于悬浮状态），然后 4000 r/min 离心分离 20 min。过滤出上层清液于聚乙烯瓶中，保存于 4 ℃ 冰箱中待测。加入 20 mL 超纯水清洗残余物，振荡 20 min，离心，弃去清洗液。

(2) 可还原态：向上一步提取后的残余物中加入 40 mL 0.5 mol/L $HONH_3Cl$ 提取液，室温振荡 16 h，然后 4000 r/min 离心分离 20 min。过滤出上层清液于聚乙烯瓶中，保存于 4 ℃ 冰箱中待测。加入 20 mL 超纯水清洗残余物振荡 20 min，离心，弃去清洗液。

(3)可氧化态:向上一步提取后的残余物中缓慢加入 10 L 质量分数 30% H_2O_2,盖上表面皿,偶尔振荡,室温下消解 1 h,然后水浴加热到 85 ℃,消解 1 h,去表面皿,升温加热至溶液近干,再加入质量分数 30% H_2O_2,重复以上过程。冷却后,加入 50 mL 1 mol/L CH_3COONH_4 提取液,室温下振荡 16 h,然后 4000 r/min 离心分离 20 min。过滤出上层清液于聚乙烯瓶中,保存于 4 ℃ 冰箱中待测。加入 20 mL 超纯水清洗残余物,振荡 20 min,离心,弃去清洗液。

(4)残渣态:按照土壤镉、铅总量的测定方法,对上一步的残渣进行消解,并在 50 mL 比色管中定容,待测。将所有待测液使用石墨炉原子吸收分光光度法测定不同形态铅吸收值,并在标准曲线上计算相应的浓度。

七、结果计算

铅的含量按式(6-10)进行计算,所测得的吸收值(如试剂空白有吸收,则应扣除空白吸收值)在标准曲线上得到相应的浓度 c。

八、注意事项

(1)每次加入提取剂后应立即开始振荡,不要停留。
(2)离心提取完后应破坏粉碎管底的沉积物,利于下次提取。
(3)实验中所用的离心管和容量瓶等在使用前均用体积分数 20% 硝酸浸泡过夜,用超纯水冲洗干净。
(4)残渣态含量的测定也可以采用差减法获得。
(5)以上实验均做空白实验和平行样进行质量控制。

九、实验设计与研究探索

由于其成土因素差异、主导成土过程、土地利用类型、重金属污染源不同,土壤剖面不同发生层土样中重金属存在形态存在较大差异;此外,不同利用类型的土壤理化特性(如有机质含量、质地、孔隙度等)、不同实验条件(如消解温度、消解时间、酸用量等)也会影响重金属存在形态的准确测量。为此,可以探索同一土壤剖面不同土层、不同土壤利用类型、不同实验条件对土壤重金属(铅)不同存在形态的测定有什么影响,并通过查阅教材和文献资料探究可能的原因。

(1)不同成土因素(如成土母质、气候)对土壤铅存在形态的影响:分别采集不同成土因素(生物、地形等)的土壤剖面不同土层的土样,测定土壤剖面各发生层次土壤重金属(铅)存在形态及其含量,比较分析成土因素和土层深度对土壤剖面各发生层次中重金属存在形态与含量的影响,并加以解释。

(2)不同土地利用类型对土壤铅存在形态的影响:分别取农田、林地、草地等不同土壤利用类型土样,测定土壤铅的不同存在形态及含量,分析土地利用类型对土样重金属存在形态及含量的影响,并分析其原因。

(3)消解温度对土壤铅不同存在形态的影响:设定不同消解温度和消解时间,测定土壤铅不同存在形态及其含量,筛选出省时高效的消解温度和消解时间。

十、思考题

(1) 分析不同成土条件(如成土母质、气候)对土壤剖面不同发生层的重金属存在形态和含量有什么影响,并举例说明。

(2) 探讨不同土地利用类型(如农田、林地、草地等)对土壤重金属存在形态和含量是否有影响,并举例说明。

(3) 通过查阅文献资料来分析总结土壤理化特性(如有机质含量、酸碱性、孔隙度等)对土壤重金属存在形态的影响,并给以合理的解释。

第九节 土壤和沉积物中19种金属元素总量测定(电感耦合等离子体质谱法)

电感耦合等离子体质谱仪(简称ICP-MS),是20世纪80年代发展起来的一种新的微量(10^{-6})、痕量(10^{-9})和超痕量(10^{-12})元素分析技术。ICP-MS可测定元素周期表中大部分元素,且具有极低的检出限、极宽的动态线性范围、谱线简单、干扰少、精密度高、分析速度快等性能优势。ICP-MS可分析大部分能在氩等离子体中电离的元素,可满足环境、半导体、生物、材料、化学等研究领域对元素的痕量分析需求。ICP-MS现已被广泛地应用于环境、半导体、医学、生物、冶金、石油、核材料分析等领域。ICP-MS在未来的经济发展和科学研究中将发挥更为积极而重要的作用。

一、实验目的与要求

(1) 理解电感耦合等离子体质谱法测定多种金属元素含量的基本原理。

(2) 能独立完成电感耦合等离子体质谱法的基本操作,并能分析测试土壤多种金属元素含量,判断土壤中部分重金属的污染现状。

(3) 能对实验数据进行计算分析和制作规范图表,对现象和结果进行合理分析及解释。

(4) 能从实验中挖掘课程思政元素,实现立德树人的目标。

二、基本原理

土壤或沉积物样品经消解后,采用电感耦合等离子体质谱法进行检测,根据元素的质谱图或特征离子进行定性,用内标法定量。试样由载气带入雾化系统进行雾化后,以气溶胶形式进入等离子体的轴向通道,在高温和惰性气体中被充分蒸发、解离、原子化和电离,转化成带正电荷离子,经离子采集系统进入质谱仪,质谱仪根据离子的质荷比进行分离并定性、定量分析。在一定浓度范围内,离子的质荷比所对应的信号响应值与其浓度呈正比。

三、应用范围

本方法适用于土壤和沉积物中银(Ag)、砷(As)、钡(Ba)、铍(Be)、铋(Bi)、镉(Cd)、铬(Cr)、钴(Co)、铜(Cu)、锂(Li)、锰(Mn)、钼(Mo)、镍(Ni)、锑(Sb)、锶(Sr)、铅(Pb)、铊(Tl)、

钒(V)和锌(Zn)共19种金属元素的测定。当取样量为0.1 g、消解后定容体积为50 mL时,19种金属元素的方法检出限为0.02~5 mg/kg,测定下限为0.08~20 mg/kg。

四、主要仪器设备与材料

(1)电感耦合等离子体质谱仪:能够扫描的质量范围为5~250 amu,分辨率为10%峰高处的峰宽介于0.6~0.8 amu。

(2)微波消解仪:功率为400~1600 W,控温精度为±2.5 ℃,具有程序化功率设定功能,配有聚四氟乙烯或其他耐高温高压耐腐蚀材质的微波消解罐。

(3)电热板:控温精度为±5 ℃,温度≥200 ℃。

(4)分析天平:分度值为0.1 mg。

(5)坩埚:聚四氟乙烯材质,50 mL。

(6)其他:一般实验室常用仪器和设备。

五、试剂

除非另有说明,分析时均使用符合国家标准的优级纯试剂。实验用水为不含目标物的超纯水。

(1)硝酸(HNO_3):$\rho=1.42$ g/mL。

(2)氢氟酸(HF):$\rho=1.16$ g/mL。

(3)高氯酸($HClO_4$):$\rho=1.67$ g/mL。

(4)盐酸(HCl):$\rho=1.19$ g/mL。

(5)(1∶99)硝酸溶液:硝酸和实验用水以1∶99的体积比混合。

(6)单元素标准储备液:$\rho=1000$ mg/L,使用基准或高纯级的金属、金属氧化物或金属盐类物质配制成浓度为1000 mg/L的单元素标准储备液,具体配制方法参见《土壤和沉积物 19种金属元素总量的测定 电感耦合等离子体质谱法》(HJ 1315—2023)中附录C。4 ℃以下冷藏保存2 a。亦可购买市售有证标准溶液。

(7)多元素标准储备液:$\rho=100.0$ mg/L,单元素标准储备液混合后,用硝酸溶液稀释,按照本实验的分组(表6-3),配制成浓度为100.0 mg/L的多元素标准储备液。4 ℃以下冷藏保存2 a。亦可购买市售有证标准溶液。

(8)多元素标准使用液:$\rho=1.00$ mg/L,用硝酸溶液稀释多元素标准储备液配制成浓度为1.00 mg/L的多元素标准使用液。4 ℃以下冷藏保存1 a。亦可购买市售有证标准溶液。

(9)内标标准储备液:$\rho=10.0$ mg/L,宜选用 ^{72}Ge、^{103}Rh、^{115}In 和 ^{185}Re 等为内标元素,可使用基准或高纯级的金属、金属氧化物或金属盐类物质配制内标标准储备液。4 ℃以下冷藏保存2 a。亦可购买市售标准溶液。

(10)内标标准使用液:用硝酸溶液稀释内标标准储备液配制成适当浓度的内标标准使用液,使内标标准使用液与样品溶液混合后的内标元素浓度为10~100 μg/L。4 ℃以下冷藏保存1 a。

(11)调谐溶液:宜选用含有Li、Be、Mg、Co、Y、In、Ba、Ce、Tl、Pb、Bi和U等元素的溶液作

为质谱仪的调谐溶液。可使用基准或高纯级的金属、金属氧化物或金属盐类物质配制。调谐溶液中元素浓度为 1.0～10.0 μg/L。4 ℃以下冷藏保存 6 个月。亦可购买市售标准溶液。

(12)氩气:纯度≥99.999%。

注意:①所有元素的标准储备液和使用液配制后均应在密封的聚乙烯或聚丙烯瓶中保存;②含有元素 Ag 的溶液需要避光保存。

六、实验步骤

1. 样品采集和保存

土壤样品按照《土壤环境监测技术规范》(HJT 166—2004)和《土壤质量 土壤样品长期和短期保存指南》(GB/T 32722—2016)的相关规定采集和保存,沉积物样品按照《水质采样技术指导》(HJ 494—2009)、《海洋监测规范 第 3 部分:样品采集、贮存与运输》(GB 17378.3—2007)和《近岸海域环境监测技术规范 第四部分近岸海域沉积物监测》(HJ 442.4—2020)的相关规定采集和保存。

2. 样品的制备

除去样品中的异物(枝棒、叶片、石子等),分别按照《土壤环境监测技术规范》(HJT 166—2004)和《海洋监测规范 第 5 部分:沉积物分析》(GB 17378.5—2007)的相关要求制备土壤及沉积物样品。土壤样品一份用于测定干物质含量,另一份用于制备试样。沉积物样品一份用于测定含水率,另一份用于制备试样。

3. 水分的测定

土壤样品干物质含量的测定按照《土壤 干物质和水分的测定 重量法》(HJ 613—2011)执行,沉积物样品含水率的测定按照《海洋监测规范 第 5 部分:沉积物分析》(GB 17378.5—2007)执行。

4. 试样的制备

(1)微波消解法:称取 0.1～0.5 g(精确至 0.1 mg)样品于微波消解罐中,沿内壁滴加少量实验用水润湿样品,加入 9 mL 硝酸和 3 mL 盐酸,充分混匀、反应平稳后,加盖拧紧,将消解罐装入微波消解仪中。参照表 6-8 的升温程序进行微波消解,消解结束后冷却至室温。从微波消解仪中取出消解罐,在通风橱中缓缓泄压放气,打开消解罐,将消解罐内的内容物全部转移至坩埚中,用少许实验用水洗涤消解罐及盖子,一并转移至坩埚中。在坩埚中加入 2 mL 氢氟酸,将坩埚置于电热板上,120～140 ℃加热至内容物呈不流动的黏稠状态。为达到良好的"飞硅"效果,加热时应经常摇动坩埚。取下坩埚,冷却至室温,加入 1 mL 高氯酸,160～180 ℃继续加热至白烟几乎冒尽,内容物呈黏稠状态。取下坩埚、稍冷,滴加少量硝酸溶液冲洗坩埚内壁,温热溶解内容物,冷却至室温后,转移至 50 mL 容量瓶中,用少量硝酸溶液反复多次洗涤坩埚内壁,洗涤液一并转入容量瓶中,用硝酸溶液定容至标线,摇匀,保存于聚乙烯瓶中,待测。

表 6-8 微波消解参考升温程序

步骤	升温时间/min	消解温度/℃	保持时间/min
1	7	室温至 120	3
2	5	120～160	3
3	5	160～180	25

(2) 电热板消解法：称取 0.1～0.5 g(精确至 0.000 1 g)样品于坩埚中，沿内壁滴加实验用水润湿样品，加入 10 mL 盐酸，于通风橱内电热板上 90～100 ℃加热，使样品初步分解。待内容物蒸发至剩余约 5 mL 时，加入 15 mL 硝酸，120～140 ℃加热至无明显颗粒，加入 5 mL 氢氟酸，120～140 ℃加热至内容物呈不流动的黏稠状态。为达到良好的"飞硅"效果，加热时应经常摇动坩埚。取下坩埚，冷却至室温，加入 1 mL 高氯酸，160～180 ℃继续加热至白烟几乎冒尽，内容物呈黏稠状态。取下坩埚，稍冷，滴加少量硝酸溶液冲洗坩埚内壁，温热溶解内容物，冷却至室温后，转移至 50 mL 量瓶中，用少量硝酸溶液反复多次洗涤坩埚内壁，洗涤液一并转入容量瓶中，用硝酸溶液定容至标线，摇匀，保存于聚乙烯瓶中，待测。

注意：①若坩埚内有黑色物存在，表明消解不完全。向坩埚中补加 1 mL 高氯酸并在 160～180 ℃下加盖反应至黑色物消失后开盖继续加热至白烟几乎冒尽，内容物呈黏稠状态；②土壤和沉积物样品种类较多、基体差异悬殊，消解时可适当调整酸试剂用量和消解温度等条件；③在满足本方法原理和质量控制要求的前提下，经验证后可使用其他自动或手动消解方法。

5. 空白试样的制备

不称取样品，按照与试样制备相同的步骤进行空白试样的制备，保证空白试样和试样的加酸量一致。

6. 分析步骤

(1) 仪器参考条件：不同型号仪器的最佳工作条件不同，应按照仪器使用说明书设定标准模式、反应模式或碰撞模式。仪器操作参考条件见表 6-9。干扰方程见《土壤和沉积物 19 种金属元素总量的测定 电感耦合等离子体质谱法》(HJ 1315—2023)中附录 B 的表 B.2，质量数、内标元素和分析模式的选取见附录 B 的表 B.3。

表 6-9 仪器操作参考条件

功率/W	采样锥和截取锥材质	载气流速/L·min^{-1}	冷却气流速/L·min^{-1}	检测方式
1550	Pt 和 Ni	0.06	15	跳峰，自动测定 3 次

(2) 仪器调谐：点燃等离子体后，仪器预热稳 30 min。用调谐溶液对仪器性能进行优化，使仪器的灵敏度、氧化物、双电荷、质量轴和分辨率满足要求，且质谱仪给出的调谐溶液中所含元素信号强度的相对标准偏差≤5%。

(3) 标准曲线的建立：分别移取一定体积的多元素标准使用液于同一组容量瓶中，用硝酸溶液定容、混匀，配制成系列标准溶液，其参考浓度见表 6-10，标准曲线的浓度范围可根据实际需要进行合理调整。内标标准使用液可以直接加入到系列标准溶液中,也可以在样品雾化之前通过蠕动泵在线加入。标准系列中内标元素浓度应保持一致。按照浓度由低到高的顺序依次测定标准系列,以各目标元素的质量浓度为横坐标,以经内标校正后的对应元素信号响应值为纵坐标,建立标准曲线的线性回归方程。

表6-10 各元素标准溶液系列参考浓度   单位:μg/mL

元素	标准溶液浓度						
Ag、Bi、Cd、Tl	0	0.50	1.00	2.00	5.00	10.0	20.0
Be、Mo、Sb	0	0.50	1.00	5.00	10.00	20.0	50.0
As、Co、Cr、Cu、Li、Ni、Pb、V、Zn	0	5.00	10.00	20.0	50.0	100	200
Ba、Mn、Sr	0	10.00	20.0	50.0	100	200	500

(4)试样测定:试样测定前,用硝酸溶液冲洗系统直到信号降至最低,待分析信号稳定后才可开始测定。在试样中加入与标准曲线相同量的内标标准使用液。按照与建立标准曲线相同的仪器分析条件和操作步骤进行试样的测定。若试样中待测元素浓度超出标准曲线范围,用硝酸溶液适当稀释后重新测定。

(5)空白试验:按照与试样测定相同的仪器条件进行空白试样的测定。

七、结果计算

(1)土壤样品中待测元素的含量 W_i 按照下式计算

$$W_i = \frac{(\rho_i \times f - \rho_{oi}) \times V}{m \times W_{dm} \times 1000} \tag{6-11}$$

式中:W_i 为土壤样品中待测元素的含量(mg/kg);ρ_i 为由标准曲线计算所得试样中待测元素的质量浓度(μg/L);f 为试样的稀释倍数;ρ_{oi} 为空白试样中对应待测元素的质量浓度(μg/L);V 为消解后试样的定容体积(mL);m 为称取土壤样品的质量(g);W_{dm} 为土壤样品干物质含量(%)。

(2)沉积物样品中待测元素的含量 W_i 按照按照下式计算

$$W_i = \frac{(\rho_i \times f - \rho_{oi}) \times V}{m \times (1-w) \times 1000} \tag{6-12}$$

式中:W_i 为沉积物样品中待测元素的含量(mg/kg);ρ_i 为由标准曲线计算所得试样中待测元素的质量浓度(μg/L);f 为试样的稀释倍数;ρ_{oi} 为空白试样中对应待测元素的质量浓度(μg/L);V 为消解后试样的定容体积(mL);m 为称取沉积物样品的质量(g);w 为沉积物样品含水率(%)。

八、注意事项

(1)所有元素的标准储备液和使用液配制后均应在密封的聚乙烯或聚丙烯瓶中保存。
(2)含有 Ag 元素的溶液需要避光保存。

(3) 若坩埚内有黑色物存在,表明消解不完全。向坩埚中补加 1 mL 高氯酸并在 160~180 ℃下加盖反应至黑色物消失后开盖继续加热至白烟几乎冒尽,内容物呈黏稠状态。

(4) 土壤和沉积物样品种类较多、基体差异悬殊,消解时可适当调整酸试剂用量和消解温度等条件。

(5) 在满足本方法原理和质量控制要求的前提下,经验证后可使用其他自动或手动消解方法。

九、实验设计与研究探索

由于其成土因素差异、主导成土过程、土地利用类型、重金属污染源不同,土壤剖面不同发生层土样中重金属存在形态存在较大差异;此外,不同利用类型的土壤理化特性(如有机质含量、质地、孔隙度等)、不同实验条件(如消解温度、消解时间、酸用量等)也会影响重金属存在形态的准确测量。为此,可以探索同一土壤剖面不同土层、不同土壤利用类型、不同实验条件对不同土壤金属的测定有什么影响,并通过查阅教材和文献资料探究可能的原因。

(1) 不同成土因素(如成土母质、气候)对土壤重金属含量的影响:分别采集不同成土因素(生物、地形等)的土壤剖面不同土层的土样,测定土壤剖面各发生层次土壤重金属含量,比较分析成土因素和土层深度对土壤剖面各发生层次中重金属存在形态与含量的影响,并加以解释。

(2) 不同土地利用类型对土壤重金属含量的影响:分别取农田、林地、草地等不同土壤利用类型土样,测定土壤重金属含量,分析土地利用类型对土样重金属含量的影响,并分析其原因。

(3) 消解温度对土壤重金属含量的影响:设定不同消解温度和消解时间,测定土壤重金属含量,筛选出省时高效的消解温度和消解时间。

十、思考题

(1) 不同成土条件(如成土母质、气候)对土壤剖面不同发生层的重金属含量有什么影响?

(2) 不同土地利用类型(如农田、林地、草地等)对土壤重金属含量是否有影响?

(3) 通过查阅文献资料来分析总结土壤理化特性(如有机质含量、酸碱性、孔隙度等)对土壤重金属的影响,并给以合理的解释。

参考文献

第六章　土壤无机污染物测定与分析	本章文献编号
第一节　土壤硫化物测定与分析(亚甲基蓝分光光度法)	[1-14]
第二节　土壤氰化物和总氰化物测定	[1-13,15]
第三节　土壤铜、锌、铅、镍、铬总量测定	[2-5,12-13,16-19]

续表

第六章　土壤无机污染物测定与分析		本章文献编号
第四节	土壤铅、镉总量测定	[5,8-13,18-19]
第五节	土壤汞、砷总量测定	[3,5-13,16,18]
第六节	土壤有效态镉、铅含量测定	[1,5,11-13,17-18,20]
第七节	土壤重金属(铅)形态测定(Tessier 连续提取法)	[1,3-13,19]
第八节	土壤重金属(铅)形态测定(改进 BCR 连续提取法)	[1,3-13,19]
第九节	土壤和沉积物中19种金属元素总量测定(电感耦合等离子体质谱法)	[1,3-7,9-13,18-19]

[1] 胡慧蓉,王艳霞.土壤学实验指导教程[M].北京:中国林业出版社,2020.
[2] 王友保.土壤污染生态修复实验技术[M].北京:科学出版社,2018.
[3] 胡学玉.环境土壤学实验与研究方法[M].武汉:中国地质大学出版社,2011.
[4] 全国农业技术推广服务中心.土壤分析技术规范[M].2版.北京:中国农业出版社,2006.
[5] 土壤环境监测分析方法编委会.土壤环境监测分析方法[M].北京:中国环境出版集团,2019.
[6] 鲍士旦.土壤农化分析[M].3版.北京:中国农业出版社,2000.
[7] 南京农业大学.土壤农化分析[M].2版.北京:农业出版社,1996.
[8] 乔胜英.土壤理化性质实验指导书[M].武汉:中国地质大学出版社,2012.
[9] 鲁如坤.土壤农业化学分析方法[M].北京:中国农业科技出版社,2000.
[10] 李酉开.土壤农业化学常规分析方法[M].北京:科学出版社,1983.
[11] 劳家柽.土壤农化分析手册[M].北京:农业出版社,1988.
[12] 种云霄.农业环境科学与技术实验教程[M].北京:化学工业出版社,2016.
[13] 曾巧云.环境土壤学实验教程[M].北京:中国农业大学出版社,2022.
[14] 环境保护部.土壤和沉积物　硫化物的测定　亚甲基蓝分光光度法:HJ 833—2017[S].北京:中国环境出版社,2017.
[15] 环境保护部.土壤　氰化物和总氰化物的测定　分光光度法:HJ 745—2015[S].北京:中国环境出版社,2015.
[16] 环境保护部.土壤和沉积物　汞、砷、硒、铋、锑的测定微波消解原子荧光法:HJ 680—2013[S].北京:中国环境科学出版社,2013.
[17] 生态环境部.土壤和沉积物　铜、锌、铅、镍、铬的测定　火焰原子吸收分光光度法:HJ 491—2019[S].北京:中国环境出版集团,2019.
[18] 生态环境部.土壤和沉积物　19种金属元素总量的测定　电感耦合等离子体质谱法:HJ 1315—2023[S].北京:中国环境出版集团,2023.
[19] 国家环境保护局.土壤质量　铅、镉的测定　石墨炉原子吸收分光光度法:GB/T 17141—1997[S].北京:中国环境科学出版社,1998.
[20] 环境保护部.土壤　8种有效态元素的测定　二乙烯三胺五乙酸浸提-电感耦合等离子体发射光谱法:HJ 804—2016[S].北京:中国环境出版社,2016.

第七章 土壤有机污染物测定与分析

第一节 土壤石油类测定(红外分光光度法)

石油在开采、炼制、储运、使用等过程中,进入土壤环境,超过土壤的自净能力,导致土壤环境正常功能失调和土壤质量下降,并通过食物链,最终影响到人类健康。据估计,全世界每年约有 10^9 t 石油及其产品通过各种途径进入地下水、地表水及土壤中,其中我国有 60 多万吨。而有关资料显示,我国部分石油化工区土壤残油高达 10 000 mg/kg,是临界值(200 mg/kg)的 50 多倍。石油物质进入土壤后,使土壤结构改变、通透性减弱、作物生长受到限制,部分有毒石油烃组分还会通过农作物进入食物链影响人体健康。因此,监测土壤石油类物质含量是土壤石油类污染现状评估和石油类污染治理的前提与关键环节。

一、实验目的与要求

(1)理解红外分光光度法测定土壤石油类含量的基本原理。

(2)能独立完成红外分光光度法测定土壤石油类的基本操作,并能分析研判土壤石油类污染程度。

(3)能对实验数据进行计算分析和制作规范图表,对现象和结果进行合理分析与解释。

(4)能从实验中挖掘课程思政元素,实现立德树人目标。

二、基本原理

土壤用四氯乙烯提取,提取液经硅酸镁吸附,除去动植物油等极性物质后,测定石油类的含量。石油类的含量由波数分别为 2930 cm^{-1}(CH$_2$ 基团中 C—H 键的伸缩振动)、2960 cm^{-1}(CH$_3$ 基团中 C—H 键的伸缩振动)和 3030 cm^{-1}(芳香环中 C—H 键的伸缩振动)处的吸光度 A_{2930}、A_{2960} 和 A_{3030} 根据校正系数进行计算。

三、应用范围

本方法适用于各类土壤中石油类物质的测定。当取样量为 10 g,提取液体积为 50 mL,使用 40 mm 石英比色皿时,本方法检出限为 4 mg/kg,测定下限为 16 mg/kg。

四、主要仪器设备与材料

主要有红外测油仪或红外分光光度计(能在 2930 cm^{-1}、2960 cm^{-1}、3030 cm^{-1} 处测量吸光

度,并配有 40 mm 带盖石英比色皿)、水平振荡器、马弗炉、天平(感量为 0.01 g 和 0.000 1 g)、100 mL 具塞锥形瓶、玻璃漏斗(直径为 60 mm)、采样瓶(500m,广口棕色玻璃瓶,具聚四氟乙烯衬垫)。

五、试剂

(1)四氯乙烯(C_2Cl_4):以干燥 40 mm 空石英比色皿为参比,在波数 2930 cm^{-1}、2960 cm^{-1} 和 3030 cm^{-1} 处吸光度应分别不超过 0.34、0.07 和 0。

(2)正十六烷:色谱纯。

(3)异辛烷:色谱纯。

(4)苯:色谱纯。

(5)无水硫酸钠:置于马弗炉内 450 ℃ 加热 4 h,稍冷后置于磨口玻璃瓶中,置于干燥器内储存。

(6)石英砂:270~830 μm(20~50 目),置于马弗炉内 450 ℃ 加热 4 h,稍冷后置于磨口玻璃瓶中,置于干燥器内储存。

(7)硅酸镁:150~250 μm(100~60 目)。取硅酸镁于瓷蒸发皿中,置于马弗炉内 450 ℃ 加热 4 h,稍冷后移入干燥器中冷却至室温,置于磨口玻璃瓶中保存。使用时,称取适量的硅酸镁于磨口玻璃瓶中,根据硅酸镁的质量,按 6%(m/m)比例加入适量的蒸馏水,密塞并充分振荡,12 h 后使用。

(8)玻璃纤维滤膜:直径 60 mm。置于马弗炉内 450 ℃ 烘烤 4 h,稍冷后置于干燥器内储存。

(9)正十六烷标准储备液:$\rho \approx$ 10 000 mg/L。称取 1.0 g(准确至 0.1 mg)正十六烷于 100 mL 容量瓶中,用四氯乙烯稀释定容至标线,摇匀,0~4 ℃ 冷藏、避光可保存 1 年。或购买市售有证标准物质。

(10)正十六烷标准使用液:ρ = 1000 mg/L。将正十六烷标准储备液用四氯乙烯稀释定容于 100 mL 容量瓶中,临用现配。

(11)异辛烷标准储备液:$\rho \approx$ 10 000 mg/L。称取 1.0 g(准确至 0.1 mg)异辛烷于 100 mL 容量瓶中,用四氯乙烯定容,摇匀,0~4 ℃ 冷藏、避光可保存 1 年。或购买市售有证标准物质。

(12)异辛烷标准使用液:ρ = 1000 mg/L。将异辛烷标准储备液用四氯乙烯稀释定容于 100 mL 容量瓶中,临用现配。

(13)苯标准储备液:$\rho \approx$ 10 000 mg/L。称取 1.0 g(准确至 0.1 mg)苯于 100 mL 容量瓶中,用四氯乙烯定容,摇匀,0~4 ℃ 冷藏、避光可保存 1 年。或购买市售有证标准物质。

(14)苯标准使用液:ρ = 1000 mg/L。将苯标准储备液用四氯乙烯稀释定容于 100 mL 容量瓶中,临用现配。

(15)石油类标准储备液:$\rho \approx$ 10 000 mg/L,按体积比 65:25:10 量取正十六烷、异辛烷和苯配制混合物。称取 1.0 g(准确至 0.1 mg)混合物于 100 mL 容量瓶中,用四氯乙烯定容,摇匀,0~4 ℃ 冷藏、避光可保存 1 年。或购买市售有证标准物质。

(16)石油类标准使用液:$\rho=1000$ mg/L,将石油类标准储备液用四氯乙烯稀释定容于 100 mL 容量瓶中,临用现配。

(17)玻璃棉:使用前,将玻璃棉用四氯乙烯浸泡洗涤,晾干备用。

(18)吸附柱:在内径 10 mm、长约 200 mm 的玻璃柱出口处填塞少量玻璃棉,将硅酸镁缓缓倒入玻璃柱中,边倒边轻轻敲打,填充高度约为 80 mm。

注意:分析时均使用符合国家标准的分析纯试剂,实验用水为蒸馏水或同等纯度的水,特别说明除外。

六、实验步骤

1. 样品采集

按照要求进行样品的采集和保存。样品装满装实采样瓶,密封后置于冷藏箱内,尽快运回实验室分析。若暂时不分析,应在 4 ℃以下冷藏保存,保存时间为 7 d。

2. 样品制备

除去样品中的异物(石子、叶片等),混匀。称取 10 g(精确至 0.01 g)样品,加入适量无水硫酸钠,研磨均化成流沙状,转移至具塞锥形瓶中。

3. 干物质含量的测定

在称取样品的同时,另取一份样品,测定土壤样品干物质含量。

4. 试样的制备

在锥形瓶中加入 20.0 mL 四氯乙烯,密封,置于振荡器中,以 200 次/min 的频次振荡提取 30 min。静置 10 min 后,用带有玻璃纤维滤膜的玻璃漏斗将提取液过滤至 50 mL 比色管中。再用 20.0 mL 四氯乙烯重复提取一次,将提取液和样品全部转移过滤。用 10.0 mL 四氯乙烯洗涤具塞锥形瓶、滤膜、玻璃漏斗以及土壤样品,合并提取液。将提取液倒入吸附柱,弃去前 5 mL 流出液,保留剩余流出液,待测。同时,称取 10 g 石英砂代替土壤样品制备空白试样。

注意:如土壤样品中石油类含量过高,可适当增加重复提取次数。

5. 校准

分别移取 2.00 mL 正十六烷标准使用液、2.00 mL 异辛烷标准使用液和 10.00 mL 苯标准使用液于 3 个 100 mL 容量瓶中,用四氯乙烯定容至标线,摇匀。正十六烷、异辛烷和苯标准溶液的浓度分别为 20.00 mg/L、20.00 mg/L 和 100.00 mg/L。

以 40 mm 石英比色皿加入四氯乙烯为参比,分别测量正十六烷、异辛烷和苯标准溶液在 2930 cm^{-1}、2960 cm^{-1}、3030 cm^{-1} 处的吸光度 A_{2930}、A_{2960}、A_{3030}。将正十六烷、异辛烷和苯标准溶液在上述波数处的吸光度按式(7-1)联立方程式,经求解后分别得到相应的校正系数 X、Y、Z 和 F。

$$\rho_1 = X \cdot A_{2930} + Y \cdot A_{2960} + Z\left[A_{3030} - \frac{A_{2930}}{F}\right] \qquad (7-1)$$

式中:ρ_1 为石油类标准溶液浓度(mg/L);A_{2930}、A_{2960}、A_{3030} 为各对应波数下测得的吸光度;

X 为与 CH_2 基团中 C—H 键吸光度相对应的系数[单位:mg/(L·吸光度)];Y 为与 CH_3 基团中 C—H 键吸光度相对应的系数[单位:mg/(L·吸光度)];Z 为与芳香环中 C—H 键吸光度相对应的系数(mg·L^{-1}/吸光度);F 为脂肪烃对芳香烃影响的校正因子,即正十六烷在 2930 cm^{-1} 与 3030 cm^{-1} 吸光度之比。

对于正十六烷和异辛烷,由于其芳香烃含量为零,即 $A_{3030} - \dfrac{A_{2930}}{F} = 0$,则有

$$F = \frac{A_{2930}(H)}{A_{3030}(H)} \tag{7-2}$$

$$\rho(H) = X \cdot A_{2930}(H) + Y \cdot A_{2960}(H) \tag{7-3}$$

$$\rho(I) = X \cdot A_{2930}(I) + Y \cdot A_{2960}(I) \tag{7-4}$$

$$\rho(B) = X \cdot A_{2930}(B) + Y \cdot A_{2960}(B) + Z\left[A_{3030}(B) - \frac{A_{2930}(B)}{F}\right] \tag{7-5}$$

由公式(7-5)可得 Z 值。

式中:$\rho(H)$ 为正十六烷标准溶液的浓度(mg/L);$\rho(I)$ 为异辛烷标准溶液的浓度(mg/L);$\rho(B)$ 为苯标准溶液的浓度(mg/L);$A_{2930}(H)$、$A_{2960}(H)$、$A_{3030}(H)$ 分别为各对应波数下测得正十六烷标准溶液的吸光度;$A_{2930}(I)$、$A_{2960}(I)$、$A_{3030}(I)$ 分别为各对应波数下测得异辛烷标准溶液的吸光度;$A_{2930}(B)$、$A_{2960}(B)$、$A_{3030}(B)$ 为各对应波数下测得苯标准溶液的吸光度。

6. 试样测定

将经硅酸镁吸附后的剩余流出液转移至 40 mm 石英比色皿中,以四氯乙烯作参比,在波数 2930 cm^{-1}、2960 cm^{-1}、3030 cm^{-1} 处测量其吸光度 A_{2930}、A_{2960}、A_{3030}。按式(7-1)计算石油类浓度。按与试样测定相同的步骤,进行空白试样的测定。

七、结果计算

土壤中石油类的含量 w(mg/kg)计算公式为

$$w = \frac{\rho_2 \cdot V}{m \cdot W_{dm}} \tag{7-6}$$

式中:w 为土壤中石油类的含量(mg/kg);ρ_2 为提取液中石油类浓度(mg/L);V 为提取液体积(mL);m 为称取土壤样品质量(g);W_{dm} 为土壤样品干物质含量(%)。

八、注意事项

(1)四氯乙烯对人体健康有害,标准溶液配制、样品制备及测定过程应在通风橱内进行,操作时应按规定要求佩戴防护器具,避免接触皮肤和衣物。

(2)样品应装满装实采样瓶,密封后置于冷藏箱内,尽快运回实验室分析。

(3)若采回的土样暂不分析,应在 4 ℃ 以下冷藏,保存时间不超过 7 d。

(4)如土壤样品中石油类含量过高,可适当增加重复提取次数。

(5)同一批样品测定所使用的四氯乙烯应来自同一瓶,如样品数量多,可将多瓶四氯乙烯混合均匀后使用。

(6)样品制备过程应清洁、无污染,样品制备过程中应远离有机气体,使用的所有工具都进行彻底清洗,防止交叉污染。

九、实验设计与研究探索

石油在开采、炼制、储运、使用等过程中都可能造成土壤污染,因此可以设置在主要陆地交通运输通道(公路、铁路等)以及机场、加油站、油库、石油化工厂等附近的土壤剖面不同土层深度和距离污染源远近进行采样,来分析土样中石油类物质种类与含量,评估土壤石油类污染现状和污染程度。此外,不同利用类型的土壤理化特性(如有机质含量、质地、孔隙度等)也会影响土壤石油类的测定结果。为此,可以监测交通干线沿线、不同石油加工使用场地附近、不同土壤理化特性的土壤石油类物质种类与含量,分析判定土壤石油类污染程度。

(1)不同交通运输通道对附近土壤石油类含量的影响:分别测定公路、铁路、机场航线沿线两侧不同距离、不同土层中土壤石油类物质种类和含量,分析其变化规律,探究主要污染源。

(2)不同石油类储运、化工等场地对附近土壤石油类物质种类和含量的影响:分别取石油类储运和化工等场地周边不同距离、不同风向的土壤样品,测定分析土壤石油类物质种类和含量变化,探究外界因素(风向、风力等)对土壤石油类物质迁移转化的影响,提出如何降低石油类物质污染风险的举措。

(3)土壤有机质、质地、孔隙度等对土壤石油类物质迁移转化的影响:采集石油类污染源附近不同土壤有机质、不同质地类型的土样,测定石油类污染物的种类和含量,探究土壤有机质、质地、孔隙度等土壤理化特性对石油类污染物的迁移和分解转化的影响。

十、思考题

(1)样品应装满装实采样瓶,密封后置于冷藏箱内,尽快运回实验室分析,为什么?

(2)若采集的土样暂时不分析,应在4℃以下冷藏,保存时间不超过7 d,为什么?

(3)同一批土壤样品测定所使用的四氯乙烯应来自同一瓶,如样品数量多,可将多瓶四氯乙烯混合均匀后使用,为什么?

(4)如果土壤样品中石油类含量很高,四氯乙烯提取一次是否合理?应该怎么做?

(5)土壤理化特性(如有机质含量、质地、孔隙度等)会对土壤石油类含量产生什么影响?通过所学知识和查阅资料加以解释。

第二节 土壤二噁英类测定
(同位素稀释/高分辨气相色谱-低分辨质谱法)

二噁英类物质(dioxins)包括多氯代二苯并-噁英(polychlorinated dibenzo-p-dioxins,简称 PCDDs)、多氯代二苯并呋喃(polychlorinated dibenzofurans,简称 PCDFs),主要的污染源是化工冶金工业、垃圾焚烧、造纸以及生产杀虫剂等产业。日常生活所用的胶袋、PVC(聚氯乙烯)软胶等物中都含有氯,燃烧这些物品时便会释放出二噁英,悬浮于空气中。大气环境中的二噁英 90% 来源于城市和工业垃圾焚烧。含铅汽油、煤、防腐处理过的木材以及石油产品、各种废弃物特别是医疗废弃物在燃烧温度 300～400 ℃时容易产生二噁英。聚氯乙烯塑料、纸张、氯气以及某些农药的生产环节、钢铁冶炼、催化剂高温氯气活化等过程都可向环境中释放二噁英。二噁英是非目的性生产的环境污染物,在全球范围内的各种环境介质中都发现了它的存在。二噁英类物质强烈的毒性及可能造成的大范围环境污染,目前已是社会和科研关注的焦点。

2001 年,联合国环境保护署(UNEPA)在针对环境荷尔蒙问题的《关于持久性有机污染物的斯德哥尔摩公约》(简称《POPS 公约》)中颁布的 12 种优先控制的持久性有机污染物名单中,PCDDs 和 PCDFs 列为前二位。每年沉降到陆地的二噁英类物质总量为 12 t,它们难以化学和生物降解,很容易在环境中积累;由于二噁英类物质难溶于水,有很强的脂溶性,因而易于积聚于富有机质的基体中,如土壤、水系沉积物中等;从二噁英类物质的污染源及传播途径看,土壤最可能是二噁英类物质传播的集散地。土壤中的二噁英类物质通过挥发作用或与土壤尘粒一起再悬浮方式转移,污染的土壤又可成为二次污染源,对环境、农产品、植被、人体产生负面的影响。因此,研究全球土壤的二噁英类物质污染现状及趋势是非常重要和必要的。

一、实验目的与要求

(1)理解同位素稀释/高分辨气相色谱-低分辨质谱法测定土壤二噁英类的基本原理。

(2)能独立完成同位素稀释/高分辨气相色谱-低分辨质谱法测定土壤二噁英类的基本操作,并能分析研判土壤二噁英类污染程度。

(3)能对实验数据进行计算分析和制作规范图表,对现象和结果进行合理分析与解释。

(4)能从实验中挖掘课程思政元素,实现立德树人目标。

二、基本原理

按相应采样规范采集样品并干燥,采用索氏提取、加速溶剂萃取或其他等效并经验证的方法进行提取,提取液用硫酸/硅胶柱或多层硅胶柱净化及氧化铝柱或活性炭分散硅胶柱等分离,浓缩后加入进样内标,使用高分辨气相色谱-低分辨质谱法(HRGC－LRMS)进行定性和定量分析。

三、应用范围

本方法适用于土壤和沉积物中二噁英类物质的初步筛查,主要包括从四氯到八氯的多氯苯并二噁英、二苯并呋喃的高分辨气相色谱-低分辨质谱联用的测定方法。本方法的检出限随仪器的灵敏度、样品中二噁英浓度及干扰水平等因素变化。当土壤取样量为 20 g 时,对 $2,3,7,8-T_4CDD$ 的检出限应低于 1.0 ng/kg,见表 7-1、表 7-2。

四、主要仪器设备与材料

1. 采样装置

(1)采样工具:应符合《土壤环境监测技术规范》(HJ/T 166—2004)和《海洋监测规范第 3 部分:样品采集、贮存与运输》(GB 17378.3—2007)的要求,并使用对二噁英类无吸附作

表7-1 2,3,7,8-氯代二噁英类及方法检出限   单位:ng/kg

序号	异构体名称	简称	检出限
1	2,3,7,8-四氯二苯并-对-二噁英类	2,3,7,8-T_4CDD	0.3
2	1,2,3,7,8-五氯二苯并-对-二噁英类	1,2,3,7,8-P_5CDD	0.5
3	1,2,3,4,7,8-六氯二苯并-对-二噁英类	1,2,3,4,7,8-H_6CDD	0.6
4	1,2,3,6,7,8-六氯二苯并-对-二噁英类	1,2,3,6,7,8-H_6CDD	0.6
5	1,2,3,7,8,9-六氯二苯并-对-二噁英类	1,2,3,7,8,9-H_6CDD	0.6
6	1,2,3,4,6,7,8-七氯二苯并-对-二噁英类	1,2,3,4,6,7,8-H_7CDD	1.2
7	八氯二苯并-对-二噁英类	OCDD	1.7
8	2,3,7,8-四氯二苯并呋喃	2,3,7,8-T_4CDF	0.2
9	1,2,3,7,8-五氯二苯并呋喃	1,2,3,7,8-P_5CDF	0.3
10	1,2,3,4,7,8-五氯二苯并呋喃	2,3,4,7,8-P_5CDF	0.3
11	1,2,3,4,7,8-六氯二苯并呋喃	1,2,3,4,7,8-H_6CDF	0.4
12	1,2,3,6,7,8-六氯二苯并呋喃	1,2,3,6,7,8-H_6CDF	0.4
13	1,2,3,7,8,9-六氯二苯并呋喃	1,2,3,7,8,9-H_6CDF	0.4
14	2,3,4,6,7,8-六氯二苯并呋喃	2,3,4,6,7,8-H_6CDF	0.4
15	1,2,3,4,6,7,8-七氯二苯并呋喃	1,2,3,4,6,7,8-H_7CDF	1.4
16	1,2,3,4,7,8,9-七氯二苯并呋喃	1,2,3,4,7,8,9-H_7CDF	1.4
17	八氯二苯并呋喃	OCDF	1.4

表7-2 可供选用的二噁英类内标

取代氯原子数	PCDDs	PCDFs
四氯	$^{37}C_{14}$-2,3,7,8-T_4CDD、 $^{13}C_{12}$-2,3,7,8-T_4CDD、 $^{13}C_{12}$-1,2,3,4-T_4CDD	$^{13}C_{12}$-1,2,7,8-T_4CDF、 $^{13}C_{12}$-2,3,7,8-T_4CDF
五氯	$^{13}C_{12}$-1,2,3,7,8-P_5CDD	$^{13}C_{12}$-1,2,3,7,8-P_5CDF、 $^{13}C_{12}$-2,3,4,7,8-P_5CDF
六氯	$^{13}C_{12}$-1,2,3,4,7,8-H_6CDD、 $^{13}C_{12}$-1,2,3,6,7,8-H_6CDD、 $^{13}C_{12}$-1,2,3,7,8,9-H_6CDD	$^{13}C_{12}$-1,2,3,4,7,8-H_6CDF、 $^{13}C_{12}$-1,2,3,6,7,8-H_6CDF、 $^{13}C_{12}$-1,2,3,7,8,9-H_6CDF、 $^{13}C_{12}$-2,3,4,6,7,8-H_6CDF
七氯	$^{13}C_{12}$-1,2,3,4,6,7,8-H_7CDD	$^{13}C_{12}$-1,2,3,4,7,8,9-H_7CDF
八氯	$^{13}C_{12}$-OCDD	$^{13}C_{12}$-OCDF

用的不锈钢或铝合金材质器具。

(2)样品容器:应符合《土壤环境监测技术规范》(HJ/T 166—2004)和《海洋监测规范 第3部分:样品采集、贮存与运输》(GB 17378.3—2007)的要求,并使用对二噁英类无吸附作用的不锈钢或玻璃材质可密封器具。

2. 前处理装置

样品前处理装置要用碱性洗涤剂和水充分洗净,使用前依次用丙酮、正己烷或甲苯等溶剂冲洗,定期进行空白试验。所有接口处严禁使用油脂。

(1)索氏提取器或具有相当功能的设备。

(2)浓缩装置:旋转蒸发浓缩器、氮吹仪以及相当浓缩装置等。

(3)快速萃取装置:带34 mL和66 mL的萃取池,萃取压力不低于1500 psi,萃取温度需要大于120 ℃。

(4)层析柱:内径8~15 mm、长200~300 mm玻璃层析柱。

3. 分析仪器

使用高分辨气相色谱-低分辨质谱(HRGC‐LRMS)对二噁英类进行分析。

(1)高分辨气相色谱:进样部分采用柱上进样或者不分流进样方式,进样口最高使用温度范围为250~280 ℃。

(2)石英毛细管色谱柱:长25~60 m,内径0.1~0.32 mm,膜厚0.1~0.25 μm 石英毛细管色谱柱,可对2,3,7,8-位氯取代异构体进行良好分离,并能判明这些化合物的色谱峰流出顺序。为保证对所有的2,3,7,8-位氯取代异构体都能很好地分离,宜选择2种不同极性的毛细管柱分别测定。柱箱温度控制范围在50~350 ℃,能进行程序升温。

(3)低分辨质谱:离子源温度为250 ℃,选择电子轰击(EI)模式,电子轰击能为70 eV,选择离子检出方法(SIM法)。

五、试剂

除非另有说明,分析时均使用符合相关标准的农残级试剂,并进行空白试验。有机溶剂浓缩10 000倍不得检出二噁英类物质。主要有机溶剂有丙酮、甲苯、正己烷、甲醇、二氯甲烷。

(1)无水硫酸钠:优级纯,使用前在马弗炉中660 ℃焙烧6 h,待冷却至150 ℃后,转移至干燥器中,冷却后装入试剂瓶中,干燥保存。

(2)(1∶1)盐酸溶液:优级纯。

(3)硫酸:优级纯。

(4)1 mol/L氢氧化钠溶液:氢氧化钠为优级纯。

(5)质量分数10%硝酸银硅胶:市售,保存于干燥器中。

(6)还原铜:使用前用盐酸、蒸馏水、丙酮、甲苯分别淋洗,放入干燥器中保存。

(7)硅胶:将色谱用硅胶(100~200目)放入烧杯中,用二氯甲烷洗净,待二氯甲烷全部挥发后,摊放在蒸发皿或烧杯中,厚度小于10 mm,在130 ℃的条件下加热18 h,放在干燥器中冷却 30 min。装入密闭容器后放入干燥器中保存。

(8) 质量分数 13% 氢氧化钠碱性硅胶：取硅胶 67 g，加入 1 mol/L 的氢氧化钠溶液 33 g，充分搅拌使之呈流体粉末状。制备完成后装入试剂瓶中密封，保存在干燥器内。

(9) 质量分数 44% 硫酸硅胶：取硅胶 100 g，加入 78.6 g 的硫酸，充分振荡后变成粉末状。制备完成后装入试剂瓶中密封，保存在干燥器内。

(10) 氧化铝：色谱用氧化铝（碱性活性度 I）。分析过程中可以直接使用活性氧化铝。必要时可进行活化，活化方法为：将氧化铝摊放在烧杯中，厚度小于 10 mm，在 130 ℃ 的条件下加热 18 h，或者在培养皿中铺成 5 mm 厚度，在 500 ℃ 的条件下加热 8 h，放在干燥器内冷却 30 min。装入密闭容器后放在干燥器内保存。活化后应尽快使用。

(11) 活性炭分散硅胶：市售，保存于干燥器中。

(12) 氮气：高纯氮气，纯度以上 99.999%。

(13) 水：用正己烷充分洗涤过的蒸馏水。除非另有说明，本标准中涉及的水均指上述处理过的蒸馏水。

(14) 体积分数 3% 二氯甲烷-正己烷溶液：二氯甲烷和正己烷以 3∶97 的体积比混合。

(15) 体积分数 50% 二氯甲烷-正己烷溶液：二氯甲烷和正己烷以 1∶1 的体积比混合。

(16) 体积分数 25% 二氯甲烷-正己烷溶液：二氯甲烷和正己烷以 1∶3 的体积比混合。

(17) 氯化钠溶液：取 150 g 氯化钠溶于水中，稀释至 1 L。

(18) 校准标准：市售二噁英类校准标准物质，需要涵盖 17 种不同氯取代二噁英及呋喃。

(19) 净化内标：市售二噁英类净化内标物质，选择 8~17 种 ^{13}C 标记化合物作为净化内标。

(20) 进样内标：市售二噁英类进样内标物质，一般选择 1~2 种 ^{13}C 标记化合物作为进样内标。

(21) 全氟三丁胺（PFTBA）校正调谐标准溶液：全名为甲醇中全氟三丁胺溶液标准物质，为气质校验专用标准物质，市售浓度为 1000 mg/L，体积 1 mL。

六、实验步骤

1. 样品采集与保存

按照《土壤环境监测技术规范》（HJ/T 166—2004）和《海洋监测规范 第 3 部分：样品采集、贮存与运输》（GB 17378.3—2007）要求进行采样。样品采集后避光保存，尽快送至实验室进行样品制备和样品分析。用于样品采集的器械、材料等应保持清洁，采样前应使用水和有机溶剂清洗。

按照《土壤环境监测技术规范》（HJ/T 166—2004）和《海洋监测规范 第 3 部分：样品采集、贮存与运输》（GB 17378.3—2007）要求，将采集后的样品在实验室中风干、破碎、过筛，保存在棕色玻璃瓶中。

含水率的测定：按照《土壤干物质和水分的测定 重量法》（HJ 613—2011）测定土壤含水量。

2. 试样的制备

试样的制备主要包括净化内标的加入、样品的提取、提取液的多种净化、净化液的浓缩、进样内标的加入，前处理过程流程见《土壤、沉积物　二噁英类的测定同位素稀释/高分辨气相色谱-低分辨质谱法》(HJ 650—2013)附录C。

1）样品的提取

（1）索氏提取法：称取约20 g风干过筛样品放入索氏提取器的提取杯中，在每个样品中加入1 ng的$^{13}C_{12}$-标记的净化内标。用200～300 mL的甲苯提取16 h以上。将提取液浓缩至1～2 mL，定容至5 mL，待净化。

（2）快速萃取方法：在小烧杯中称取约20 g的风干过筛样品，加入一定量的无水硫酸钠，将样品转移至快速萃取装置的萃取池中，同时加入一定量的$^{13}C_{12}$-标记的净化内标。设定的萃取条件为：压力1500 psi，温度120 ℃，提取溶剂甲苯，100％充满萃取池模式，高温高压静置5 min，循环3次。提取后的样品按索氏提取法浓缩定容，待净化。

如沉积物样品含大量的硫化物，需要进行脱硫净化。脱硫方法如下：将样品提取液浓缩至50 mL左右，加入处理后的还原铜，充分振荡，过滤，收集滤液，按照索氏提取法浓缩定容。

2）样品的净化

（1）硫酸-硅胶柱净化：当样品颜色较深，干扰较大时，采用硫酸-硅胶柱净化方法。

将浓缩后的样品放入250 mL的分液漏斗中，加入75 mL正己烷，用30 mL硫酸振摇约10 min，静置后弃去水相，重复操作直至硫酸层为无色。正己烷层用50 mL质量分数15％氯化钠溶液反复洗至中性，经无水硫酸钠脱水后，浓缩到2 mL以下，按照硫酸-硅胶柱净化或多层硅胶柱净化方法继续净化处理。

在玻璃层析柱的底部加入玻璃棉，填入3 g硅胶，再在其上部加入约10 mm厚的无水硫酸钠。

用50 mL的正己烷冲洗硅胶柱，液面保持在无水硫酸钠层以上。将样品浓缩液缓慢转入硅胶柱，再用1 mL正己烷反复洗涤浓缩瓶，同样转移至硅胶柱上，待液面降至无水硫酸钠层以下，用120 mL正己烷以2.5 mL/min（每秒1滴）的流速进行淋洗。淋洗液用浓缩器浓缩到1 mL左右，用于下一步处理。

注意：玻璃柱层析时，分步收集馏分的条件随着填充剂的种类、活性或者溶剂的种类、溶剂量的变化而变化。在操作之前，用煤灰提取液等包含全部二噁英的样品进行分步实验，以确定条件。

（2）多层硅胶柱净化：在玻璃层析柱（内径15 mm）底部加入一些玻璃棉，依次称取3 g硅胶、5 g质量分数33％氢氧化钠碱性硅胶、2 g硅胶、10 g质量分数44％硫酸硅胶、2 g硅胶、5 g质量分数10％硝酸银硅胶和5 g无水硫酸钠。用50 mL正己烷淋洗，保持液面在无水硫酸钠层上面。

取样品提取液，用氮气除去甲苯，剩余液体量约为0.5 mL。将该浓缩液缓慢注入玻璃柱中，液面保持在柱子填充部分的上端。用1 mL的正己烷反复洗涤浓缩瓶，同样转移到玻璃柱上。

将120 mL正己烷装入分液漏斗置于硅胶柱上方，以2.5 mL/min（每秒1滴）的流速缓慢滴入硅胶柱中进行淋洗。淋洗液用浓缩器浓缩到1 mL，用于下一步处理。如果充填部分的颜色变深或出现穿透现象，则应重复多层硅胶柱净化操作。

(3)活性氧化铝净化:在玻璃层析柱的底部填入玻璃棉,装入 20 g 活化后的氧化铝,并在其上部加入 10 mm 厚的无水硫酸钠,用 50 mL 正己烷淋洗。液面保持在硫酸钠的上部。

将净化后的样品溶液适量缓慢移入氧化铝柱,用 1 mL 正己烷反复清洗容器,洗脱液也转移入氧化铝柱上。待样品溶液液面在硫酸钠层的下部时,加入 70 mL 甲苯溶液淋洗,甲苯流出后,弃去所有的淋洗液。再加入 30 mL 正己烷,收集该部分淋洗液为 A 部分,主要含多氯联苯等物质。然后,用 220 mL 质量分数 50% 二氯甲烷-正己烷溶液以 2.5 mL/min(每秒 1 滴)的速度进行淋洗,得到淋洗液 B 部分,此部分溶液含有二噁英类物质。然后用 50 mL 的二氯甲烷淋洗层析柱直至不再流出,得到淋洗液 C 部分。保留 A 部分和 C 部分直至测定结束(A 部分和 C 部分溶液可以合并在一起)。

将 B 部分淋洗液用浓缩器浓缩到 1 mL 以下,转移至 5 mL 浓缩管中(或者直接进行小活性氧化铝柱净化操作),用氮气吹至近干,添加进样内标,并用壬烷或甲苯定容至 20 μL,转移入 100 μL 小样品管中,封装待仪器分析。

注意:氧化铝的活性随着生产批号和开封后的保存时间不同而有很大的变化。活性降低时,1,3,6,8-T_4CDD 和 1,3,6,8-T_4CDF 可能会在第一部分淋洗液中溶出,而八氯代物用体积分数 50% 二氯甲烷-正己烷溶液用规定的量在第二部分淋洗液中不能洗脱出来。所以,在操作之前,用煤灰提取液等包含全部二噁英的样品进行分步实验,以确定条件。

(4)小活性氧化铝柱净化:当用活性氧化铝净化方法不能较好地净化时,可以操作本步骤。在一次性滴管的头部添加少量的玻璃棉,再称取 1 g 的活性氧化铝于滴管上,加入 5 mL 的正己烷淋洗层析管。待正己烷溶液在氧化铝上部时,将活性氧化铝净化后的浓缩样品转移入柱上,用 0.5 mL 的正己烷清洗样品瓶 3 次,清洗液同时转移到层析柱上。待样品溶液液面在氧化铝层上部时,弃去淋洗液,依次加入 12 mL 体积分数 3% 二氯甲烷-正己烷溶液、17 mL 体积分数 50% 二氯甲烷-正己烷溶液和 5 mL 二氯甲烷进行淋洗,收集的淋洗液分别标注为 B(a)部分、B(b)部分和 B(c)部分,其中 B(b)部分含有二噁英,将 B(a)和 B(c)部分合并存放直至分析结束。浓缩 B(b)部分溶液,待测。

(5)活性炭分散硅胶柱净化:取一根内径 8 mm 的玻璃管,由下至上分别加入玻璃棉、10 mm 厚的无水硫酸钠、1 g 活性炭分散硅胶、10 mm 厚的无水硫酸钠、玻璃棉。固定架安装好层析柱,用甲苯充分洗净后,再用正己烷置换柱内的甲苯。将硫酸-硅胶柱净化或多层硅胶柱净化处理后的样品进一步浓缩至 0.5 mL,转移该浓缩样品至层析柱上,清洗样品瓶一次,清洗液同时转移到层析柱上,停留 15 min,再清洗样品瓶两次,同样转移到层析柱上。待样品溶液在玻璃棉层以下时,加入 25 mL 正己烷,弃去该淋洗液,然后加入 40 mL 体积分数 25% 二氯甲烷-正己烷混合溶液,收集该片段溶液保存。将活性炭柱反转,用 50 mL 甲苯淋洗该柱,收集甲苯溶液,二噁英主要在此步骤中淋洗下来,按活性氧化铝净化浓缩待分析。

(6)其他净化方法:可以使用凝胶渗透色谱(GPC)、高效液相色谱(HPLC)、自动样品处理装置(FMS)等自动净化技术代替手工净化方式进行样品的净化处理。使用前必须用焚烧设施布袋除尘器底灰样品提取液进行分离和净化效果试验,并经验证确认满足本方法质量控制/质量保证要求后方可使用。

3. 分析步骤

1）测定条件

（1）气相色谱参考条件的设定：毛细管色谱柱，60 m×0.32 mm，膜厚 0.1 μm（二苯基-95%二甲基硅氧烷固定液），或其他相当毛细管色谱柱；色谱柱温度变化过程为 100 ℃（保持 2 min）→（以 25 ℃/min 升温）→200 ℃→（再以 3 ℃/min 升温）→280 ℃（保持 5 min）；载气为氦气；流速为 1.4 mL/min；进样口温度为 280 ℃；接口温度为 280 ℃；进样量为 1 μL，不分流进样。

（2）质谱仪（MS）校正及测定：在仪器开机状态下，设定必要的条件后，注入 PFTBA 或其他校正调谐标准溶液依照仪器内部质量校正程序进行操作，质量数调谐范围（m/z）为 35～550，关键离子丰度应满足相应的规范要求。保留质量校正结果。使用选择离子测定方法（SIM 法），选定的质量数及离子丰度比见表 7-3。记录各氯代物色谱图，确认 2,3,7,8-氯取代物能够得到有效分离。

表 7-3 二噁英类测定的质量数（检测离子）及离子丰度比

	氯代物	M⁺	(M+2)⁺	(M+4)⁺	离子丰度比/%
待测物质	T_4CDDs	320	322*		(0.77±0.12)
	P_5CDDs	354	356*		(1.55±0.13)
	H_6CDDs		390*	392	(1.24±0.19)
	H_7CDDs		424*	426	(1.04±0.16)
	OCDD		458	460*	(0.89±0.13)
	T_4CDFs	304	306*		(0.77±0.12)
	P_5CDFs	338	340*		(1.55±0.13)
	H_6CDFs		374*	376	(1.24±0.19)
	H_7CDFs		408*	410	(1.04±0.16)
	OCDF		442	444*	(0.89±0.13)
内标物质	$^{13}C_{12}$—T_4CDDs	332	334*		
	$^{13}C_{12}$—P_5CDDs	366	368*		
	$^{13}C_{12}$—H_6CDDs		402*	404	
	$^{13}C_{12}$—H_7CDDs		436*	438	
	$^{13}C_{12}$—OCDD		470	472*	
	$^{13}C_{12}$—T_4CDFs	316	318*		
	$^{13}C_{12}$—P_5CDFs	350	352*		
	$^{13}C_{12}$—H_6CDFs		386*	388	
	$^{13}C_{12}$—H_7CDFs		420*	422	
	$^{13}C_{12}$—OCDF		454	456*	

注："*"标注为定量离子。

2) 标准曲线的绘制

(1) 校准溶液的测定:按照《土壤、沉积物 二噁英类的测定 同位素稀释/高分辨气相色谱-低分辨质谱法》(HJ 650—2013)附录 B 配置的校准标准溶液或其他校准标准系列按照 SIM 测定操作进行。

(2) 峰面积强度比确认:从得到的色谱图上,确认各个标准物质对应的两个监测离子的峰面积强度比与通过氯原子同位素丰度比推算的离子强度比几乎一致,见表 7-4。

表 7-4 氯原子同位素存在的丰度比推断离子强度比

氯化物	M	M+2	M+4	M+6	M+8	M+10	M+12	M+14
T_4CDDs	77.43	100.00	48.74	10.72	0.94	0.01		
P_5CDDs	62.06	100.00	64.69	21.08	3.50	0.25		
H_6CDDs	51.79	100.00	80.66	34.85	8.54	1.14	0.07	
H_7CDDs	44.43	100.00	96.64	52.03	16.89	3.32	0.37	0.02
OCDD	34.54	88.80	100.00	64.48	26.07	6.78	1.11	0.11
T_4CDFs	77.55	100.00	48.61	10.64	0.92			
P_5CDFs	62.14	100.00	64.57	20.98	3.46	0.24		
H_6CDFs	51.84	100.00	80.54	34.72	8.48	1.12	0.07	
H_7CDFs	44.47	100.00	96.52	51.88	16.80	3.29	0.37	0.02
OCDF	34.61	88.89	100.00	64.39	25.98	6.74	1.10	0.11

(3) 相对响应因子的计算:净化内标相对响应因子 RRF_{cs} 计算公式为

$$RRF_{cs} = \frac{Q_{cs}}{Q_s} \times \frac{A_s}{A_{cs}} \tag{7-7}$$

式中:RRF_{cs} 为净化内标的相对响应因子;Q_{cs} 为校准标准溶液中净化内标质量(ng);Q_s 为校准标准溶液中待测物质质量(ng);A_s 为校准标准溶液中待测物质峰面积;A_{cs} 为校准标准溶液中净化内标峰面积。

进样内标的相对响应因子 RRF_{rs} 计算公式为

$$RRF_{rs} = \frac{Q_{rs}}{Q_{cs}} \times \frac{A_{cs}}{A_{rs}} \tag{7-8}$$

式中:RRF_{rs} 为进样内标相对响应因子;Q_{rs} 为校准标准溶液中进样内标质量(ng);Q_{cs} 为校准标准溶液中净化内标质量(ng);A_{cs} 为校准标准溶液中净化内标峰面积;A_{rs} 为校准标准溶液中进样内标峰面积。

3) 样品测定

将预处理后的样品,按照与标准曲线相同的条件进行测定。根据峰面积进行定量。

七、结果计算

1. 色谱峰的检出

确认测定中分析样品进样内标峰面积是标准溶液中同等浓度进样内标峰面积的70%～130%，超出该范围，要查明原因后重新测定。

2. 定性

(1) 二噁英类同类物：二噁英类同类物的两个监测离子在指定的保留时间窗口内同时存在，并且其离子丰度比与表7-4所列理论离子丰度比相对偏差小于15%（浓度在3倍检出限时在±25%以内）。同时满足上述条件的色谱峰定性为二噁英类物质。

(2) 2,3,7,8-氯取代二噁英类的定性：除满足二噁英类同类物条件要求之外，色谱峰的保留时间应与标准溶液一致（±3s以内），同时内标的相对保留时间亦与标准溶液一致（±0.5%以内）。同时满足上述条件的色谱峰定性为2,3,7,8-氯代二噁英类。

3. 定量

2,3,7,8-氯取代异构体的量（Q_i）：按式(7-9)以对应的净化内标的添加量为基准，采用内标法求出。非2,3,7,8-氯代二噁英类，采用具有相同氯原子取代数的2,3,7,8-氯代二噁英类 RRF_{cs} 均值计算。

$$Q_i = \frac{A_i}{A_{csi}} \times \frac{Q_{csi}}{RRF_{cs}} \qquad (7-9)$$

式中：Q_i 为提取液中 i 异构体的量(ng)；A_i 为色谱图上 i 异构体的峰面积；A_{csi} 为对应净化内标物质的峰面积；Q_{csi} 为对应净化内标物质的添加量(ng)；RRF_{cs} 为对应净化内标物质的相对响应因子。

样品中的各异构体的浓度计算公式为

$$C_i = (Q_i - Q_t) \times \frac{1}{M} \qquad (7-10)$$

式中：C_i 为样品中 i 异构体的浓度(ng/kg)；Q_i 为提取液总量中 i 异构体的质量(ng)；Q_t 为空白实验中 i 异构体的质量(ng)；M 为干基样品量(kg)。

4. 结果表示

二噁英类化合物浓度测定结果要有2,3,7,8-氯取代异构体的浓度及四氯～八氯代物（T_4CDDs-OCDD 和 T_4CDFs-OCDF）同族体的浓度，并记录它们的总和。

当各异构体浓度大于检出限时，按原值记录；低于检出限的，按照低于检出限记录。各同族体的浓度和它们的总和按照被检出的异构体浓度计算。样品的检出限也要明确记录。浓度单位：二噁英类实测值用 ng/kg 表示。毒性当量的换算：当二噁英类化合物的浓度换算成毒性当量时，用测定浓度乘以毒性当量因子(TEF)，以 TEQ ng/kg 表示。毒性当量因子(TEF)：没有特殊指定的时候，二噁英类化合物的毒性当量因子见《土壤、沉积物 二噁英类的测定 同位素稀释/高分辨气相色谱-低分辨质谱法》(HJ 650—2013)附录D。

毒性当量的计算：计算各个异构体的浓度，计算总毒性当量。当高于检出限时按照原值进行计算,低于检出限时按照零值计算毒性当量,最后加和计算总的毒性当量。

八、注意事项

(1)二噁英类物质对人体健康有害,标准溶液配制、样品制备以及测定过程应在通风橱内进行,操作时应按规定要求佩戴防护器具,避免接触皮肤和衣物。

(2)样品前处理装置要用碱性洗涤剂和水充分洗净,使用前依次用丙酮、正己烷或甲苯等溶剂冲洗,定期进行空白试验。所有接口处严禁使用油脂。

(3)样品制备过程应清洁、无污染,应远离有机气体,使用的所有工具都应彻底清洗,防止交叉污染。

(4)样品采集后,避光保存,尽快送至实验室进行样品制备和样品分析。用于样品采集的器械、材料等应保持清洁,采样前应使用水和有机溶剂清洗。

(5)采集后的样品在实验室中风干、破碎、过筛,保存在棕色玻璃瓶中。

九、实验设计与研究探索

二噁英类污染主要源于化工冶金工业、垃圾焚烧、造纸以及生产杀虫剂等产业。含铅汽油、煤、防腐处理过的木材以及石油产品、各种废弃物特别是医疗废弃物在燃烧温度 300～400 ℃时容易产生二噁英。聚氯乙烯塑料、纸张、氯气以及某些农药的生产环节、钢铁冶炼、催化剂高温氯气活化等过程都可向环境中释放二噁英。从二噁英类物质的传播途径看,土壤最可能是二噁英类物质传播的集散地。土壤中的二噁英类物质通过挥发作用或与土壤尘粒一起以再悬浮方式转移,污染的土壤又可成为二次污染源,对环境、农产品、植被、人体产生负面的影响。为此,可设计以下实验进行探索研究。

(1)不同污染源附近土壤中二噁英类物质调查研究:分别在距离污染源不同风向、不同距离、不同土层深度采集土样,分析二噁英类物质的种类和含量,探究二噁英类物质的主要污染来源、污染现状、迁移转化规律和影响迁移转化的主要因素。

(2)土壤理化特性对二噁英类物质迁移转化的影响:分别采集不同土壤利用类型、不同耕作管理、不同施肥灌溉模式下不同深度土壤样品,测定土样中二噁英类物质的种类和含量、土壤有机质、CEC、质地、孔隙度等理化特性,探究土壤理化特性对二噁英类物质迁移转化的影响,提出土壤二噁英污染的治理措施。

十、思考题

(1)样品采集后避光保存,尽快送至实验室进行样品制备和样品分析;用于样品采集的器械、材料等应保持清洁,采样前应使用水和有机溶剂清洗。请说明上述这样操作的理由。

(2)某学生在样品前处理过程中,所有装置都用酸和有机洗涤剂进行浸泡,并用水充分洗净,使用前依次用丙酮、正己烷或甲苯等溶剂冲洗。请问该学生的实验操作存在什么问题?如何改进?

(3)土壤理化特性(如有机质含量、CEC、质地、孔隙度等)会对二噁英类物质迁移转化和分解产生哪些影响?通过所学知识和查阅资料加以解释。

第三节 土壤和沉积物有机氯农药测定
（气相色谱-质谱法）

有机氯农药(organochlorine pesticides,简称OCPs)是典型的化学性质稳定的持久性有机污染物。虽然我国在1983年开始禁止生产和使用一些有机氯农药,但由于其半衰期长、性质稳定、难降解而长期残存在土壤和沉积物中,因此通过食物链最终进入人畜体内并对人体产生慢性毒害作用。药理实验研究表明,多种OCPs都具有致畸、致癌或致突变活性,另外部分OCPs也属于环境激素类污染物,是一类具有干扰人类和其他动物内分泌的有毒有机污染物。为此,监测土壤环境中OCPs种类和含量对了解及分析其污染现状,开展OCPs污染土壤治理意义重大。

一、实验目的与要求

(1)理解气相色谱-质谱法测定土壤有机氯农药的基本原理。

(2)能独立完成气相色谱-质谱法测定土壤有机氯农药的基本操作,并能分析研判土壤有机氯农药污染程度。

(3)能对实验数据进行计算分析和制作规范图表,对现象和结果进行合理分析与解释。

(4)能从实验中挖掘课程思政元素,实现立德树人目标。

二、基本原理

土壤或沉积物中的有机氯农药采用适合的萃取方法(索氏提取、加压流体萃取等)提取,根据样品基体干扰情况选择合适的净化方法(铜粉脱硫、硅酸镁柱或凝胶渗透色谱),对提取液净化,再浓缩、定容,经气相色谱分离、质谱检测。根据标准物质质谱图、保留时间、碎片离子质荷比及其丰度定性,内标法定量。

三、应用范围

本方法适用于土壤和沉积物中23种有机氯农药的测定,目标物包括α-六六六、六氯苯、β-六六六、γ-六六六、δ-六六六、七氯、艾氏剂、环氧化七氯、α-氯丹、α-硫丹、γ-氯丹、狄氏剂、p,p'-DDE、异狄氏剂、β-硫丹、p,p'-DDD、硫丹硫酸酯、异狄氏剂醛、o,p'-DDT、异狄氏剂酮、p,p'-DDT、甲氧滴滴涕、灭蚁灵。通过验证,检测其他有机氯农药也可适用本方法。当取样量为20.0 g,浓缩后定容体积为1.0 mL时,采用全扫描方式测定,本方法检出限为0.02~0.09 mg/kg,测定下限为0.08~0.36 mg/kg。

四、主要仪器设备与材料

(1)气相色谱-质谱仪:电子轰击(EI)电离源。

(2)色谱柱:石英毛细管柱,长30 m,内径0.25 mm,膜厚0.25 μm,固定相为5%-苯基-甲基聚硅氧烷,或其他等效的毛细管色谱柱。

(3)提取装置:索氏提取等性能相当的设备。
(4)凝胶渗透色谱仪(GPC):具 254 nm 固定波长紫外检测器,填充凝胶填料的净化柱。
(5)浓缩装置:旋转蒸发仪、氮吹仪或其他同等性能的设备。
(6)真空冷冻干燥仪:FD-1A-50 实验型真空冷冻干燥仪,或空载真空度达 13 Pa 以下。
(7)固相萃取装置:SPE-01 全自动固相萃取仪等类似功能的设备。

五、试剂

(1)丙酮:农残级。
(2)正己烷:农残级。
(3)二氯甲烷:农残级。
(4)乙酸乙酯:农残级。
(5)环己烷:农残级。
(6)乙醚:农残级。
(7)正己烷-丙酮混合溶剂Ⅰ:按 1∶1 体积比混合。
(8)正己烷-丙酮混合溶剂Ⅱ:按 9∶1 体积比混合。
(9)二氯甲烷-丙酮混合溶剂:按 1∶1 体积比混合。
(10)正己烷-乙醚混合溶剂Ⅰ:按 94∶6 体积比混合。
(11)正己烷-乙醚混合溶剂Ⅱ:按 85∶15 体积比混合。
(12)正己烷-乙醚混合溶剂Ⅲ:按 1∶1 体积比混合。
(13)正己烷-二氯甲烷混合溶剂Ⅰ:按 1∶1 体积比混合。
(14)正己烷-二氯甲烷混合溶剂Ⅱ:按 74∶26 体积比混合。
(15)凝胶渗透色谱流动相:乙酸乙酯与环己烷按 1∶1 体积比混合。
(16)硝酸:优级纯。
(17)硝酸溶液:优级纯硝酸与实验用水按 1∶1 体积比混合。
(18)有机氯农药标准储备液:$\rho=1000\sim5000$ mg/L,市售有证标准溶液。
(19)有机氯农药标准中间液:$\rho=200\sim500$ mg/L,用正己烷-丙酮混合溶剂Ⅰ对有机氯农药标准储备液稀释配置,并混匀。
(20)内标储备液:$\rho=5000$ mg/L,选用五氯硝基苯或菲-d_{10}或蒽-d_{12}作内标。市售有证标准溶液,亦可选用其他化合物作为内标。
(21)内标中间液:$\rho=500$ mg/L,量取 1.0 mL 内标储备液于 10 mL 容量瓶中,用正己烷-丙酮混合溶剂Ⅰ稀释至标线,混匀。
(22)替代物储备液:$\rho=2000\sim4000$ mg/L,市售有证标准溶液。宜选用十氯联苯或 2,4,5,6-四氯间二甲苯和氯茵酸二丁酯。
(23)替代物中间液:$\rho=200\sim400$ mg/L,用正己烷-丙酮混合溶剂Ⅰ对替代物标准储备液稀释配置,并混匀。
(24)十氟三苯基膦(DFTPP)溶液:$\rho=50$ mg/L,市售有证标准溶液。其他浓度用二氯甲烷稀释成 50 mg/L 浓度。

(25)凝胶渗透色谱校准溶液:含玉米油(25 mg/mL)、邻苯二甲酸二酯(1 mg/mL)、甲氧滴滴涕(200 mg/L)、苊(20 mg/L)和硫(80 mg/L)的混合溶液。市售有证标准溶液。

(26)优级纯无水硫酸钠:置于马弗炉中400 ℃烘烤4 h,冷却后装入磨口玻璃瓶中密封,于干燥器中保存。

(27)铜粉:纯度为99.5%,使用前用硝酸溶液去除铜粉表面的氧化物,用实验室用水冲洗除酸,再用丙酮清洗,然后用高纯氮气吹干待用,每次临用前处理,保持铜粉表面光亮。

(28)硅酸镁吸附剂:75～150 μm(100～200目)。置于表面皿中,以铝箔或锡纸轻覆,130 ℃下活化12 h左右,取出放入干燥器中冷却、待用。临用前活化。

(29)玻璃层析柱:内径20 mm左右,长10～20 cm,具聚四氟乙烯活塞。

(30)硅酸镁净化小柱:填料为硅酸镁,1000 mg,柱体积为6～10 mL。

(31)石英砂:20～100目,置于马弗炉中400 ℃烘烤4 h,冷却后装入具塞磨口玻璃瓶中密封保存。

(32)玻璃棉或玻璃纤维滤膜:使用前用二氯甲烷-丙酮混合溶剂浸洗,待溶剂挥发干后,储于具塞磨口玻璃瓶中密封保存。

(33)索氏提取套筒:玻璃纤维或天然纤维材质套筒,玻璃纤维套筒置于马弗炉中400 ℃烘烤4 h,天然纤维材质套筒使用前应用和样品提取相同的溶剂清洗净化。

(34)高纯氮气:纯度为99.999%。

(35)载气:高纯氦气,纯度为99.999%。

注意:(18)～(25)中的所有标准储备液均应参照制造商的产品说明保存方法,所有配置的中间液应于−10 ℃以下避光保存。使用前应检查其变化情况,一旦蒸发或降解应重新配制,使用前应恢复至室温、混匀。

六、实验步骤

1. 样品采集与保存

土壤样品按照《土壤环境监测技术规范》(HJ/T 166—2004)的相关要求采集和保存,沉积物样品按照《海洋监测规范 第3部分:样品采集、贮存与运输》(GB 17378.3—2007)的相关要求采集和保存。样品应于洁净的具塞磨口棕色玻璃瓶中保存。运输过程中应密封、避光、4 ℃以下冷藏。运至实验室后,若不能及时分析,应于4 ℃以下冷藏、避光、密封保存,保存时间不超过10 d。

2. 水分测定

土壤样品干物质和水分的测定按照《土壤 干物质和水分的测定 重量法》(HJ 613—2011)执行,沉积物样品含水率测定按照《海洋监测规范 第5部分:沉积物分析》(GB 17378.5—2007)执行。

3. 样品准备

将样品放在搪瓷盘或不锈钢盘上,混匀,除去枝、叶、石子等异物,按照《土壤 干物质和水分的测定 重量法》(HJ/T 613—2011)进行四分法粗分。一般情况下应对新鲜样品进行处理。自然干燥不影响分析目的时,也可将样品自然干燥。新鲜土壤或沉积物样品可采用冷冻干燥和干燥剂脱水干燥。如果土壤或沉积物样品中水分含量较高(大于30%),应先进行离心分离出水相,再进行干燥处理。

(1)方法一:冻干法。取适量混匀后样品,放入真空冷冻干燥仪中干燥脱水。干燥后的样品需研磨,过250 μm(60目)孔径的筛子,均化处理成250 μm(60目)左右的颗粒。然后称取20 g(精确到0.01 g)样品进行提取。

(2)方法二:干燥剂法。称取20 g(精确到0.01 g)的新鲜样品,加入一定量的干燥剂混匀、脱水并研磨成细小颗粒,充分拌匀直到散粒状,全部转移至提取容器中待用。

4. 试样提取

提取方法可选择索氏提取、加压流体萃取及其他等效萃取方法。

索氏提取:将制备好的土壤或沉积物样品全部转入索氏提取套筒中,加入曲线中间点以上浓度的替代物中间液,小心置于索氏提取器回流管中,在圆底溶剂瓶中加入100 mL正己烷-丙酮混合溶剂Ⅰ,提取16~18 h,回流速度控制在4~6次/h。然后停止加热回流,取出圆底溶剂瓶,待浓缩。

加压流体萃取:按照《土壤和沉积物 有机物的提取 加压流体萃取法》(HJ 783—2016)执行。

注意:如果上述提取液存在明显水分,则需进一步过滤和脱水。在玻璃漏斗上垫一层玻璃棉或玻璃纤维滤膜,加入约5 g无水硫酸钠,将提取液过滤至浓缩器皿中。再用少量正己烷-丙酮混合溶剂Ⅰ洗涤提取容器3次,洗涤液并入漏斗中过滤,最后再用少量正己烷-丙酮混合溶剂Ⅰ冲洗漏斗,全部收集至浓缩器皿中,待浓缩。

5. 试样浓缩

浓缩方法推荐使用以下两种方式,其他方法经验证效果优于或等效时也可使用。

(1)氮吹浓缩:在室温条件下,开启氮气至溶剂表面有气流波动(避免形成气涡),用正己烷-丙酮混合溶剂Ⅰ多次洗涤氮吹过程中已露出的浓缩器管壁,浓缩至约1 mL,待净化。选用凝胶渗透色谱法净化时,当浓缩至2 mL左右时,继续加入约5 mL凝胶渗透色谱流动相进行溶剂转换,再浓缩至约1 mL,待净化。

(2)旋转蒸发浓缩:加热温度设置在40 ℃左右,将提取液浓缩至约2 mL,停止浓缩。用一次性滴管将浓缩液转移至具刻度浓缩器皿,并用少量正己烷-丙酮混合溶剂Ⅰ将旋转蒸发瓶底部冲洗2次,合并全部的浓缩液,再用氮吹浓缩至约1 mL,待净化。选用凝胶渗透色谱法净化时,当上述浓缩液浓缩至2 mL左右时,继续加入约5 mL凝胶渗透色谱流动相进行溶剂转换,再用氮吹浓缩至约1 mL,待净化。

6. 试样净化

1)硅酸镁层析柱制备

在玻璃层析柱底部填入玻璃棉,依次加入约1.5 cm厚的无水硫酸钠和20 g硅酸镁吸附剂,轻敲层析柱壁,使硅酸镁吸附剂填充均匀。再添加约1.5 cm厚的无水硫酸钠。加入60 mL正己烷淋洗,同时轻敲层析柱壁,赶出气泡,使硅酸镁吸附剂填实,保持填料充满正己烷,关闭活塞,浸泡填料至少 10 min,此时在层析柱上端加入约 2 g 铜粉用于脱除提取液中的硫。打开活塞的同时,继续加入正己烷 60 mL 淋洗,当上端无水硫酸钠层恰好暴露于空气之前,关闭活塞待用。如果填料干枯,需要重新处理。

2)净化

将浓缩后的提取液转至硅酸镁层析柱内,并用 2 mL 正己烷分两次清洗浓缩管,全部移入层析柱,应将此溶液浸没在铜粉中约 5 min。

(1)不需要分离样品中多氯联苯和有机氯农药时,可直接使用 200 mL 正己烷-二氯甲烷混合溶剂Ⅰ淋洗层析柱,收集全部洗脱液。待再次浓缩后测定。

(2)需要分离样品中多氯联苯和有机氯农药时,于硅酸镁层析柱下置一圆底烧瓶,打开活塞使浓缩液至液面刚没过硫酸钠层,关闭活塞。用 200 mL 正己烷-乙醚混合溶剂Ⅰ淋洗层析柱,洗脱液速度保持在 5 mL/min,收集全部淋洗液。此洗脱液包含多氯联苯及六六六、氯丹等大部分有机氯农药(表 7-5)。然后用 200 mL 正己烷-乙醚混合溶剂Ⅱ再次淋洗层析柱,此洗脱液包含 β-硫丹、硫丹硫酸酯、异狄氏剂醛和异狄氏剂酮等有机氯农药。再用 200 mL 正己烷-乙醚混合溶剂Ⅲ再次淋洗层析柱,此洗脱液将剩余 β-硫丹、硫丹硫酸酯、异狄氏剂醛和异狄氏剂酮等有机氯农药淋洗完全,不需要独立测试多氯联苯时合并全部淋洗液,需要独立测试多氯联苯时,不要将第一部分淋洗液合并在一起。待再次浓缩后测定。

3)硅酸镁净化小柱

浓缩后的提取液颜色较浅时,可采用硅酸镁净化小柱净化,操作步骤如下。

将硅酸镁净化小柱固定在固相萃取装置上,用 4 mL 正己烷淋洗,再加入 5 mL 正己烷,待柱充满后关闭流速控制阀浸润 5 min,然后缓慢打开控制阀,此时在层析柱上端加入约 2 g 铜粉用于脱除提取液中的硫。继续加入 5 mL 正己烷,在铜粉暴露于空气之前,关闭控制阀,弃去流出液。将浓缩液转移至硅酸镁净化小柱中,用 2 mL 正己烷分次洗涤浓缩器皿,洗液全部转入小柱中(若须脱硫,应将此溶液浸没在铜粉中约 5 min)。缓慢打开控制阀,在铜粉暴露于空气之前关闭控制阀。

不需要分离样品中多氯联苯和有机氯农药时,打开控制阀,用 9 mL 正己烷-丙酮混合溶剂Ⅱ洗脱,缓慢打开控制阀,使洗脱液浸没填料层,关闭控制阀约 1 min,再打开收集全部洗脱液,待再次浓缩加入内标后测定。

4)凝胶色谱净化

(1)凝胶渗透色谱柱的校准:按照仪器说明书对凝胶渗透色谱柱进行校准。凝胶渗透色谱校准溶液得到的色谱峰应满足以下条件:所有峰形均匀对称;玉米油和邻苯二甲酸二(2-二乙基己基)酯的色谱峰之间分辨率大于 85%;邻苯二甲酸二(2-二乙基己基)酯和甲氧滴滴涕的色谱峰之间分辨率大于 85%;甲氧滴滴涕和芘的色谱峰之间分辨率大于 85%;芘和硫的色谱峰不能重叠,基线分离大于 90%。

(2)确定收集时间:有机氯农药的初步收集时间限定在玉米油出峰后至硫出峰前,芘洗脱出以后,立即停止收集。然后用有机氯农药标准中间液进样形成标准物质谱图,根据标准物质谱图确定起始和停止收集时间,并测定其回收率,当目标物回收率均大于 90% 时,即可按此收集时间和仪器条件净化样品,否则需继续调整收集时间和其他条件。

表 7-5 硅酸镁层析柱不同阶段洗脱组分　　　　　　　单位:%

序号	化合物名称	洗脱液 1	洗脱液 2	洗脱液 3
1	α-六六六	95.2		
2	六氯苯	107.3		
3	β-六六六	111.3		
4	γ-六六六	105.5		
5	δ-六六六	122.6		
6	七氯	107.9		
7	艾氏剂	109.5		
8	环氧化七氯	105.6		
9	α-氯丹	113.8		
10	α-硫丹	114.5		
11	γ-氯丹	108.4		
12	狄氏剂	118.3		
13	p,p'-DDE	104.4		
14	异狄氏剂	123.8		
15	β-硫丹	7.4	60.9	7.2
16	p,p'-DDD	120.5		
17	硫丹硫酸酯	5.8	33.6	40.0
18	异狄氏剂醛	2.0	31.2	78.4
19	o,p'-DDT	111.8		
20	异狄氏剂酮	11.0	79.1	7.1
21	p,p'-DDT	117.4		
22	甲氧滴滴涕	121.8		
23	灭蚁灵	99.8		

注:洗脱液 1.200 mL 乙醚:正己烷混合液(体积比 6∶94);洗脱液 2.200 mL 乙醚:正己烷混合液(体积比 15∶85);洗脱液 3.200 mL 乙醚:正己烷混合液(体积比 1∶1)。

(3)提取液净化:用凝胶渗透色谱流动相将浓缩液定容至凝胶渗透色谱仪定量环需要的体积,按照确定后的收集时间自动净化、收集流出液,再次浓缩。

7. 试样浓缩、加内标

净化后的试液再次按照氮吹浓缩或旋转蒸发浓缩的步骤进行浓缩,加入适量内标中间液,并定容至 1.0 mL,混匀后转移至 2 mL 样品瓶中,待测。

8. 空白试样的制备

用石英砂代替实际样品,按照与制备试样相同步骤制备空白试样。

9. 分析仪器参考条件

1）气相色谱参考条件

进样口温度:250 ℃,不分流。

进样量:1.0 μL。

柱流量:1.0 mL/min(恒流)。

柱温:120 ℃保持 2 min;以 12 ℃/min 速率升至 180 ℃,保持 5 min;再以 7 ℃/min 速率升至 240 ℃,保持 1 min;再以 1 ℃/min 速率升至 250 ℃,保持 2 min;后持续升温至 280 ℃保持 2 min。

2）质谱参考条件

条件:电子轰击源为 EI;离子源温度为 230 ℃;离子化能量为 70eV;接口温度为 280 ℃;四级杆温度为 150 ℃;质量扫描范围为 45～450amu;溶剂延迟时间为 5 min;扫描模式为全扫描(Scan)或选择离子模式(SIM)模式。

3）校准

(1)质谱性能检查:每次分析前,应进行质谱自动调谐,再将气相色谱和质谱仪设定至分析方法要求的仪器条件,并处于待机状态,通过气相色谱进样口直接注入 1.0 μL 十氟三苯基膦(DFTPP),得到十氟三苯基膦质谱图。质量碎片的离子丰度应全部符合表 7-6 中的要求,否则须清洗质谱仪离子源。

表 7-6 十氟三苯基膦(DFTPP)关键离子及离子丰度评价

质荷比(m/z)	相对丰度规范	质荷比(m/z)	相对丰度规范
51	198峰(基峰)的 30%～60%	199	198 峰的 5%～9%
68	小于 69 峰的 2%	275	基峰的 10%～30%
70	小于 69 峰的 2%	365	大于基峰的 1%
127	基峰的 40%～60%	441	存在且小于 443 峰
197	小于 198 峰的 1%	442	基峰或大于 198 峰的 40%
198	基峰,丰度 100%	443	442 峰的 17%～23%

(2)校准曲线的绘制:取 5 个 5 mL 容量瓶,预先加入 2 mL 正己烷-丙酮混合溶剂Ⅰ,分别量取适量的有机氯农药标准中间液、替代物中间液和内标中间液,用正己烷-丙酮混合溶剂Ⅰ定容后混匀,配制成至少 5 个浓度点的标准系列,有机氯农药和替代物的质量浓度均分别为 1.00 μg/mL、5.00 μg/mL、10.0 μg/mL、20.0 μg/mL、50.0 μg/mL,添加的内标质量浓度均为 40.0 μg/mL。也可根据仪器灵敏度或样品中目标物浓度配制成其他气相色谱-质谱仪适合浓度水平的标准系列。

按照仪器参考条件,从低浓度到高浓度依次进样分析。以目标化合物浓度为横坐标,以目标化合物与内标化合物定量离子响应值的比值和内标化合物质量浓度的乘积为纵坐标,绘制校准曲线。待测的试样按照与校准曲线绘制相同的仪器分析条件测定。空白试样按照与试样测定相同的仪器分析条件测定。

(3)校准样品的气相色谱/质谱图(图 7-1)。

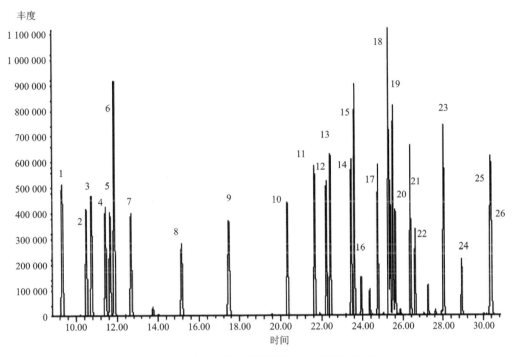

图 7-1 26 种有机氯农药标准样品的总离子流图

1.2,4,5,6-四氯间二甲苯(替代物);2.α-六六六;3.六氯苯;4.β-六六六;5.γ-六六六;6.五氯硝基苯(内标);7.δ-六六六;8.七氯;9.艾氏剂;10.环氧化七氯;11.α-氯丹;12.α-硫丹;13.γ-氯丹;14.狄氏剂;15.p,p'-DDE;16.异狄氏剂;17.β-硫丹;18.p,p'-DDD;19.o,p'-DDT;20.异狄氏剂醛;21.硫丹硫酸酯;22.p,p'-DDT;23.异狄氏剂酮;24.甲氧滴滴涕;25.灭蚁灵;26.氯茵酸二丁酯(替代物)

七、结果计算

1. 定性分析

通过样品中目标物与标准系列中目标物的保留时间、质谱图、碎片离子质荷比及其丰度等信息比较,对目标物进行定性。应多次分析标准溶液得到目标物的保留时间均值,以"平均保留时间±3 倍标准差"为保留时间窗口,样品中目标物的保留时间应在其范围内。

目标物标准质谱图中相对丰度高于 30% 的所有离子应在样品质谱图中存在,样品质谱图和标准质谱图中上述特征离子的相对丰度偏差要在 ±30% 之内。一些特殊的离子如分子离子峰,即使其相对丰度低于 30%,也应该作为判别化合物的依据。如果实际样品存在明显的背景干扰,应扣除背景影响。

2. 定量分析

在对目标物定性判断的基础上,根据定量离子的峰面积,采用内标法进行定量。当样品中目标化合物的定量离子有干扰时,可使用辅助离子定量。定量离子、辅助离子参见《湖泊营养物基准制定技术指南》(HJ 838—2017)。

(1)平均相对响应因子($\overline{RRF}$)的计算:校准系列第 i 点中目标化合物的相对响应因子(RRF_i)计算公式为

$$RRF_i = \frac{A_i}{A_{ISi}} \times \frac{\rho_{ISi}}{\rho_i} \tag{7-11}$$

式中:RRF_i 为校准曲线系列中第 i 点目标化合物的相对响应因子;A_i 为校准曲线系列中第 i 点目标化合物定量离子的响应值;A_{ISi} 为校准曲线系列中第 i 点与目标化合物相对应内标定量离子的响应值;ρ_{ISi} 为校准曲线系列中内标物的质量浓度($\mu g/mL$);ρ_i 为校准曲线系列中第 i 点目标化合物的质量浓度($\mu g/mL$)。

校准曲线系列中目标化合物的平均相对响应因子 $\overline{RRF}$ 计算公式为

$$\overline{RRF} = \frac{\sum_{i=1}^{n} RRF_i}{n} \tag{7-12}$$

式中:$\overline{RRF}$ 为校准曲线系列中目标化合物的平均相对响应因子(无量纲);RRF_i 为校准曲线准系列中第 i 点目标化合物的相对响应因子(无量纲);n 为校准曲线系列点数。

(2)土壤样品的结果计算:土壤样品中的目标化合物含量 ω 的计算公式为

$$\omega = \frac{A_x \times \rho_{IS} \times V_x}{A_{IS} \times \overline{RRF} \times m \times W_{dm}} \tag{7-13}$$

式中:ω 为样品中的目标物含量(mg/kg);A_x 为试样中目标化合物定量离子的峰面积;ρ_{IS} 为试样中内标的浓度($\mu g/mL$);V_x 为试样的定容体积(mL);A_{IS} 为试样中内标化合物定量离子的峰面积;$\overline{RRF}$ 为校准曲线系列中目标化合物的平均相对响应因子;m 为样品的称取量(g);W_{dm} 为样品干物质含量(%)。

(3)沉积物样品的结果计算:沉积物样品中的目标化合物含量 ω 的计算公式为

$$\omega = \frac{A_x \times \rho_{IS} \times V_x}{A_{IS} \times \overline{RRF} \times m \times (1-W)} \tag{7-14}$$

式中:ω 为样品中的目标物含量(mg/kg);A_x 为试样中目标化合物定量离子的峰面积;ρ_{IS} 为试样中内标的浓度($\mu g/mL$);V_x 为试样的定容体积(mL);A_{IS} 为试样中内标化合物定量离子的峰面积;$\overline{RRF}$ 为校准曲线系列中目标化合物的平均相对响应因子;m 为样品的称取量(g);W 为样品的含水率(%)。

八、注意事项

(1)试验中所用有机溶剂和标准物质为有毒有害物质,标准溶液配制及样品前处理过程应在通风橱中进行;操作时应按规定佩戴防护器具,避免直接接触皮肤和衣物。

(2)邻苯二甲酸酯类是有机氯农药检测的重要干扰物,样品制备过程会引入邻苯二甲酸酯类的干扰。应避免接触和使用任何塑料制品,并且检查所有溶剂空白,保证这类污染在检出限以下。

(3) 彻底清洗所用的任何玻璃器皿，以消除干扰物质。先用热水加清洁剂清洗，或用铬酸洗液浸泡清洗，再用自来水和不含有机物的试剂水淋洗，在 130 ℃ 下烘烤 2~3 h，或用甲醇淋洗后晾干。干燥的玻璃器皿应在干净的环境中保存。

(4) 样品应于洁净的具塞磨口棕色玻璃瓶中保存。运输过中应密封、避光、4 ℃ 以下冷藏。

(5) 样品若不能及时分析，应于 4 ℃ 以下冷藏、避光、密封保存，保存时间不超过 10 d。

九、实验设计与研究探索

我国在 1983 年开始禁止生产和使用一些有机氯农药，因其半衰期长、性质稳定、难降解而长期残存在土壤和沉积物中，通过食物链最终进入人畜体内并对人体产生慢性毒害作用。可以对比旱作农田和水稻田不同深度土层中有机氯农药的种类与含量，评估土壤有机氯农药的分布特点、迁移转化规律以及污染现状。此外，不同利用类型的土壤理化特性（如有机质含量、质地、孔隙度等）也会影响土壤有机氯农药的归趋。为此，可以进行以下实验设计来开展对土壤有机氯农药的探究。

(1) 探究旱作农田和水稻田不同土层有机氯农药种类和含量分布特点：分别对旱作农田和水稻田不同土层进行取样，分析有机氯农药种类和含量，分析其水热条件对土壤中有机氯农药迁移转化分解的影响，探究随土层深度变化有机氯农药分布规律，进而为如何治理有机氯农药污染提出对策和措施。

(2) 探究土壤理化特性对土壤有机氯农药迁移转化的影响：采集有机氯农药污染的土壤样品，测定有机氯农药的种类和含量，同时测定其土壤有机质、阳离子交换量、氧化还原电位、质地类型和土壤孔隙度等土壤理化指标，通过相关性分析或主成分分析，探究各土壤理化指标对有机氯农药的迁移和分解转化的影响程度，为土壤有机氯农药污染治理提供数据支撑。

十、思考题

(1) 在土壤样品采集与制备过程中，能否使用邻苯二甲酸酯类塑料器物存放土样或净化液？为什么？

(2) 土壤样品应于洁净的具塞磨口棕色玻璃瓶中保存，运输过程中应密封、避光、4 ℃ 以下冷藏。请给出详细理由。

(3) 某学生由于放假回家而没有及时分析，于是让同学帮他把土样装到塑料封口袋放入 4 ℃ 冰箱冷藏一个月，计划等假期结束后再测。请分析该学生的做法存在哪些问题？应如何改进？

第四节 土壤和沉积物多环芳烃测定（高效液相色谱法）

多环芳烃(polycyclic aromatic hydrocarbons，简称 PAHs)是一类由 2 个及以上苯环构成的线性或角状或簇状排列的稠环化合物，由自然和人类活动产生。其中，自然源主要包括燃烧（森林大火和火山喷发）和生物合成（沉积物成岩过程、生物转化过程和焦油矿坑内气体），未开采的煤、石油中也含有大量的多环芳烃;人为源来自工业工艺过程、缺氧燃烧、垃圾焚烧和填埋、食品制作及直接的交通排放和同时伴随的轮胎磨损、路面磨损产生的沥青颗粒以及道路扬尘中,其数量随着工业生产的发展大大增加,占环境中多环芳烃总量的绝大部分,溢油事件也成为PAHs人为源的一部分。任何有有机物加工、废弃、燃烧或使用的地方都有可能产生多环芳烃。

PAHs广泛分布于环境中,对人、动植物及微生物具有"三致"作用,即致癌、致畸、致突变。迄今已发现有200多种PAHs,其中有相当部分具有致癌性,如苯并α芘、苯并α蒽等。20世纪80年代,美国环境保护署将未带分支的16种PAHs[萘、苊、苊烯、芴、菲、蒽、荧蒽、芘、苯并(a)蒽、䓛、苯并(b)荧蒽、苯并(k)荧蒽、苯并(a)芘、二苯并(a,h)蒽、苯并(g,h,i)苝、茚并(1,2,3-c,d)芘]列为环境中的优先控制污染物。苯并(a)芘被列入我国《农用地土壤污染风险管控标准》(GB 15168—2018),苯并(a)蒽、苯并(a)芘、苯并(b)荧蒽、苯并(k)荧蒽、䓛、二苯并(a,h)蒽、茚并(1,2,3-cd)芘、萘被列入我国《建设用地土壤污染风险管控标准》(GB 36600—2018)。

PAHs的多苯环共轭体系增强了其结构稳定性,辛醇-水系数随苯环数和分子质量的增加而提高,常附着于土壤颗粒中,且在土壤中迁移,具有生物积累、生物放大和对生物进行持续性毒害的特性。

一、实验目的与要求

(1)理解高效液相色谱法测定土壤多环芳烃的基本原理。
(2)能独立完成高效液相色谱法测定土壤多环芳烃的基本操作,并能分析研判土壤多环芳烃的污染程度。
(3)能对实验数据进行计算分析和制作规范图表,对现象和结果进行合理分析与解释。
(4)能从实验中挖掘课程思政元素,实现立德树人目标。

二、基本原理

土壤和沉积物样品中的多环芳烃用合适的萃取方法(索氏提取、加压流体萃取等)提取,根据样品基体干扰情况采取合适的净化方法(硅胶层析柱、硅胶或硅酸镁固相萃取柱等)对萃取液进行净化、浓缩、定容,用配备紫外/荧光检测器的高效液相色谱仪分离检测,以保留时间定性、外标法定量。

三、应用范围

本方法适用于土壤和沉积物中16种多环芳烃的测定,包括萘、苊烯、苊、芴、菲、蒽、荧蒽、芘、苯并(a)蒽、䓛、苯并(b)荧蒽、苯并(k)荧蒽、苯并(a)芘、二苯并(a,h)蒽、苯并(g,h,i)苝、茚并(1,2,3-c,d)芘。

当取样量为10.0 g,定容体积为1.0 mL时,用紫外检测器测定16种多环芳烃的方法检出限为3~5 μg/kg,测定下限为12~20 μg/kg;用荧光检测器测定16种多环芳烃的方法检出限为0.3~0.5 μg/kg,测定下限为1.2~2.0 μg/kg。

四、主要仪器设备与材料

(1)高效液相色谱仪:配备紫外检测器或荧光检测器,具有梯度洗脱功能。

(2)色谱柱:填料为 ODS(十八烷基硅烷键合硅胶),粒径 $5\mu m$,柱长 250 mm,内径 4.6 mm 的反相色谱柱或其他性能相近的色谱柱。

(3)提取装置:索氏提取器或其他同等性能的设备。

(4)浓缩装置:氮吹浓缩仪或其他同等性能的设备。

(5)固相萃取装置:SPE-01 全自动固相萃取仪等类似功能的设备。

(6)玻璃层析柱:内径约 20 mm,长 10~20 cm,带聚四氟乙烯活塞。

(7)硅胶固相萃取柱:1000 mg/6 mL。

(8)硅酸镁固相萃取柱:1000 mg/6 mL。

(9)玻璃棉或玻璃纤维滤膜:在马弗炉中 400 ℃烘烤 1 h,冷却后置于磨口玻璃瓶中密封保存。

五、试剂

(1)乙腈:色谱级。

(2)正己烷:色谱级。

(3)二氯甲烷:色谱级。

(4)丙酮:色谱级。

(5)无水硫酸钠:分析纯。

(6)十氟联苯:色谱级。

(7)硅胶:粒径 75~150 μm(100~200 目)。使用前,应置于平底托盘中,以铝箔松覆,130 ℃活化至少 16 h。

(8)石英砂:粒径 150~830 μm(20~100 目)。

(9)丙酮-正己烷混合溶液:用丙酮和正己烷按 1∶1 体积比混合。

(10)二氯甲烷-正己烷混合溶液:用二氯甲烷和正己烷按 2∶3 体积比混合。

(11)二氯甲烷-正己烷混合溶液:用二氯甲烷和正己烷按 1∶1 体积比混合。

(12)多环芳烃标准储备液(ρ=100~2000 mg/L):购买市售有证标准溶液,于 4 ℃下冷藏、避光保存,或参照标准溶液证书进行保存。使用时应恢复至室温并摇匀。

(13)多环芳烃标准使用液(ρ=10.0~200 mg/L):移取 1.0 mL 多环芳烃标准储备液于 10 mL 棕色容量瓶,用乙腈稀释并定容至刻度,摇匀,转移至密实瓶中于 4 ℃下冷藏,避光保存。

(14)十氟联苯:纯度为 99%。

(15)十氟联苯储备溶液(ρ=1000 mg/L):称取十氟联苯 0.025 g(精确到 0.001 g),用乙腈溶解并定容至 25 mL 棕色容量瓶,摇匀,转移至密实瓶中于 4 ℃下冷藏、避光保存。或购买市售有证标准溶液。

(16)十氟联苯使用液(ρ=40 μg/mL):移取 1.0 mL 十氟联苯储备溶液于 25 mL 棕色容量

瓶,用乙腈稀释并定容至刻度,摇匀,转移至密实瓶中于 4 ℃下冷藏,避光保存。

(17)高纯氮气:纯度≥99.999%。

(18)干燥剂:无水硫酸钠或粒状硅藻土置于马弗炉中 400 ℃烘烤 4 h,冷却后置于磨口玻璃瓶中密封保存。

六、实验步骤

1. 样品的采集与保存

按照本章第三节的样品采集与保存方法进行土壤样品的采集和保存。样品应于洁净的棕色磨口玻璃瓶中保存,运输过程中应避光、密封、冷藏。如不能及时分析,应于 4 ℃以下冷藏、避光和密封保存,保存时间为 7 d。

2. 水分的测定

土壤样品干物质测定在 105～110 ℃烘至恒重进行称重。

3. 试样的制备

除去样品中的枝棒、叶片、石子等异物,称取样品 10 g(精确到 0.01 g),加入适量无水硫酸钠,研磨均化成流沙状。如果使用加压流体提取,则用粒状硅藻土脱水。注意:也可采用冷冻干燥的方式对样品脱水,将冻干后的样品研磨、过筛,均化处理成约 1 mm 的颗粒。

(1)提取:将制备好的试样放入玻璃套管或纸质套管内,加入 50.0 μL 十氟联苯使用液,将套管放入索氏提取器中。加入 100 mL 丙酮-正己烷混合溶液,以每小时不小于 4 次的回流速度提取 16～18 h。注意:①若通过验证并达到本标准质量控制要求,亦可采用其他提取方式;②套管规格根据样品量而定。

(2)过滤和脱水:在玻璃漏斗上垫一层玻璃棉或玻璃纤维滤膜,加入约 5 g 无水硫酸钠,将提取液过滤到浓缩器皿中。用适量丙酮-正己烷混合溶液洗涤提取容器 3 次,再用适量丙酮-正己烷混合溶液冲洗漏斗,洗液并入浓缩器皿。

(3)浓缩(氮吹浓缩法):开启氮气至溶剂表面有气流波动(避免形成气涡),用正己烷多次洗涤氮吹过程中已经露出的浓缩器壁,将过滤和脱水后的提取液浓缩至约 1 mL。如不需净化,加入约 3 mL 乙腈,再浓缩至约 1 mL,将溶剂完全转化为乙腈。如需净化,加入约 5 mL 正己烷并浓缩至约 1 mL,重复此浓缩过程 3 次,将溶剂完全转化为正己烷,再浓缩至约 1 mL,待净化。另外,也可采用旋转蒸发浓缩或其他浓缩方式。

(4)硅胶层析柱净化:包括硅胶柱制备和净化。

硅胶柱制备:在玻璃层析柱的底部加入玻璃棉,加入 10 mm 厚的无水硫酸钠,用少量二氯甲烷进行冲洗。玻璃层析柱上置一玻璃漏斗,加入二氯甲烷直至充满层析柱,漏斗内存留部分二氯甲烷,称取约 10 g 硅胶经漏斗加入层析柱,以玻璃棒轻敲层析柱,除去气泡,使硅胶填实。放出二氯甲烷,在层析柱上部加入 10 mm 厚的无水硫酸钠。层析柱示意图见图 7-2。

净化:用 40 mL 正己烷预淋洗层析柱,淋洗速度控制在 2 mL/min,在顶端无水硫酸钠暴露于空气之前,关闭层析柱底端聚四氟乙烯活塞,弃去流出液。将浓缩后的约 1 mL 提取液移入层析柱,用 2 mL 正己烷分 3 次洗涤浓缩器皿,洗液全部移入层析柱,在顶端无水硫酸钠暴露于空气之前,加入 25 mL 正己烷继续淋洗,弃去流出液。用 25 mL 二氯甲烷-正己烷混合溶液洗脱,洗脱液收集于浓缩器皿中,用氮吹浓缩法(或其他浓缩方式)将洗脱液浓缩至约 1 mL,加入约 3 mL 乙腈,再浓缩至 1 mL 以下,将溶剂完全转换为乙腈,并准确定容至 1.0 mL 待测。净化后的待测试样如不能及时分析,应于 4 ℃下冷藏、避光、密封保存,30 d 内完成分析。

(5)固相萃取柱净化(填料为硅胶或硅酸镁):用固相萃取柱作为净化柱,将其固定在固相萃取装置上。用 4 mL 二氯甲烷冲洗净化柱,再用 10 mL 正己烷平衡净化柱,待净化柱充满后关闭流速控制阀浸润 5 min,打开控制阀,弃去流出液。在溶剂流干之前,将浓缩后的约 1 mL 提取液移入柱内,用 3 mL 正己烷分 3 次洗涤浓缩器皿,洗液全部移入柱内,用 10 mL 二氯甲烷-正己烷混合溶液进行洗脱,待洗脱液浸满净化柱后关闭流速控制阀,浸润 5 min,再打开控制阀,接收洗脱液至完全流出。用氮吹浓缩法(或其他浓缩方式)将洗脱液浓缩至约 1 mL,加入约 3 mL 乙腈,再浓缩至 1 mL 以下,将溶剂完全转换为乙腈,并准确定容至 1.0 mL 待测。净化后的待测试样如不能及时分析,应于 4 ℃下冷藏、避光、密封保存,30 d 内完成分析。

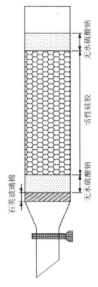

图 7-2 层析柱示意图

4. 空白试样制备

用石英砂代替实际样品,按照与试样制备相同的步骤制备空白试样。

5. 分析仪器参考条件

进样量为 10 μL,柱温为 35 ℃,流速为 1.0 mL/min,流动相 A 为乙腈,流动相 B 为水。梯度洗脱程序详见表 7-7。

表 7-7 梯度洗脱程序

时间/min	0	8	18	28	28.5	35
A/%	60	60	100	100	60	60
B/%	40	40	0	0	40	40

检测波长:根据不同待测物的出峰时间选择其紫外检测波长、最佳激发波长和最佳发射波长,编制波长变换程序。16 种多环芳烃和十氟联苯在紫外检测器上对应的最大吸收波长及在荧光检测器特定条件下的最佳激发与发射波长见表 7-8。

6. 校准曲线的绘制

分别量取适量的多环芳烃标准使用液,用乙腈稀释,制备至少 5 个浓度点分的标准系列溶液,多环芳烃的质量浓度分别为 0.04 μg/mL、0.10 μg/mL、0.50 μg/mL、1.00 μg/mL 和 5.00 μg/mL(此为参考浓度),同时取 50.0 μL 十氟联苯使用液,加入至标准系列中任一浓度点,十氟联苯的质量浓度为 2.00 μg/mL,储存于棕色进样瓶中,待测。

表 7-8 目标物对应的紫外检测波长和荧光检测波长

序号	组分名称	最大紫外吸收波长	推荐紫外吸收波长	推荐激发波长 λ_{ex}/发射波长 λ_{em}	最佳激发波长 λ_{ex}/发射波长 λ_{em}
1	萘	220	220	280/324	280/324
2	苊烯	229	230	—	—
3	苊	261	254	280/324	268/308
4	芴	229	230	280/324	280/324
5	菲	251	254	254/350	292/366
6	蒽	252	254	254/400	253/402
7	荧蒽	236	230	290/460	360/460
8	芘	240	230	336/376	336/376
9	苯并(a)蒽	287	290	275/385	288/390
10	䓛	267	254	275/385	268/383
11	苯并(b)荧蒽	256	254	305/430	300/436
12	苯并(k)荧蒽	307、240	290	305/430	308/414
13	苯并(a)芘	296	290	305/430	296/408
14	二苯并(a,h)蒽	297	290	305/430	297/398
15	苯并(g,h,i)苝	210	220	305/430	300/410
16	茚并(1,2,3-c,d)芘	250	254	305/500	302/506
17	十氟联苯	228	230	—	—

注:荧光检测器不适用于苊烯和十氟联苯的测定。

由低浓度到高浓度依次对标准系列溶液进样,以标准系列溶液中目标组分浓度为横坐标,以其对应的峰面积(峰高)为纵坐标,绘制校准曲线。校准曲线的相关系数大于 0.995,否则需重新绘制。

标准样品的色谱图如图 7-3 和图 7-4 所示。

7. 测定

试样测定按照与绘制校准曲线相同的仪器分析条件进行,空白试验按照与试样测定相同的仪器分析条件进行测定。

七、结果计算

(1)目标化合物的定性分析:以目标化合物的保留时间定性,必要时可采用标准样品添加法、不同波长下的吸收比、紫外谱图扫描等方法辅助定性。

(2)土壤样品中多环芳烃含量的计算:土壤样品中多环芳烃的含量(μg/kg)计算公式为

$$\omega_i = \frac{\rho_i \times V}{m \times W_{dm}} \tag{7-15}$$

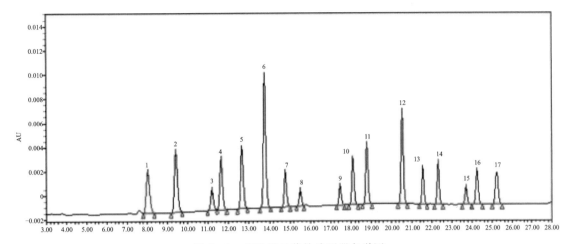

图 7-3　标准样品紫外检测器色谱图

1.萘；2.苊烯；3.苊；4.芴；5.菲；6.蒽；7.荧蒽；8.芘；9.十氟联苯；10.苯并(a)蒽；11.䓛；12.苯并(b)荧蒽；13.苯并(k)荧蒽；14.苯并(a)芘；15.二苯并(a,h)蒽；16.苯并(g,h,i)芘；17.茚并(1,2,3-c,d)芘。注意：苊烯和十氟联苯用荧光检测器检测时不出峰

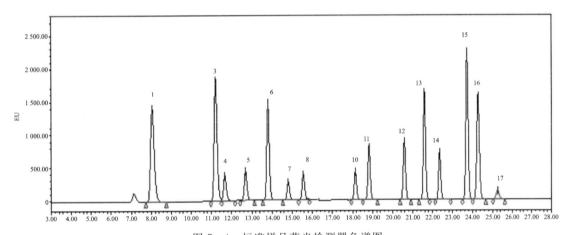

图 7-4　标准样品荧光检测器色谱图

1.萘；2.苊烯；3.苊；4.芴；5.菲；6.蒽；7.荧蒽；8.芘；9.十氟联苯；10.苯并(a)蒽；11.䓛；12.苯并(b)荧蒽；13.苯并(k)荧蒽；14.苯并(a)芘；15.二苯并(a,h)蒽；16.苯并(g,h,i)芘；17.茚并(1,2,3-c,d)芘。注意：苊烯和十氟联苯用荧光检测器检测时不出峰

式中：ω_i 为样品中组分 i 的含量(μg/kg)；ρ_i 为由标准曲线计算所得组分 i 的浓度(μg/mL)；V 为定容体积(mL)；m 为样品量(湿重)(kg)；W_{dm} 为土壤样品干物质含量(%)。

(3) 十氟联苯的回收率计算：十氟联苯的回收率(%)计算公式为

$$P = \frac{A_1 \times \rho_2 \times V_2}{A_2 \times \rho_1 \times V_1 \times 10^{-3}} \times 100\% \tag{7-16}$$

式中：P 为十氟联苯的回收率(%)；A_1 为试样中十氟联苯的峰面积；A_2 为标准系列中十氟联苯的峰面积；ρ_1 为十氟联苯使用液的质量浓度(40 μg/mL)；ρ_2 为标准系列中十氟联苯的质量浓度(2 μg/mL)；V_1 为试样中加入十氟联苯使用液的体积(50.0 μL)；V_2 为试样定容体积(mL)。

八、注意事项

(1) 因部分多环芳烃属于强致癌物,溶液配制及样品预处理过程应在通风橱内进行,操作时应按规定要求佩戴防护器具,避免接触皮肤和衣服。

(2) 土壤样品应于洁净的具塞棕色磨口玻璃瓶中保存,运输过程中应避光、密封、冷藏。

(3) 土壤样品如不能及时分析,应于 4℃ 以下冷藏、避光和密封保存,保存时间不超过 7 d。

(4) 初次使用仪器,或在仪器维修、更换色谱柱或连续校准不合格时,必须重新绘制校准曲线,进行初始校准。

九、实验设计与研究探索

对不同自然源和人为源周边土壤剖面不同土层深度及距离污染源不同距离进行采样,分析土样中多环芳烃的种类与含量,探索多环芳烃在土壤中的固定、迁移、转化和分布的规律,评估土壤多环芳烃的污染现状和污染程度。此外,不同利用类型的土壤理化特性(如有机质含量、质地、孔隙度等)也会影响多环芳烃在土壤中的固定、迁移、转化和分解。为此,可以监测交通干线沿线、不同污染源附近土壤的多环芳烃种类和含量,以及土壤理化特性,探究不同土壤理化特性对多环芳烃种类与含量的影响。

(1) 自然源或人为源周边土壤多环芳烃含量的分布与迁移转化探究:分别对森林火灾发生地、煤矿、煤化工、垃圾焚烧厂等自然和人为源附近土壤进行采样分析,探究距离污染源不同距离、不同土层深度中多环芳烃的种类和含量,分析其变化规律,探究主要污染源,提出如何降低多环芳烃污染风险的措施。

(2) 探究土壤理化特性对多环芳烃分布和迁移转化的影响:采集多环芳烃污染源附近土壤样品,同时分析其土壤有机质、质地类型和土壤孔隙度等理化指标,测定多环芳烃的种类和含量,探究土壤有机质、质地、孔隙度等土壤理化指标对多环芳烃的分布、迁移和分解转化的影响。

十、思考题

(1) 样品采集后,保存洁净的棕色磨口玻璃瓶中,运输过程中应避光、密封、冷藏。为什么要用棕色瓶?为什么要避光密封和冷藏?

(2) 某学生由于时间紧对土壤样品不能及时分析,于是放在 4℃ 冰箱冷藏了 1 个月后再进行分析。请分析该学生的实验环节存在什么问题?

(3) 样品提取和净化过程应连续完成,如果不连续完成,会产生什么样的后果?

第五节 土壤多氯联苯混合物测定(气相色谱法)

多氯联苯(polychlorinated biphenyls,PCBs)按氯原子数或氯的百分含量分别加以标号,PCBs 的基本结构为:联苯苯环上有 10 个氢原子,按氢原子被氯原子取代的数目不同,形成一氯化物、二氯化物……十氯化物,它们各有若干个异构体。理论上一氯化物有 3 个异构物,二氯化物有12个,三氯化物有21个。PCBs的全部异构物总共有210种,已确定结构的有102种。我国习惯上按联苯上被氯取代的个数(不论其取代位置)将PCBs分为三氯联苯(PCB3)、四氯联苯(PCB4)、五氯联苯(PCB5)、六氯联苯(PCB6)、七氯联苯(PCB7)、八氯联苯(PCB8)、九氯联苯(PCB9)、十氯联苯(PCB10)。多氯联苯是一种无色或浅黄色理化性质稳定的油状物质,具有良好的阻燃性、低电导率、良好的抗热解能力、良好的化学稳定性、抗多种氧化剂。多氯联苯的常规使用可以分为3种方式,即封闭式使用(应用于电力电容器和变压器)、半封闭式使用(如导热油、液压油、真空泵、电器开关、稳压器、液体绝缘电缆等)和开放式使用(如润滑油、表面涂料、增塑剂、添加剂等)。多氯联苯是典型的持久性有机污染物,属半挥发或不挥发物质,可远距离迁移,难溶于水,但易溶于脂肪和其他有机化合物,具有较强的生物蓄积性、生殖毒性和致癌性,会造成脑部、皮肤及内脏的疾病,并影响神经、生殖及免疫系统。

一、实验目的与要求

(1)明确气相色谱法测定土壤多氯联苯的基本原理。
(2)能独立完成土壤多氯联苯测定步骤,理解操作过程的注意事项。
(3)能对实验数据进行计算分析和制作规范图表,对现象和结果进行合理分析与解释。
(4)能从实验中挖掘课程思政元素,实现立德树人目标。

二、基本原理

土壤和沉积物样品中的多氯联苯用有机溶剂提取,提取液经浓硫酸、硅胶柱净化,浓缩定容后用气相色谱分离,电子捕获检测器检测。通过样品色谱峰的保留时间和峰形与标准样品进行比对定性,选择5~10个特征识别峰,用外标法定量。

三、应用范围

本方法适用于土壤和沉积物中PCB1221、PCB1242、PCB1248、PCB1254和PCB1260共5种多氯联苯工业品的测定,其他多氯联苯工业品若通过验证也可用本方法测定。当取样量为5 g,定容体积为1.0 mL时,本方法测定5种多氯联苯工业品的检出限为5 $\mu g/kg$,测定下限为20 $\mu g/kg$。

四、主要仪器设备与材料

(1)气相色谱仪:具有分流/不分流进样口、程序升温功能和电子捕获检测器。
(2)色谱柱:石英毛细管色谱柱。
分析柱:非极性,30 m×0.25 mm×0.25 μm,100%聚甲基硅氧烷固定液,或其他等效色谱柱。确认柱:中极性,30 m×0.25 mm×0.25 μm,14%氰丙基苯基-86%二甲基聚硅氧烷固定液,或其他等效色谱柱。
(3)提取装置:索氏提取装置、加速溶剂萃取仪或其他性能相当的提取装置。
(4)浓缩装置:氮吹浓缩仪、旋转蒸发仪、平行离心蒸发仪或其他性能相当的设备。
(5)玻璃回流装置:为250 mL标准磨口锥形瓶回流装置,也可用高硼硅或石英回流装置。

(6) 层析柱：长 300 mm，内径 10~15 mm，底部具有聚四氟乙烯活塞的玻璃柱。
(7) 分析天平：感量 0.01 g。
(8) 其他试剂：洁净玻璃棉。

五、试剂

除非另有说明，分析时均使用符合国家标准的分析纯试剂。

(1) 实验用水：在 1 L 分液漏斗中加入 500 mL 去离子水或蒸馏水和 100 mL 正己烷，振摇 10 min 静置分层后，将水相放出，保存在棕色玻璃瓶中备用。正己烷可重复使用 3 次。

(2) 正己烷（C_6H_{14}）：农残级，或浓缩 100 倍后未检出 PCB_S。

(3) 二氯甲烷（$C_2H_2Cl_2$）：农残级，或浓缩 50 倍后未检出 PCB_S。

(4) 丙酮（C_3H_6O）：农残级，或未检出 PCBs。

(5) 无水乙醇（C_2H_5OH）：HPLC 级，或浓缩 100 倍后未检出 PCB_S。

(6) 硝酸：$\rho(HNO_3) = 1.42 \text{ g/mL}$。

(7) 硫酸：$\rho(H_2SO_4) = 1.84 \text{ g/mL}$。

(8) 氢氧化钾（KOH）：纯度 85%。

(9) 碳酸氢钠（$NaHCO_3$）：分析纯。

(10) 无水硫酸钠（Na_2SO_4）：马弗炉中 450 ℃ 灼烧 4 h，取出置于洁净干燥器中备用。

(11) 二氯甲烷-正己烷混合溶液：用二氯甲烷和正己烷按 1:1 的体积比混合。

(12) 硝酸溶液：$\rho(HNO_3) = 1 \text{ mol/L}$，取 6.9 mL 硝酸，加入 100 mL 水中，混匀。

(13) 硫酸溶液：取 10 mL 硫酸，加入 90 mL 水中，混匀。

(14) 氢氧化钾溶液：$\rho(KOH) = 0.05 \text{ g/mL}$。取 59 g 氢氧化钾溶于少量水中，稀释至 1 L。

(15) 氢氧化钾-乙醇溶液：1 mol/L，称取 33 g 氢氧化钾加入 500 mL 无水乙醇，溶解后混匀。

(16) 碳酸氢钠溶液：$\rho(NaHCO_3) = 0.02 \text{ g/mL}$，称取 2 g 碳酸氢钠，溶解于 100 mL 水中，混匀。

(17) 多氯联苯标准样品：PCB1221、PCB1242、PCB1248、PCB1254、PCB1260 等市售多氯联苯标准样品。注意：部分市售 PCBs 系列标准样品是甲醇溶剂，甲醇和正己烷、石油醚等非极性溶剂不能以任何比互溶，稀释比应大于 15:1。

(18) 多氯联苯标准储备液：$\rho = 5.00 \text{ mg/L}$，用正己烷稀释多氯联苯标准样品，在高密封标样瓶中避光冷藏，至少可保存 6 个月。

(19) 铜丝（珠或粉）：使用前浸泡于硝酸溶液中去除表面氧化层后，用水洗涤至中性后再依次用丙酮和正己烷洗涤 3 次。

(20) 硅胶：粒径 75~150 μm（100~200 目），130 ℃ 活化 16 h，置于洁净干燥器中备用。

(21) 碱性硅胶：取硅胶 98 g，加入氢氧化钾溶液 40 mL，充分振荡，呈粉末状，装瓶后保存于干燥器中。

(22) 酸性硅胶：取硅胶 56 g，加入硫酸 44 g，充分振荡，呈粉末状，装瓶后保存于干燥器中。

(23) 复合硅胶柱：可采用以下方法装填，也可购买市售产品。在层析柱底部垫一小团玻璃棉,加入40 mL正己烷,依次装填1 g无水硫酸钠、1 g硅胶、3 g碱性硅胶、1 g硅胶、8 g酸性硅胶、1 g硅胶、1 g无水硫酸钠。放出正己烷,使其液面刚好与硅胶柱上层无水硫酸钠齐平,待用。

(24)硅胶净化柱:商品化柱,1000 mg/6 mL,聚乙烯或聚丙烯柱体。

(25)硅藻土:粒径75~150 μm(100~200目)。马弗炉中450 ℃灼烧4 h,取出置于洁净干燥器中备用。

(26)石英砂:粒径150~830 μm(20~100目)。马弗炉中450 ℃灼烧4 h,取出置于洁净干燥器中备用。

(27)高纯氮气:纯度>99.999%。

六、实验步骤

1. 样品采集与保存

按照本章第三节的样品采集与保存方法进行土壤样品的采集和保存。样品装满装实采样瓶,密封后置于冷藏箱内,尽快运回实验室分析。若暂时不分析,应在4 ℃以下避光保存,30 d内完成萃取,40 d内完成萃取液的分析。

2. 样品制备

除去样品中的异物(石子、叶片等),混匀。称取5 g(精确至0.01 g)样品,加入圆底烧瓶中。使用索氏提取时,样品中加入适量无水硫酸钠,研磨成流砂状,装入提取管中。对于含硫较高的沉积物样品加入适量铜粉。使用加压流体萃取时,样品中加入适量硅藻土,研磨至无块状,装入萃取池中。

3. 干物质含量的测定

在称取样品的同时,另取一份样品,测定土壤样品干物质含量。

4. 试样的制备

(1)碱液回流:在装有样品的圆底烧瓶中,加入氢氧化钾-乙醇溶液50 mL,沸水浴锅回流1 h,将上清液转入预先加有100 mL正己烷和500 mL水的分液漏斗中,并将碱解残渣用20 mL乙醇洗涤3次,合并至分液漏斗中。用硫酸溶液调节溶液至中性后,萃取5~10 min,静置分层,弃去水样。

(2)加压流体萃取:将萃取池和接收瓶对应放好,萃取剂为二氯甲烷-正己烷混合溶液,萃取温度100 ℃,加热时间5 min,萃取时间5 min,循环萃取2次,萃取后氮气吹扫60 s。

(3)索氏抽提和自动索氏抽提:将滤筒放入索氏提取管中,连接好萃取设备,打开加热器,控制速度,二氯甲烷-正己烷混合溶液回流16 h。或按照自动索氏抽提优化的条件萃取4~6 h。

(4)硫酸净化:提取液转换溶剂为正己烷后,加入5~10 mL硫酸,摇动片刻静置分层后,弃去硫酸相,再重复硫酸洗涤至硫酸相无色。加入100 mL碳酸氢钠溶液,振摇2 min,静置分层,弃去水相,再重复洗涤至水样pH为中性。在玻璃三角漏斗中,先装入少量玻璃棉,然后装入约10 g的无水硫酸钠,并以15 mL正己烷洗涤,弃去洗涤液。加入提取液,以梨形烧瓶收集。用适当的浓缩设备浓缩至2 mL左右,转入刻度试管中。

(5) 硅胶柱净化:于层析柱中先装入少量玻璃棉。在预先加有 20 mL 正己烷的烧杯中加入 3.0 g 硅胶,适当搅拌,倒入层析柱中,并用少量正己烷洗涤烧杯转入层析柱中,放出多余正己烷至硅胶层上方 0.5 cm 处,加入少量无水硫酸钠。将浓缩后的试样加入层析柱中,并用 2 mL 正己烷洗涤刻度试管,加入层析柱。将 40 mL 正己烷加入滴液漏斗中,并将滴液漏斗与层析柱连接,调节流速至大约每秒 1 滴,用梨形瓶收集。对于基体较干净的样品,也可采用商品化的硅胶净化柱净化。使用前用 10 mL 正己烷洗涤硅胶净化柱,当液面至填料层上方 1~2 mm 处,将浓缩后的样品定量转入净化柱中,用 12 mL 正己烷淋洗,控制适当的流速,用刻度试管接收。

(6) 脱硫:对于含有单质硫的沉积物样品,将铜丝(珠)放入洗脱液中脱硫,铜表面变黑后用硝酸溶液处理至铜表面有金属光泽,依次用水、丙酮和正己烷洗涤后,再次放入样品中,反复若干次,直至铜表面不变黑。

(7) 浓缩定容:将洗脱液用浓缩装置浓缩至 2 mL 左右,转移至刻度试管中进一步浓缩定容到 1.0 mL 待测。注意:对于 PCBs 浓度较高或干扰不明显的土壤样品,可直接将提取液转溶剂至正己烷,浓缩至 2 mL 左右,全部转移至复合硅胶柱上用 100 mL 正己烷洗脱,收集洗脱液,浓缩定容至 1.0 mL 后待测。

5. 空白试样的制备

用石英砂替代实际样品,按照与试样制备相同的步骤制备空白试样。

6. 分析仪器参考条件

进样口温度:225 ℃;不分流进样,1.0 min 后分流,分流比 50∶1;柱压:110 kPa;柱温:100 ℃保持 2 min,以 15 ℃/min 升温至 160 ℃,再以 5 ℃/min 升温至 300 ℃,保持 10 min;进样量:1.0 mL;补充气(尾吹气):50 mL/min;电子捕获检测器(ECD)温度:300 ℃。

确认柱持续升温:60 ℃保持 2 min,以 30 ℃/min 升温至 160 ℃,再以 3 ℃/min 升温至 260 ℃,保持 7 min。

7. 校准曲线的绘制

将多氯联苯标准储备液用正己烷稀释配制成浓度为 0.05 μg/mL、0.10 μg/mL、0.25 μg/mL、0.50 μg/mL、1.00 μg/mL 的标准系列溶液。按照仪器参考条件进行分析,得到不同浓度的色谱图,以各标准系列溶液的浓度为横坐标,以其对应的特征识别峰面积之和为纵坐标,绘制校准曲线。

当样品中 PCBs 浓度较高或干扰不明显时,可以各标准系列溶液的浓度为横坐标,以 PCBs 总峰面积之和为纵坐标,建立校准曲线。

8. 试样测定

将制备好的试样按照与校准曲线建立相同的仪器分析条件进行测定。

9. 空白试验

将制备好的空白试样按照与试样测定相同的仪器分析条件进行测定。

七、结果计算

1. 定性分析

优化仪器条件,分别测定多氯联苯系列标准(PCB1221、PCB1242、PCB1248、PCB1254 和 PCB1260)和实际样品,比较标准谱图和样品谱图,根据特征识别峰的保留时间和相对强弱,判断 PCBs 的污染类型。对于混合型污染,样品色谱峰会覆盖低氯代、中氯代和高氯代区域,样品谱图和标准谱图匹配度低,可借助气相色谱质谱联用仪(GCMS)定性,并用 PCB1242/PCB1254(1∶1)为标准,进行定量。PCBs 标准样品在分析柱上的色谱图见图 7-5。

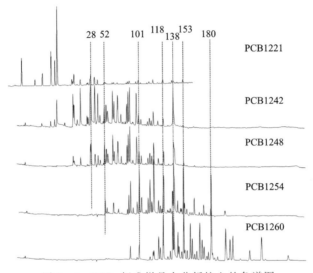

图 7-5　PCBs 标准样品在分析柱上的色谱图

注:①同一化合物在不同产品中的含量不同,当色谱条件固定后,同一化合物的色谱峰保留时间相同;②7 种指示性 PCBs(PCB28、PCB52、PCB101、PCB118、PCB138、PCB153、PCB180)的位置在图 7-5 中进行标识。

2. 定量分析

确定 PCBs 污染类型后,使用相应的标准样品,根据特征识别峰面积之和用外标法进行定量。选择一组特征识别峰进行定量时,尽可能在 PCBs 同系物出峰时段的前、中、后区域选取不同氯含量的色谱峰,并避开 DDE、DDD 和 DDT 等干扰物。特征识别峰的数量以 5~10 个为宜。当试样中 PCBs 的浓度超过校准曲线范围时,应适当稀释。

土壤样品中 PCBs 的含量 W_1 计算公式为

$$W_1 = \frac{\rho \times V}{m \times W_{dm}} \times D \times 1000 \tag{7-17}$$

式中:W_1 为样品中 PCBs 的含量($\mu g/kg$);ρ 为试样中 PCBs 的浓度($\mu g/mL$);V 为试样定容体积(mL);m 为样品称样量(g);W_{dm} 为样品干物质含量(%);D 为稀释因子。

沉积物样品中 PCBs 的含量 W_2 计算公式为

$$W_2 = \frac{\rho \times V}{m \times (1 \times W)} \times D \times 1000 \tag{7-18}$$

式中：W_2 为样品中 PCBs 的含量（μg/kg）；ρ 为试样中 PCBs 的浓度（μg/mL）；V 为试样定容体积（mL）；m 为样品称样量（g）；W 为样品含水率（%）；D 为稀释因子。

八、注意事项

（1）样品制备过程应清洁、无污染，样品制备过程中应远离有机气体，使用的所有工具都进行彻底清洗，防止交叉污染。

（2）对于 PCBs 浓度较高或干扰不明显的土壤样品，可直接将提取液转溶剂至正己烷，浓缩至 2 mL 左右，全部转移至复合硅胶柱上用 100 mL 正己烷洗脱，收集洗脱液，浓缩定容至 1.0 mL 后待测。

（3）PCBs 对人体健康有害，标准溶液配制、样品制备以及测定过程应在通风橱内进行，操作时应按规定要求佩戴防护器具，避免其接触皮肤和衣物。

（4）样品装满装实采样瓶，密封后置于冷藏箱内，尽快运回实验室分析。

（5）若暂时不分析，应在 4 ℃以下避光保存，30 d 内完成萃取，40 d 内完成萃取液的分析。

九、实验设计与研究探索

多氯联苯的封闭式使用、半封闭式使用和开放式使用过程中不可避免地排放到周围环境中，造成土壤环境污染；此外，不同水热条件、不同植被类型、不同土壤管理（耕作、水肥管理等）以及不同理化特性（如有机质含量、质地、孔隙度等）也会影响土壤 PCBs 固定、迁移和分解转化。为此，可以对多氯联苯使用场所和集中封存点不同距离、不同土层深度进行采样，来分析土样中 PCBs 种类与含量，评估土壤 PCBs 污染来源和污染现状。也可以采集不同水热条件、不同植被类型、不同土壤管理模式下的土壤样品，测定土样中 PCBs 种类和含量，分析土壤理化特性，进而剖析水热条件、植被类型和土壤管理对 PCBs 的固定、迁移及分解转化。

（1）PCBs 使用场所及封存场地对周边土壤 PCBs 种类和含量的影响：分别测定 PCBs 使用场所及封存场地不同距离、不同风向、不同土层深度的土壤 PCBs 种类和含量，分析其随距离远近、风向和土层深浅的变化规律，解析 PCBs 主要污染源，明确 PCBs 在土壤中的固定、迁移、分解转化特点，提出降低 PCBs 污染风险的举措。

（2）水热条件、植被类型、管理模式对土壤中 PCBs 分布、迁移转化的影响：采集不同水热条件、不同植被类型、不同土壤管理模式下的土壤样品，测定土样中 PCBs 种类和含量，分析土壤理化特性，如土壤有机质、土壤孔隙度、土壤质地等，进而剖析水热条件、植被类型、土壤管理、土壤理化特性对 PCBs 的分布、固定、迁移和分解转化的影响。

十、思考题

（1）样品装满装实采样瓶，密封后置于冷藏箱内，尽快运回实验室分析，为什么？

（2）若暂时不分析，应在 4 ℃以下避光保存，30 d 内完成萃取，40 d 内完成萃取液的分析。请给出合理解释。

（3）土壤理化特性（如有机质含量、质地、孔隙度等）会对土壤 PCBs 的分布、固定、迁移、分解转化产生什么影响？提出合理的降低 PCBs 污染风险的措施。

第六节 土壤全氟辛基磺酸和全氟辛酸及其盐类测定
（同位素稀释/液相色谱-三重四极杆质谱法）

全氟化合物（perfluorinated compounds，简称 PFCs）最早在 1947 年由美国明尼苏达矿业制造有限公司（简称 3M 公司）成功研制，它具有优良的热稳定性和化学稳定性、高表面活性及疏水疏油性能，被大量用于聚合物添加剂、润滑剂、灭火剂、农用化学品、表面活性剂、清洗剂、化妆品、纺织品、毛毯制造、室内装潢、皮革制品、表面防污剂、电子工业、药物、航空业、电镀等诸多工业生产和生活用品中。全氟辛烷磺酸 $CF_3(CF_2)_7SO_3H$（perfluorooctane sulfonate，简称 PFOS）和全氟辛酸 $CF_3(CF_2)_6COOH$（perfluorooctanoic acid，简称 PFOA）是目前最受关注的两种典型全氟化合物（缩写 PFOS 和 PFOA 既代表酸本身，也代表其盐类物质）。

环境中普遍存在 PFOS 的事实已促使 3M 公司在 2000 年宣布自从 2001 年起逐步淘汰 PFOS 类物质的生产。近年来，随着相关研究的日益深入，人们逐渐认识到 PFOA 的难降解性、环境持久性及生物蓄积性，并在不同的环境介质、人体及野生动物体内检测到不同浓度的 PFOA。动物实验表明，低剂量的 PFOA 就能引起遗传、生殖、发育、肝脏、免疫、心血管等毒性。美国国家环保局科学顾问委员会的有关报告中将 PFOA 描述为"可能的（likely）致癌物"或者"提示性（suggestive）致癌物"。PFOA、PFOS 等已成为继有机氯农药、二噁英之后的一种新型持久性有机污染物，甚至被视为"21 世纪的 PCBs"。

为此，监测土壤环境中全氟化合物（主要是 PFOA、PFOS）对了解全氟化合物污染现状及其修复治理具有重要作用。

一、实验目的与要求

（1）基本能理解同位素稀释/液相色谱-三重四极杆质谱法测定土壤全氟辛基磺酸和全氟辛酸及其盐类的原理。

（2）基本能独立完成同位素稀释/液相色谱-三重四极杆质谱法测定土壤全氟辛基磺酸和全氟辛酸及其盐类的基本操作。

（3）能对实验数据进行计算分析和制作规范图表，对现象和结果进行合理分析与解释。

（4）能从实验中挖掘课程思政元素，实现立德树人目标。

二、基本原理

土壤和沉积物中的 PFOS 和 PFOA 经甲醇水溶液提取、弱阴离子交换固相萃取柱净化，用液相色谱-三重四极杆质谱测定，根据保留时间、特征离子丰度比定性，用同位素稀释法定量。

三、应用范围

本方法适用于土壤中直链全氟辛基磺酸及其盐类、直链全氟辛酸及其盐类的测定。当取样量为 2 g，试样定容体积为 1.0 mL，进样体积为 5.0 μL 时，PFOS（以对应酸的浓度计）的方法检出限为 0.4 μg/kg，测定下限为 1.6 μg/kg；PFOA（以对应酸的浓度计）的方法检出限为

0.5 μg/kg,测定下限为 2.0 μg/kg。

四、主要仪器设备与材料

(1)离心机:最小离心力为 2000g。

(2)涡旋振荡混匀器:为 HAD-TM-1 型涡旋震荡仪/混匀器,也可使用其他型号的涡旋振荡器。

(3)分析天平:精度为 0.000 1 g。

(4)冷冻干燥仪:如 FD-1A-50 冷冻干燥机,也可用其他型号的冷冻干燥器或冷冻干燥仪。

(5)采样容器:不含氟聚合物材质的容器。

(6)液相色谱-三重四极杆质谱仪:液相色谱仪具备梯度洗脱功能,三重四极杆质谱仪配有电喷雾离子源,具备多反应监测功能。

(7)色谱柱:填料为十八烷基硅烷键合硅胶,填料粒径为 1.8 μm,柱长为 100 mm,内径为 2.1 mm。或其他性能相近的色谱柱。

(8)捕集柱:填料为十八烷基硅烷键合硅胶,填料粒径为 1.8～5 μm,柱长为 50 mm,内径为 2.1 mm。或选用其他性能相近的色谱柱。

(9)提取装置:水平振荡仪或其他性能相当的设备。

(10)浓缩装置:氮吹浓缩仪或其他性能相当的设备。

(11)固相萃取装置:富集管路和固相萃取柱适配器均为聚丙烯材质。

(12)样品筛:不锈钢材质,孔径为 250 μm(60 目)。

(13)烧杯:聚丙烯材质。

(14)离心管:聚丙烯材质。

(15)容量瓶:聚丙烯材质。

(16)进样瓶:聚丙烯材质,2 mL。

五、试剂

(1)甲醇:色谱纯。

(2)乙酸:色谱纯。

(3)氨水:浓度 25%～28%。

(4)乙酸铵:优级纯。

(5)甲醇-水混合溶液:甲醇和水按 1∶1 体积比混合,现用现配。

(6)氨水-甲醇混合溶液:氨水与甲醇按 2∶98 体积比混合,现用现配。

(7)2 mmol/L 乙酸铵水溶液:称取 154 mg 乙酸铵溶于 1 L 水混匀,临用现配。

(8)乙酸铵缓冲液(pH≈4):称取 387 mg 乙酸铵,加入 1.143 mL 乙酸、1000 mL 水,混匀。

(9)PFOS 标准储备液(ρ=50.0 μg/mL):市售有证标准溶液,按照标准溶液证书要求保存,使用前应恢复至室温并摇匀。

(10)PFOS 标准使用液(ρ=1.00 μg/mL):移取适量 PFOS 标准储备液,用甲醇稀释,

PFOS 标准使用液密封、避光,4 ℃以下冷藏可保存 60 d。

(11)PFOA 标准储备液($\rho = 50.0\ \mu g/mL$):市售有证标准溶液,按照标准溶液证书要求保存,使用前应恢复至室温并摇匀。

(12)PFOA 标准使用液($\rho = 1.00\ \mu g/mL$):移取适量 PFOA 标准储备液,用甲醇稀释,PFOA 标准使用液密封、避光,4 ℃以下冷藏可保存 60 d。

(13)提取内标混合储备液($\rho = 2.00\ \mu g/mL$):使用碳同位素标记全氟辛基磺酸或其盐类($^{13}C_4$-PFOS)和碳同位素标记全氟辛酸或其盐类($^{13}C_4$-PFOA)作为提取内标,市售有证标准溶液,按照标准溶液证书要求保存,使用前应恢复至室温并摇匀。

(14)提取内标使用液($\rho = 0.200\ \mu g/mL$):移取适量提取内标混合标准储备液,用甲醇稀释,提取内标使用液密封、避光,4 ℃以下冷藏可保存 60 d。

(15)进样内标储备液($\rho = 50.0\ \mu g/mL$):使用碳同位素标记全氟辛酸或其盐类($^{13}C_2$-PFOA)作为进样内标,市售有证标准溶液,按照标准溶液证书要求保存,使用时应恢复至室温并摇匀。

(16)进样内标使用液($\rho = 0.200\ \mu g/mL$):取适量进样内标储备液,用甲醇稀释,进样内标使用液密封、避光,4 ℃以下冷藏可保存 60 d。

(17)弱阴离子交换固相萃取柱Ⅰ:填料为键合哌嗪的 N-乙烯基吡咯烷酮-二乙烯基苯共聚物,150 mg/6 mL,或其他等效固相萃取柱。

(18)弱阴离子交换固相萃取柱Ⅱ:填料为键合哌嗪的 N-乙烯基吡咯烷酮-二乙烯基苯共聚物,500 mg/6 mL,或其他等效固相萃取柱。

(19)石英砂:粒径 150~250 μm(60~100 目),置于马弗炉内 450 ℃烘烤 4 h,稍冷后置于洁净干燥器内备用。

(20)针头式过滤器:聚丙烯或尼龙材质,0.22 μm、0.45 μm、0.8 μm。

(21)高纯氮气:纯度≥99.99%。

(22)砂纸:25~75 μm(200~500 目)。

(23)铜丝:纯度≥99.5%;使用前用砂纸打磨,去除表层氧化物,再依次用水、甲醇清洗,使用氮气干燥,使铜丝具有光亮的表面。

六、实验步骤

1. 样品采集与保存

按照本章第三节的样品采集与保存方法进行土壤样品的采集和保存,采样量不少于 250 g。样品采集后置于采样容器中,密封、避光,4 ℃以下冷藏保存,28 d 内完成提取。

2. 样品的制备

除去样品中异物(枝叶、石子、瓦片、塑料废弃物等),自然阴干或冷冻干燥后研磨、均质、过筛。

3. 水分的测定

按照土壤水分含量测定方法(第二章第一节),在 105~110 ℃恒温干燥箱中烘干至恒重,测定土壤样品干物质含量。

4. 试样的制备

(1)试样提取:准确称取 2.0 g 样品转入 50 mL 离心管中,加入 50.0 μL 提取内标使用液和 10 mL 甲醇-水混合溶液,用涡旋振荡混匀器混合 1 min。用提取装置以 300 r/min 常温振荡 2 h,用离心机离心 10 min。转移上清液于另一支离心管中。在保留样品的离心管中加入 10 mL 甲醇-水混合溶液重复提取 1 次,合并 2 次提取液。提取液经 0.8 μm 针头式过滤器过滤后加入 80 mL 水,使用乙酸或氨水调节 pH 至 6~8,待净化。注意:样品中含有硫时,提取液过滤前可使用铜丝消除硫的干扰。

(2)试样净化:依次用 6 mL 氨水-甲醇混合溶液、6 mL 甲醇和 6 mL 水活化弱阴离子交换固相萃取柱Ⅰ,在活化过程中应确保固相萃取柱填料不暴露于空气中。将经稀释的提取液以 3~5 mL/min 的流速通过固相萃取柱后,依次用 6 mL 水和 8 mL 乙酸铵缓冲液淋洗固相萃取柱,弃去淋洗液。用氮气吹扫或固相萃取装置的真空泵抽气干燥固相萃取柱 10 min,去除柱中残留水分。用 8 mL 甲醇以 1~3 mL/min 的流速淋洗固相萃取柱,弃去淋洗液。再用 6 mL 氨水-甲醇混合溶液以 1~3 mL/min 的流速洗脱固相萃取柱,收集洗脱液于离心管中。注意:①污染场地内或周边样品可使用弱阴离子交换固相萃取柱Ⅱ以防止填料穿透;②样品提取和净化过程应连续完成。

(3)试样浓缩:用浓缩装置将洗脱液浓缩至近干,加入 50.0 μL 进样内标使用液,用甲醇定容至 1.0 mL,混匀后经 0.22 μm 或 0.45 μm 针头式过滤器过滤至进样瓶中,密封、避光,4 ℃以下冷藏保存,28 d 内完成分析。

5. 空白试样的制备

用石英砂代替样品,按照与试样的制备相同的步骤制备实验室空白试样。

6. 液相色谱-质谱参考条件

(1)液相色谱参考条件:流动相 A 为甲醇;流动相 B 为乙酸铵水溶液;柱温为 35 ℃;进样体积为 5.0 μL;流速为 0.3 mL/min。梯度洗脱程序见表 7-9。

表 7-9 梯度洗脱程序

时间/min	0	7	13	16	16.1	20
流动相 A/%	30	60	95	95	30	30
流动相 B/%	70	40	5	5	70	70

(2)质谱参考条件:电喷雾离子源为负离子模式;监测方式为多反应监测;毛细管电压为 2500 V;真空接口温度为 200 ℃;去溶剂气温度为 350 ℃;雾化气流量为 1.0 L/min;去溶剂气流量为 15 L/min;反吹气流量为 1.5 L/min;碰撞气流量为 0.25 mL/min。多反应监测条件见表 7-10。

(3)质谱仪的调谐:按照仪器说明书调谐仪器并确认仪器性能,仪器性能正常后测定样品。

7. 仪器校准

(1)标准系列的配制与测定:移取适量 PFOS 标准使用液和 PFOA 标准使用液于 5 mL 容量瓶中,加入 250 μL 提取内标使用液和 250 μL 进样内标使用液,用甲醇定容,配制成浓度分别为 2.00 ng/mL、5.00 ng/mL、10.0 ng/mL、20.0 ng/mL、50.0 ng/mL、100 ng/mL 的标准系列(此为参考浓度)。按照仪器参考条件,由低浓度到高浓度依次进样。记录各目标化合物、提取内标、进样内标的保留时间和定量离子峰面积。

表 7-10 质谱多反应监测条件

编号	化合物	母离子	子离子	锥孔电压/V	碰撞能量/V
1	PFOA	413	369*	15	13
		413	169#	15	24
2	$^{13}C_2$-PFOA	415	370*	15	23
		415	169#	15	24
3	$^{13}C_4$-PFOA	417	372*	15	13
		417	172#	15	24
4	PFOS	499	80*	62	60
		499	99#	62	55
5	$^{13}C_4$-PFOS	503	80*	62	60
		503	99#	62	55

注:* 为定量离子,# 为定性离子。

(2)平均相对响应因子计算:目标化合物 i 的相对响应因子计算公式为

$$\mathrm{RRF}_{s,ij} = \frac{A_{s,ij}}{A_{es,ij}} \times \frac{\rho_{es,ij}}{\rho_{s,ij}} \tag{7-19}$$

式中:$\mathrm{RRF}_{s,ij}$ 为标准系列中第 j 点目标化合物 i 的相对响应因子;$A_{s,ij}$ 为标准系列中第 j 点目标化合物 i 定量离子的峰面积;$A_{es,ij}$ 为标准系列中第 j 点目标化合物 i 对应提取内标定量离子的峰面积;$\rho_{es,ij}$ 为标准系列中第 j 点目标化合物 i 对应提取内标的质量浓度(ng/mL);$\rho_{s,ij}$ 为标准系列中第 j 点目标化合物 i 的质量浓度(ng/mL)。

目标化合物 i 的平均相对响应因子计算公式为

$$\overline{\mathrm{RRF}_{s,i}} = \frac{\sum_{i=1}^{n} \mathrm{RRF}_{s,ij}}{n} \tag{7-20}$$

式中:$\overline{\mathrm{RRF}_{s,i}}$ 为目标化合物 i 的平均相对响应因子;$\mathrm{RRF}_{s,ij}$ 为标准系列中第 j 点目标化合物 i 的相对响应因子;n 为标准系列点数。

目标化合物 i 对应提取内标的相对响应因子计算公式为

$$\mathrm{RRF}_{s,ij} = \frac{A_{es,ij}}{A_{is,j}} \times \frac{\rho_{is,j}}{\rho_{es,ij}} \tag{7-21}$$

式中:$RRF_{s,ij}$为标准系列中第j点目标化合物i对应提取内标的相对响应因子;$A_{es,ij}$为标准系列中第j点目标化合物i对应提取内标定量离子的峰面积;$A_{is,j}$为标准系列中第j点进样内标定量离子的峰面积;$\rho_{is,j}$为标准系列中第j点进样内标的质量浓度(ng/mL);$\rho_{es,ij}$为标准系列中第j点目标化合物i对应提取内标的质量浓度(ng/mL)。

目标化合物i对应提取内标的平均相对响应因子计算公式为

$$\overline{RRF_{es,i}} = \frac{\sum_{j=1}^{n} RRF_{es,ij}}{n} \tag{7-22}$$

式中:$\overline{RRF_{es,i}}$为目标化合物i对应提取内标的平均相对响应因子;$RRF_{es,ij}$为标准系列中第j点目标化合物i对应提取内标的相对响应因子;n为标准系列点数。

8. 试样测定

按照与标准系列的配制与测定相同的仪器条件测定试样。

9. 空白试验

按照与标准系列的配制与测定相同的仪器条件测定空白试样。

七、结果计算

1. 定性分析

据保留时间与离子丰度比定性分析。目标化合物保留时间应与样品中对应提取内标保留时间一致。比较样品中目标化合物i定性离子的相对丰度$K_{sam,i}$与浓度接近的标准溶液中定性离子相对丰度$K_{std,i}$的绝对偏差在±30%以内时,即可判定为样品中存在该目标化合物。

样品中目标化合物i定性离子的相对丰度$K_{sam,i}$计算公式为

$$K_{sam,i} = \frac{A_{sam2,i}}{A_{sam1,i}} \times 100\% \tag{7-23}$$

式中:$K_{sam,i}$为试样中目标化合物i定性离子的相对丰度(%);$A_{sam2,i}$为试样中目标化合物i定性离子的峰面积;$A_{sam1,i}$为试样中目标化合物i定量离子的峰面积。

标准溶液中目标化合物i定性离子的相对丰度$K_{std,i}$计算公式为

$$K_{std,i} = \frac{A_{std2,i}}{A_{std1,i}} \times 100\% \tag{7-24}$$

式中:$K_{std,i}$为标准溶液中目标化合物i定性离子的相对丰度(%);$A_{std2,i}$为标准溶液中目标化合物i定性离子的峰面积;$A_{std1,i}$为标准溶液中目标化合物i定量离子的峰面积。

2. 结果计算

(1)试样中提取内标质量的计算。

试样中目标化合物i对应提取内标的质量浓度计算公式为

$$\rho_{es,i} = \frac{A_{es,i}}{A_{is}} \times \frac{\rho_{is}}{\overline{RRF_{es,i}}} \tag{7-25}$$

式中:$\rho_{es,i}$为试样中目标化合物i对应提取内标的质量浓度(ng/mL);$A_{es,i}$为试样中目标化合

物 i 对应提取内标定量离子的峰面积;A_{is} 为进样内标定量离子的峰面积;ρ_{is} 为进样内标的质量浓度(ng/mL);$\overline{RRF_{es,i}}$ 为目标化合物 i 对应提取内标的平均相对响应因子。

试样中目标化合物 i 对应提取内标的质量计算公式为

$$m_{es,i} = \rho_{es,i} \times V_c \tag{7-26}$$

式中:$m_{es,i}$ 为试样中目标化合物 i 对应提取内标的质量(ng);$\rho_{es,i}$ 为试样中目标化合物 i 对应提取内标的质量浓度(ng/mL);V_c 为试样定容体积(mL)。

(2)试样中目标化合物浓度的计算。

试样中目标化合物浓度计算公式为

$$\rho_{c,i} = \frac{A_{c,i}}{A_{es,i}} \times \frac{\rho_{es,i}}{\overline{RRF_{s,i}}} \tag{7-27}$$

式中:$\rho_{c,i}$ 为试样中目标化合物 i 的质量浓度(ng/mL);$A_{c,i}$ 为试样中目标化合物 i 定量离子的峰面积;$A_{es,i}$ 为试样中目标化合物 i 对应提取内标定量离子的峰面积;$\rho_{es,i}$ 为试样中目标化合物 i 对应提取内标添加的质量浓度(ng/mL);$\overline{RRF_{e,i}}$ 为目标化合物 i 的平均相对响应因子。

(3)土壤样品中目标化合物质量分数的计算。

土壤样品中目标化合物 i 的质量分数(以对应酸的浓度计)计算公式为

$$W_{i,j} = \frac{\rho_{c,j} \times V_c \times M_{a,i}}{m_1 \times W_{dm} \times M_{s,i}} \tag{7-28}$$

式中:$W_{i,j}$ 为土壤样品中目标化合物 i 的质量分数(以对应酸的浓度计)(μg/kg);$\rho_{c,i}$ 为试样中目标化合物 i 的质量浓度(ng/mL);V_c 为试样定容体积(mL);m_1 为土壤样品的取样量(g);W_{dm} 为土壤样品中的干物质含量(质量分数)(%);$M_{a,i}$ 为目标化合物 i 对应酸的分子量;$M_{s,i}$ 为标准溶液中目标化合物 i 对应盐的分子量。

(4)沉积物样品中目标化合物质量分数的计算。

沉积物样品中目标化合物质量分数(以对应酸的浓度计)计算公式为

$$w_{2,i} = \frac{\rho_{c,i} \times V_c}{m_2 \times (1 - w_{H_2O})} \times \frac{M_{a,i}}{M_{s,i}} \tag{7-29}$$

式中:$w_{2,i}$ 为沉积物样品中目标化合物 i 的质量分数(以对应酸的浓度计)(μg/kg);$\rho_{c,i}$ 为试样中目标化合物 i 的质量浓度(ng/mL);V_c 为试样定容体积(mL);m_2 为沉积物样品的取样量(g);w_{H_2O} 为沉积物样品的含水率(%);$M_{a,i}$ 为目标化合物 i 对应酸的分子量;$M_{s,i}$ 为标准溶液中目标化合物 i 对应盐的分子量。

八、注意事项

(1)因玻璃容器可能吸附目标化合物,采样和分析过程中应避免使用玻璃材质器皿。

(2)分析过程中含氟聚合物(如聚四氟乙烯)的使用可能对测定产生干扰,样品采集和前处理过程中应避免使用含氟聚合物材质的器皿。

(3)支链异构体可能对测定产生干扰,应优化色谱条件,使 PFOS 和 PFOA 直链与支链异构体有效分离。

(4)液相色谱系统可能含有 PFOA,可通过使用捕集柱分离样品中 PFOA 与仪器背景干扰。

(5)样品采集后置于采样容器中,密封、避光,4 ℃以下冷藏保存,28 d 内完成提取。

(6)污染场地内或周边样品可使用弱阴离子交换固相萃取柱Ⅱ以防止填料穿透。

(7)样品提取和净化过程应连续完成。

(8)样品中含有硫时,提取液过滤前可使用铜丝消除硫的干扰。

九、实验设计与研究探索

全氟化合物被大量用于聚合物添加剂、润滑剂、灭火剂、农用化学品、表面活性剂、清洗剂、化妆品、纺织品、毛毯制造、室内装潢、皮革制品、表面防污剂、电子工业、药物、航空业、电镀等工业生产和生活用品中。因此,可以设置在相关行业企业周边土壤剖面不同土层深度和距离污染源不同距离进行采样,来分析土样中全氟化合物的种类与含量,评估土壤全氟化合物的污染现状和污染程度。此外,不同利用类型的土壤理化特性(如有机质含量、质地、孔隙度等)也会影响土壤全氟化合物的测定结果。为此,可以监测交通干线沿线、不同石油加工使用场地附近、不同土壤理化特性对土壤全氟化合物种类与含量的影响,分析判定土壤全氟化合物污染程度。

(1)全氟化合物生产、运输、存储等相关单位对周边土壤全氟化合物含量的影响:分别对生产、运输、存储全氟化合物的相关单位附近的公路、铁路等交通沿线两侧不同距离、不同土层中全氟化合物的种类和含量进行测定,分析其变化规律,探究主要污染源,提出如何降低石油类物质污染风险的举措。

(2)土壤有机质、质地、孔隙度等对土壤全氟化合物迁移转化的影响:采集全氟化合物污染源附近土壤样品,同时测定其土壤有机质、质地类型和土壤孔隙度等指标,测定全氟化合物的种类和含量,探究土壤有机质、质地、孔隙度等土壤理化特性对全氟化合物的迁移和分解转化的影响。

十、思考题

(1)为什么在土样采集与分析过程中避免使用玻璃材质器皿和含氟聚合物材质的器皿?

(2)样品采集后置于采样容器中,密封、避光,4 ℃以下冷藏保存,28 d 内完成提取。为什么要密封避光?

(3)样品提取和净化过程应连续完成,如果不连续完成会产生什么样的后果?

(4)土壤样品中含有硫时,提取液过滤前可使用铜丝消除硫的干扰,具体原理是什么?

第七节 农田地膜源微塑料残留量测定

微塑料(粒径<5 mm)作为一种新型污染物近年来受到国内外广泛关注。微塑料可以分为初生微塑料和次生微塑料。初生微塑料主要是指在生产中被制成微米级的微塑料颗粒,作为原料用于工业制造或化妆品生产等,如个人护理品去角质剂中添加的塑料微珠。次生微塑料包括:随洗衣废水排放的合成纤维,以及用于农业生产、工业生产和城市建设的大型塑料经

物理、化学和生物过程(如光照、高温、土壤磨损及生物降解等)形成的粒径较小的塑料颗粒。微塑料粒径小、数量多、分布广,易为生物所吞食,在食物链中积累,且具有一定的吸附特性,可以将污染物或微生物吸附并富集于其表面。目前有关微塑料的研究大多数集中于海洋、海岸带潮滩、河口、湖泊等水域生态系统。微塑料对海洋及淡水鱼类、鸟类等有负面作用。作为污染物的载体,微塑料被水生动物摄食后,可对其产生毒性效应,也可以通过食物链传递,对土壤生态系统构成严重威胁。

微塑料不论是作为初生微塑料或是次生微塑料进入陆地生态系统,都会对陆地生态系统的物质循环及能量流动产生深远影响。由于其吸附特性,进入土壤的微塑料不仅可以吸附有机污染物,也可作为重金属载体,提高重金属的生物可利用性,经土壤动物的摄食,在土壤食物链中积累。此外,微塑料可以改变土壤物理性质,在土壤中积累到一定浓度,对土壤功能及生物多样性产生影响。

一、实验目的与要求

(1)理解农田土壤中聚乙烯类地膜源微塑料残留量测定的基本原理。
(2)能独立完成农田土壤中聚乙烯类地膜源微塑料残留量测定每个实验步骤,能分析评价土壤微塑料的污染程度。
(3)能对实验数据进行计算分析和制作规范图表,对现象和结果进行合理分析与解释。
(4)能从实验中挖掘课程思政元素,实现立德树人目标。

二、基本原理

随机称取定量经过压碎、粗筛后的土壤样品,经过消解、密度浮选、抽滤等预处理,挑选出地膜源微塑料烘干至恒重,测定其重量或数量,按公式计算农田地膜源微塑料的残留量。

三、应用范围

本方法适用于农田土壤中聚乙烯类地膜源微塑料残留量的测定,轮廓尺寸范围为 $0.5 \sim 5.0$ mm,以浓度表示时,测定下限为 1.00 mg/kg,不适用于生物降解农用地膜源微塑料残留量的测定。

四、主要仪器设备与材料

主要有放大镜($5 \sim 20$ 倍)、土壤筛(孔径 5 mm,不锈钢材质)、不锈钢滤网(孔径 0.5 mm,直径与滤器内径相等)、分析天平(感量为 0.01 g 和 0.000 01 g)、恒温干燥箱、电动机械搅拌器($0 \sim 3000$ r/min,配不锈钢搅拌棒,搅拌棒尺寸应与 250 mL 锥形瓶匹配)、水浴锅(控温精度$\leqslant \pm 1.0$ ℃)、全玻璃微孔滤膜过滤器、微孔滤膜($0.45~\mu m$)、真空泵、250 mL 锥形瓶、1000 mL 烧杯、250 mL 梨形分液漏斗。

五、试剂

试剂有氯化钠($NaCl$,分析纯)、浓硝酸($65\%~HNO_3$,分析纯)、双氧水($30\%~H_2O_2$,分析

纯)、无水乙醇(分析纯)、蒸馏水、氯化钠(NaCl)浮选液(10%氯化钠溶液,约 1.07 g/cm)。

10%氯化钠溶液:称取 100 g 氯化钠放在烧杯中,加入 900 mL 蒸馏水,室温下充分搅拌溶解,经玻璃纤维滤膜(0.45 μm)过滤,收集过滤后的溶液,保存至试剂瓶中,现配现用。

六、实验步骤

1. 样品采集

采集的样品宜采用铝箔自封袋,不应使用塑料制品的包装袋或容器。做好样品签和采样记录等,样品签信息应至少包括采样时间、地点、样品编号、采样深度和经纬度、覆膜年限。

2. 样品准备

将采集的土壤样品平铺在干净的搪瓷盘或玻璃板上,除去石块、树枝、昆虫等杂质,用木锤压碎土块后,每天翻动两次,在室温环境下自然风干。

充分混匀风干土壤,采用四分法取样,取两份,一份留存,另一份压碎至全部通过 5 mm 土壤筛,混匀,待测。

3. 干物质含量的测定

恒温干燥箱温度控制在(105±5.0) ℃测定风干土壤样品的干物质含量。

4. 预处理

(1)分散、过滤:称取约 100 g(精确至 0.01 g)筛分后的风干土壤样品,置于 250 mL 锥形瓶中,加入约 150 mL 蒸馏水,在室温下采用电动机械搅拌器搅拌 30 min(转速>60 r/min),停止搅拌后,取出搅拌棒并用蒸馏水冲洗,冲洗液流入锥形瓶中。将加水分散后的样品利用过滤器通过 0.5 mm 孔径的滤网进行抽滤,完成过滤前应反复使用蒸馏水冲洗锥形瓶和滤器内壁,使目标物全部聚集于滤网上。

(2)消解、过滤:将滤网上收集的物质和滤网全部转移至洁净的 250 mL 锥形瓶中,浓硝酸:双氧水按 3∶1 的体积比量加入,加热(65~80 ℃)并搅拌不少于 2 h,期间应反复用双氧水冲洗锥形瓶内壁。将消解后的样品在锥形瓶中加入蒸馏水稀释后,利用过滤器通过 0.5 mm 孔径的滤网进行抽滤,完成过滤前应反复使用蒸馏水冲洗锥形瓶和滤器内壁使目标物全部聚集于滤网上。

(3)浮选、过滤:将滤网上的物质全部转移至 250 mL 锥形瓶中,加入约 150 mL NaCl 浮选液,搅拌静置后,沿瓶壁缓慢补充加入适量 NaCl 浮选液于锥形瓶中,加至液面距瓶口约 1 cm 处静置 10 min。提取锥形瓶中上层清液和漂浮物,利用过滤器通过 0.5 mm 孔径的滤网进行抽滤,提取过程中应避免溶液洒漏至过滤器外。

重复浮选、过滤两步直至锥形瓶中上层溶液无漂浮物。

(4)收集样品:用蒸馏水反复冲洗过滤器内壁,冲洗后的溶液同样进行抽滤,使目标物全部聚集于滤网上。用蒸馏水反复冲洗滤网上的目标物。

(5)分析测定:在放大镜的协助下观察待测滤网,挑选出地膜源微塑料放置在干燥[(105±5) ℃]恒重(精确至 0.000 01 g)后的培养皿中,并记录地膜源微塑料的数量。将挑选出的地膜源微塑料干燥[(105±5) ℃]至恒重(精确至 0.000 01 g)后称重。

七、结果计算

农田地膜源微塑料的残留量可由微塑料浓度和微塑料丰度两种方式表示。

1. 以微塑料浓度表示

当土壤样品中地膜源微塑料的浓度的测定结果大于 1.00 mg/kg 时,宜优先选择以微塑料浓度表示农田地膜源微塑料的残留量。土壤样品中地膜源微塑料浓度计算公式为

$$M = \frac{M_2 - M_1}{M_0 \times W_{dm}} \times 10^6 \qquad (7-30)$$

式中:M 为土壤样品中地膜源微塑料浓度(mg/kg);M_0 为风干土壤样品重量(g);W_{dm} 为风干土壤样品干物质含量(%);M_1 为干燥恒重后培养皿的重量(g);M_2 为干燥恒重后地膜源微塑料和培养皿的重量(g)。

2. 以微塑料丰度表示

当土壤样品中地膜源微塑料浓度的测定结果小于 1.00 mg/kg 时,宜以微塑料丰度表示农田地膜源微塑料的残留量。土壤样品地膜源微塑料丰度计算公式为

$$A_{(0.5-5.0\,mm)} = \frac{N}{M_0 \times W_{dm}} \times 1000 \qquad (7-31)$$

式中:$A_{(0.5-5.0\,mm)}$ 为土壤样品中地膜源微塑料丰度(个/kg);N 为土壤样品中目标物总数(个);M_0 为风干土壤样品重量(g);W_{dm} 为风干土壤样品干物质含量(%)。

八、注意事项

(1)做好样品签和采样记录等,样品签信息应至少包括采样时间、地点、样品编号、采样深度和经纬度、覆膜年限。

(2)采集土壤样品宜采用铝箔自封袋,不应使用塑料制品的包装袋或容器。

(3)利用过滤器通过 0.5 mm 孔径的滤网进行抽滤,直至锥形瓶中上层溶液无漂浮物。

(4)提取过程中应避免溶液洒漏至过滤器外。

九、实验设计与研究探索

由于土地利用类型不同、农田水肥管理和耕作制度不同,耕作土壤剖面不同层次土样中微塑料的大小和含量存在较大差异;此外,不同土地利用类型的土壤理化特性(如有机质含量、质地、孔隙度等)、不同实验条件(如分散消解温度、消解时间和次数等)也会影响土壤微塑料的测定结果。为此,可以探索不同土壤利用类型、不同土层深度、不同实验条件对土壤微塑料含量的影响,并通过查阅教材和文献资料探究可能的原因是什么。

(1)不同土壤利用类型对土壤微塑料含量的影响:分别取农田、温室大棚、林地、草地等不同土壤利用类型土样,分析测定微塑料含量,分析各类型土样中微塑料的含量差异,并分析其原因。

(2)不同耕作土层深度对土壤微塑料含量的影响:分别测定农田土壤 0~10 cm、10~

20 cm、20～30 cm 土层微塑料含量,分析土壤剖面各层次微塑料的分布规律,并加以解释。

(3)消解温度和时间对土壤微塑料含量的影响:设定不同消解温度(60 ℃、70 ℃、80 ℃)和消解时间(1 h、2 h、3 h),测定土壤微塑料含量,筛选出省时高效消解温度和时间。

十、思考题

(1)土壤剖面不同层次的土壤样品,其土壤微塑料含量是否一致?为什么?

(2)不同土壤利用类型(如农田、温室大棚、林地、草地等)会对土壤微塑料含量产生什么影响?分析其原因。

(3)不同消解温度(60 ℃、70 ℃、80 ℃)和消解时间(1 h、2 h、3 h)对土壤微塑料含量有何影响?为什么?

参考文献

第七章　土壤有机污染物测定与分析	本章文献编号
第一节　土壤石油类测定(红外分光光度法)	[1-5]
第二节　土壤二噁英类测定(同位素稀释/高分辨气相色谱-低分辨质谱法)	[3,5-6]
第三节　土壤和沉积物有机氯农药测定(气相色谱-质谱法)	[3,5,7]
第四节　土壤和沉积物多环芳烃测定(高效液相色谱法)	[3,5,8-9]
第五节　土壤多氯联苯混合物测定(气相色谱法)	[3,5,10-11]
第六节　土壤全氟辛基磺酸和全氟辛酸及其盐类测定(同位素稀释/液相色谱-三重四极杆质谱法)	[3,5,12]
第七节　农田地膜源微塑料残留量测定	[5,13]

[1]生态环境部.土壤和沉积物　石油烃(C_6～C_9)的测定　吹扫捕集/气相色谱法:HJ 1020—2019[S].北京:中国环境出版社,2019.

[2]生态环境部.土壤和沉积物　石油烃(C_{10}～C_{40})的测定　气相色谱法:HJ 1021—2019[S].北京:中国环境出版社,2019.

[3]胡慧蓉,王艳霞.土壤学实验指导教程[M].北京:中国林业出版社,2020.

[4]生态环境部.土壤　石油类的测定　红外分光光度法:HJ 1051—2019[S].北京:中国环境出版社,2019.

[5]曾巧云.环境土壤学实验教程[M].北京:中国农业大学出版社,2022.

[6]环境保护部.土壤、沉积物　二噁英类的测定　同位素稀释-高分辨气相色谱-低分辨质谱法:HJ 650—2013[S].北京:中国环境科学出版社,2013.

[7]环境保护部.土壤和沉积物　有机氯农药的测定　气相色谱-质谱法:HJ 835—2017[S].北京:中国环境出版社,2017.

[8]环境保护部.土壤和沉积物　多环芳烃的测定　高效液相色谱法:HJ 784—2016[S].

北京:中国环境出版社,2016.

[9]环境保护部.土壤和沉积物　多环芳烃的测定　气相色谱-质谱法:HJ 805—2016[S].北京:中国环境出版社,2016.

[10]环境保护部.土壤和沉积物　多氯联苯的测定　气相色谱-质谱法:HJ 743—2015[S].北京:中国环境出版社,2015.

[11]环境保护部.土壤和沉积物　多氯联苯混合物的测定　气相色谱法:HJ 890—2017[S].北京:中国环境出版社,2017.

[12]生态环境部.土壤和沉积物　全氟辛基磺酸和全氟辛酸及其盐类的测定　同位素稀释-液相色谱-三重四极杆质谱法:HJ 1334-2023[S].北京:中国环境出版社,2023.

[13]中华全国供销合作总社.农田地膜源微塑料残留量的测定:GH/T 1378—2022[S].天津:中华全国供销合作总社天津再生资源研究所,2022.

第八章 土壤环境监测与质量评价

本章主要由采样准备,布点与样品数量,样品采集与转运,样品制备与转运,样品分析、记录与监测报告,土壤环境质量评价、质量保证和控制等内容构成。本章所陈述的方法适用于全国区域土壤背景、农田土壤环境、建设项目土壤环境评价、土壤污染事故等类型的监测。

第一节 采样准备

一、组织准备

由具有野外调查经验且掌握土壤采样技术规程的专业技术人员组成采样组,采样前组织学习有关技术文件,了解监测技术规范。

二、资料收集

(1)收集监测区域的交通图、土壤图、地质图、大比例尺地形图等资料,供制作采样工作图和标注采样点位用。

(2)收集包括监测区域土类、成土母质等土壤信息资料。

(3)收集工程建设或生产过程对土壤造成影响的环境研究资料。

(4)收集造成土壤污染事故的主要污染物的毒性、稳定性以及如何消除等资料。

(5)收集土壤历史资料和相应的法律法规。

(6)收集监测区域工农业生产及排污、污灌、化肥农药施用情况资料。

(7)收集监测区域气候资料(温度、降水量和蒸发量)、水文资料。

(8)收集监测区域遥感与土壤利用及其演变过程方面的资料等。

三、现场调查

现场踏勘,将调查得到的信息进行整理和利用,丰富采样工作图的内容。

四、采样器具准备

(1)工具类:铁锹、铁铲、圆状取土钻、螺旋取土钻、竹片以及适合特殊采样要求的工具等。

(2)器材类:GPS、罗盘、照相机、胶卷、卷尺、铝盒、样品袋、样品箱等。

(3)文具类:样品标签、采样记录表、铅笔、资料夹等。

(4)安全防护用品:工作服、工作鞋、安全帽、药品箱等。

(5)交通工具:采样用车辆。

五、监测项目与频次

监测项目分常规项目、特定项目和选测项目,监测频次根据监测项目的要求而不同,且要与其具体内容相对应。

1. 常规项目

原则上为《土壤环境质量　建设用地土壤污染风险管控标准(试行)》(GB 36600—2018)、《土壤环境质量　农用地土壤污染风险管控标准(试行)》(GB 15618—2018)中所要求控制的污染物。

2. 特定项目

《土壤环境质量　建设用地土壤污染风险管控标准(试行)》(GB 36600—2018)、《土壤环境质量　农用地土壤污染风险管控标准(试行)》(GB 15618—2018)中未要求控制的污染物,但根据当地环境污染状况,确认在土壤中积累较多、对环境危害较大、影响范围广、毒性较强的污染物,或者污染事故对土壤环境造成严重不良影响的物质,具体项目由各地自行确定。

3. 选测项目

一般选测项目包括新纳入的在土壤中积累较少的污染物、由于环境污染导致土壤性状发生改变的土壤性状指标以及生态环境指标等,由各地自行选择测定。

土壤监测项目与监测频次原则上按表 8-1 执行,常规项目可按当地实际适当降低监测频次,但不可低于 5 年一次,选测项目可按当地实际适当提高监测频次。

表 8-1　土壤监测项目与监测频次

项目类别		监测项目	监测频次
常规项目	基本项目	pH、阳离子交换量	每 3 年一次,农田在夏收或秋收后采样
	重点项目	镉、铬、汞、砷、铅、铜、锌、镍	
特定项目(污染事故)		特征项目	及时采样,根据污染物变化趋势决定监测频次
选测项目	影响产量项目	全盐量、硼、氟、氮、磷、钾等	每 3 年监测一次,农田在夏收或秋收后采样
	污水灌溉项目	氰化物、六价铬、挥发酚、烷基汞、苯并[a]芘、有机质、硫化物、石油类等	
	POPs 与高毒类农药	苯、挥发性卤代烃、有机磷农药、PCB、PAH 等	
	其他项目	结合态铝(酸雨区)、硒、钒、氧化稀土总量、钼、铁、锰、镁、钙、钠、铝、硅、放射性比活度等	

第二节 布点与样品数量

一、"随机"和"等量"原则

样品是由总体中随机采集的一些个体所组成,个体之间存在差异,因此样品与总体之间既存在同质的"亲缘"关系(样品又可作为总体的代表),但同时又存在着一定程度的异质性,差异越小,样品的代表性越好;反之,越差。为了使采集的监测样品具有好的代表性,必须避免一切主观因素,使组成总体的个体有同样的机会被选入样品,即组成样品的个体应是随机地取自总体。另外,在一组需要相互之间进行比较的样品中应有同样的个体组成,否则样本大的个体所组成的样品,其代表性会大于样本少的个体组成的样品。所以,"随机"和"等量"是决定样品具有同等代表性的重要条件。

二、布点方法

1. 简单随机

将监测单元分成网格,每个网格编上号码,决定采样点样品数后,随机抽取规定的样品数的样品,其样本号码对应的网格号,即为采样点。随机数的获得可以利用掷骰子、抽签、查随机数表的方法。关于随机数骰子的使用方法可见《随机数的产生及其在产品质量抽样检验中的应用程序》(GB 10111—2008)。简单随机布点是一种完全不带主观限制条件的布点方法。

2. 分块随机

根据收集的资料,如果监测区域内的土壤有明显的几种类型,则可将区域分成几块,每块内污染物较均匀,块间的差异较明显。将每块作为一个监测单元,在每个监测单元内再随机布点。在正确分块的前提下,分块布点的代表性比简单随机布点好。如果分块不正确,分块布点的效果可能会适得其反。

3. 系统随机

将监测区域分成面积相等的几部分(网格划分),每网格内布设一采样点,这种布点称为系统随机布点。如果区域内土壤污染物含量变化较大,系统随机布点比简单随机布点所采样品的代表性要好。以上布点方法如图 8-1 所示。

a.简单随机

b.分块随机

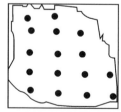
c.系统随机

图 8-1 布点方法示意图

三、基础样品数量

1. 由均方差和绝对偏差计算样品数

$$N = t^2 \times \frac{S^2}{D^2} \tag{8-1}$$

式中：N 为样品数；t 为选定置信水平(土壤环境监测一般选定为95%)一定自由度下的 t 值(表8-2)；S^2 为均方差，可从先前的其他研究或者从极差 $R(S^2 = (R/4)^2)$ 估计；D 为可接受的绝对偏差。

2. 由变异系数和相对偏差计算样品数

$$N = t^2 \times \frac{S^2}{D^2} \tag{8-2}$$

$$可变为：N = t^2 \times \frac{CV^2}{m^2} \tag{8-3}$$

式中：N 为样品数；t 为选定置信水平(土壤环境监测一般选定为95%)一定自由度下的 t 值(表8-2)；CV 为变异系数(%)，可从先前的其他研究资料中估计；m 为可接受的相对偏差(%)，土壤环境监测一般限定为20%~30%。

表8-2 不同置信水平和自由度下的 t 分布

df	置信度($1-\alpha$/双侧)							
	20%	40%	60%	80%	90%	95%	98%	99%
	置信度($1-\alpha$/单侧)							
	60%	70%	80%	90%	95%	97.5%	99%	99.5%
1	0.325	0.727	1.376	3.078	6.314	12.706	31.821	63.657
2	0.289	0.617	1.061	1.886	2.920	4.303	6.965	9.925
3	0.277	0.584	0.978	1.638	2.353	3.182	4.541	5.641
4	0.271	0.569	0.941	1.533	2.132	2.776	3.747	4.604
5	0.267	0.559	0.920	1.476	2.015	2.571	3.365	4.032
6	0.265	0.553	0.906	1.440	1.943	2.447	3.143	3.707
7	0.263	0.549	0.896	1.415	1.895	2.365	2.998	3.499
8	0.262	0.546	0.889	1.397	1.860	2.306	2.896	3.355
9	0.261	0.543	0.883	1.383	1.833	2.262	2.821	3.250
10	0.260	0.542	0.879	1.372	1.812	2.228	2.764	3.169
11	0.260	0.540	0.876	1.363	1.796	2.201	2.718	3.106
12	0.259	0.539	0.873	1.356	1.782	2.179	2.681	3.055
13	0.258	0.538	0.870	1.350	1.771	2.160	2.650	3.012

续表 8-2

df	置信度(1-α/双侧)							
	20%	40%	60%	80%	90%	95%	98%	99%
	置信度(1-α/单侧)							
	60%	70%	80%	90%	95%	97.5%	99%	99.5%
14	0.258	0.537	0.868	1.345	1.761	2.145	2.624	2.977
15	0.258	0.536	0.866	1.341	1.753	2.131	2.602	2.947
16	0.258	0.535	0.865	1.337	1.746	2.120	2.583	2.921
17	0.257	0.534	0.863	1.333	1.740	2.110	2.567	2.898
18	0.257	0.534	0.862	1.330	1.734	2.101	2.552	2.878
19	0.257	0.533	0.861	1.328	1.729	2.093	2.539	2.861
20	0.257	0.533	0.860	1.325	1.725	2.086	2.528	2.845
21	0.257	0.532	0.859	1.323	1.721	2.080	2.518	2.831
22	0.256	0.532	0.858	1.321	1.717	2.074	2.508	2.819
23	0.256	0.532	0.858	1.319	1.714	2.069	2.500	2.807
24	0.256	0.531	0.857	1.318	1.711	2.064	2.492	2.797
25	0.256	0.531	0.856	1.316	1.708	2.060	2.485	2.787
26	0.256	0.531	0.856	1.315	1.706	2.056	2.479	2.779
27	0.256	0.531	0.855	1.314	1.703	2.052	2.473	2.771
28	0.256	0.530	0.855	1.313	1.701	2.045	2.467	2.763
29	0.256	0.530	0.854	1.311	1.699	2.042	2.462	2.756
30	0.256	0.530	0.854	1.310	1.697	2.021	2.457	2.750
40	0.255	0.529	0.851	1.303	1.684	2.000	2.423	2.704
60	0.254	0.527	0.848	1.296	1.671	1.980	2.390	2.660
120	0.254	0.526	0.845	1.289	1.658	1.960	2.358	2.617
∞	0.253	0.524	0.842	1.282	1.645		2.326	2.576

在没有历史资料的地区或土壤变异程度不太大的地区,一般 CV 可用 10%～30% 粗略估计,有效磷和有效钾变异系数 CV 可取 50%。

四、布点数量

土壤监测的布点数量要满足样本容量的基本要求,即上述由均方差和绝对偏差、变异系数和相对偏差计算的样品数是样品数的下限数值。实际工作中土壤布点数量还要根据调查目的、调查精度和调查区域环境状况等因素确定。一般要求每个监测单元最少设 3 个点。

区域土壤环境调查按调查的精度不同可从 2.5 km、5 km、10 km、20 km、40 km 中选择网距网格布点，区域内的网格结点数即为土壤采样点数量。

农田采集混合样的样点数量、建设项目采样点数量、城市土壤采样点数量、土壤污染事故采样点数量见相应采样部分。

第三节 样品采集与转运

一、采样阶段

样品采集一般按前期采样、正式采样、补充采样3个阶段进行。

1. 前期采样

根据背景资料与现场考察结果，采集一定数量的样品分析测定，用于初步验证污染物空间分异性和判断土壤污染程度，为制定监测方案（选择布点方式和确定监测项目及样品数量）提供依据，前期采样可与现场调查同时进行。

2. 正式采样

按照监测方案，实施现场采样。

3. 补充采样

正式采样测试后，发现布设的样点没有满足总体设计需要，则要进行增设采样点补充采样。面积较小的土壤污染调查和突发性土壤污染事故调查可直接采样。

二、区域环境背景土壤采样

1. 采样单元

采样单元的划分，全国土壤环境背景值监测一般以土类为主，省、自治区、直辖市级的土壤环境背景值监测以土类和成土母质母岩类型为主，省级以下或条件许可或特别工作需要的土壤环境背景值监测可划分到亚类或土属。

2. 样品数量

各采样单元中的样品数量应符合基础样品数量要求。

3. 网格布点

网格间距 L 计算公式为

$$L = \left(\frac{A}{N}\right)^{1/2} \tag{8-4}$$

式中：L 为网格间距；A 为采样单元面积；N 为采样点数。A 和 L 的量纲要相匹配，如 A 的单位是 km，则 L 的单位就为 km。

根据实际情况可适当减小网格间距，适当调整网格的起始经纬度，避开过多网格落在道路或河流上，使样品更具代表性。

4. 野外选点

采样点的自然景观应符合土壤环境背景值研究的要求。采样点选在被采土壤类型特征明显的地方,地形相对平坦、稳定、植被良好的地点;坡脚、洼地等具有从属景观特征的地点不设采样点;城镇、住宅、道路、沟渠、粪坑、坟墓附近等处人为干扰大,失去土壤的代表性,不宜设采样点,采样点离铁路、公路至少 300 m 以上;采样点以剖面发育完整、层次较清楚、无侵入体为准,不在水土流失严重或表土被破坏处设采样点;选择不施或少施化肥、农药的地块作为采样点,以使样品点尽可能少受人为活动的影响;不在多种土类、多种母质母岩交错分布、面积较小的边缘地区布设采样点。

5. 采样

采样点可采表层样或土壤剖面。一般监测采集表层土,采样深度 0~20 cm(图 8-2),特殊要求的监测(土壤背景、环评、污染事故等)必要时选择部分采样点采集剖面样品。剖面的规格一般为长 1.5 m,宽 0.8 m,深 1.2 m。挖掘土壤剖面要使观察面向阳,表土和底土分两侧放置(图 8-3)。

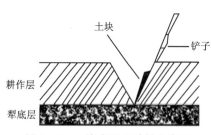

图 8-2 土壤表层土采样示意图

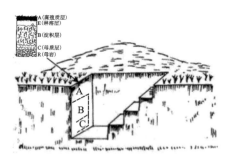

图 8-3 土壤剖面土采样示意图

一般每个剖面采集 A、B、C 三层土样。地下水水位较高时,剖面挖至地下水出露时为止;山地丘陵土层较薄时,剖面挖至风化层。

对 B 层发育不完整(不发育)的山地土壤,只采 A、C 两层。干旱地区剖面发育不完善的土壤,在表层 5~20 cm、心土层 50 cm、底土层 100 cm 左右采样。

水稻土按照 A 耕作层、P 犁底层、C 母质层(或 G 潜育层、W 潴育层)分层采样(图 8-4),对 P 层太薄的剖面,只采 A、C 两层(或 A、G 层或 A、W 层)。A 层特别深厚,沉积层不甚发育,1 m 内见不到母质的土类剖面,按 A 层 5~20 cm、A/B 层 60~90 cm、B 层 100~200 cm 采集土壤。草甸土和潮土一般在 A 层 5~20 cm、C1 层(或 B 层)50 cm、C2 层 100~120 cm 处采样。

耕作层(A层)
犁底层(P层)
潴育层(W层)
潜育层(G层)
母质层(C层)

图 8-4 水稻土剖面示意图

采样次序自下而上,先采剖面的底层样品,再采中层样品,最后采上层样品。测量重金属的样品尽量用竹片或竹刀,去除与金属采样器接触的部分土壤,再用其取样。

剖面每层样品采集 1 kg 左右,装入样品袋,样品袋一般由棉布缝制而成,如潮湿样品可内衬塑料袋(供无机化合物测定)或将样品置于玻璃瓶内(供有机化合物测定)。采样的同时,由专人填写样品标签、采样记录;标签一式两份,一份放入袋中,另一份系在袋口,标签上标注采样时间、地点、样品编号、监测项目、采样深度和经纬度。采样结束时需逐项检查采样记录、样袋标签和土壤样品,如有缺项和错误,应及时补齐更正。将底土和表土按原层回填到采样坑中,方可离开现场,并在采样示意图上标出采样地点,避免下次在相同处采集剖面样。标签和采样记录格式见表8-3。

表8-3　土壤样品标签样式

土壤样品标签
样品编号:
采样地点:　　　　　　　　　东经:　　　　　　　　　北纬:
采样层次:
采样深度:
监测项目:
采样日期:

6. 土壤剖面记录

一般土壤记录格式见表8-4,不同记录内容如下。

(1)颜色:可采用门塞尔比色卡比色,也可按土壤颜色三角图(图8-5)进行描述。颜色描述可采用双名法,主色在后,副色在前,如黄棕、灰棕等。颜色深浅还可以冠以暗、淡、浅等形容词,如浅棕、暗灰等。

(2)质地:分为砂土、壤土(砂壤土、轻壤土、中壤土、重壤土)和黏土,野外估测方法为取小块土壤,加水潮润,然后揉搓,搓成细条并弯成直径为2.5~3 cm 的土环,据土环表现的性状确定质地。不同土壤质地表现为:①砂土,不能搓成条;②砂壤土,只能搓成短条;③轻壤土,能搓成3 mm 直径的条,但易断裂;④中壤土,能搓成完整的细条,弯曲时容易断裂;⑤重壤土,能搓成完整的细条,弯曲成圆圈时容易断裂;⑥黏土,能搓成完整的细条,能弯曲成圆圈。

(3)结构:一般分为团粒状、核状、块状、棱柱状、柱状、碎块状、屑粒状、片状、鳞片状等。观察土壤结构的方法是:用挖土工具把土挖出,让其自然落地散碎或用手轻捏,使土块分散,然后观察被分散开的个体形态的大小、硬度、内外颜色及有无胶膜、锈纹、锈斑等,最后确定结构类型(表8-5)。

(4)干湿度:一般可分为5级。①干,土块放在手中,无潮润感觉;②潮,土块放在手中,有潮润感觉;③湿,手捏土块,在土团上塑有手印;④重潮,手捏土块时,在手指上留有湿印;⑤极潮,手捏土块时,有水流出。

(5)松紧度:野外鉴定土壤松紧的方法,根据小刀插入土体的深浅和阻力大小来判断。具体分为5类:①松,小刀随意插入,深度大于10 cm;②散,稍加力,小刀可插入土体7~10 cm;③紧,用较大的力,小刀才能插入土体4~7 cm;④紧实,用大力,小刀才能插入土体2~4 cm;⑤坚实,用很大力,小刀才能插入土体1~2 cm。

(6)植物根系含量:可分为以下5级。①无根系,在该土层中无任何根系;②少量,在该土层每50 cm^{2}内少于5根;③中量,在该土层每50 cm^{2}内有5~15根;④多量,该土层每50 cm^{2}内多于15根;⑤根密集,在该土层中根系密集交织。

表8-4 土壤剖面观察记录表

采样地点			东经		北纬	
样品编号			采样日期			
样品类别			采样人			
采样层次			采样深度/cm			
剖面环境条件		地形				
		海拔高度				
		植被类型				
		土壤利用类型				
		当季作物				
		排灌条件				
		耕作制度				
剖面物理特性		厚度				
		颜色				
		质地				
		结构				
		干湿度				
		松紧度				
		根系				
		侵入体				
		砂砾含量				
剖面综合评价		酸碱性				
		石灰质反应				
		亚铁反应				
		地下水水位				
		保水性				
		保肥性				
		透气性				
剖面各层特性的变化规律						
土壤存在的问题及改进措施						

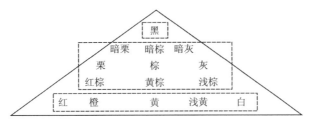

图 8-5 土壤颜色三角图

表 8-5 土壤结构类型

结构类型			结构形状	直径/mm	结构名称
团聚体类型	立方体状	裂面和棱角不明显	形状不规则,表面不平整	大于 100	大块状
				50～100	块状
				5～50	碎块状
		裂面和棱角不明显	形状规则、表面平整、棱角尖锐	大于 5	核状
			近圆形、表面粗糙或平滑	小于 5	粒状
			形状近浑圆形、表面平滑、大小均匀	1～10	团粒状
	柱状	裂面和棱角不明显	表面不平滑,棱角浑圆,形状不规则	30～50	拟柱状
				大于 50	大拟柱状
		裂面和棱角明显	形状规则,表面平滑,棱角尖锐	30～50	棱柱状
				大于 50	大棱柱状
			形状规则,侧面光滑,顶底面平行	30～50	柱状
				大于 50	大柱状
	板状		呈水平层状	大于 5	板状
				小于 5	片状
	微团聚体		—	小于 0.25	微团聚体
单粒类型			土粒不胶结,成分散单粒状		单粒

(7)侵入体:不是母质固有的,也不是土壤形成过程中的产物,是外界侵入土壤中的物体,如瓦片、砖渣、炭屑等,它们的存在与土壤形成过程无关。

(8)石砾含量:以石砾量占该土层的体积百分数估计。

(9)新生体:不是母质所固有的,是在土壤形成过程中产生的物质,如铁锰结核、石灰结核等,它们反映土壤形成过程中物质的转化情况。

(10)土壤酸碱度:土壤酸碱度测定中的混合指示剂法。混合指示剂(pH=4～11):将 0.2 g 甲基红、0.4 g 溴百里酚蓝、0.8 g 酚酞在玛瑙研钵中研匀,溶解于 400 mL 体积分数 95% 乙醇中,加水稀释至1L。此时有沉淀产生,滴加 0.1 mol/L 氢氧化钠至沉淀完全溶解,同时溶液呈中性显绿色,其变色范围如下。

pH： 4　　5　　6　　7　　8　　9　　10　　11

颜色： 红　橙　黄　草绿　绿　暗蓝　紫蓝　紫

(11)石灰质反应：用10%稀盐酸，直接滴在土壤上，观察气泡产生状况，估计其石灰含量。具体分为4级：①无石灰质，无气泡、无声音，估计含量为0；②少石灰质，徐徐产生小气泡，可听到响声，估计含量为1%以下；③中量石灰质，明显产生大气泡，但很快消失，估计含量为1%~5%；④多石灰质，发生剧烈沸腾现象，产生大气泡，响声大，历时较久，估计含量为5%以上。

(12)亚铁反应：用赤血盐直接滴加测定，在酸性溶液中，赤血盐与Fe^{2+}反应生成不溶的蓝色颜料。

(13)土壤地下水水位：地下水水位是指出现地下连续水面与地表的距离。其高低分级为：①高位，地下水水位小于30 cm；②中位，地下水水位30~60 cm；③低位，地下水水位大于60 cm。

三、农田土壤采样

1. 监测单元

土壤环境监测单元按土壤主要接纳污染物途径可划分为大气污染型土壤监测单元、灌溉水污染监测单元、固体废物堆污染型土壤监测单元、农用固体废物污染型土壤监测单元、农用化学物质污染型土壤监测单元、综合污染型土壤监测单元（污染物主要来自上述两种以上途径）。

监测单元划分要参考土壤类型、农作物种类、耕作制度、商品生产基地、保护区类型、行政区划等要素的差异，同一单元的差别应尽可能地缩小。

2. 布点

根据调查目的、调查精度和调查区域环境状况等因素确定监测单元，部门专项农业产品生产土壤环境监测布点按其专项监测要求进行。

大气污染型土壤监测单元和固体废物堆污染型土壤监测单元以污染源为中心放射状布点，在主导风向和地表水的径流方向适当增加采样点（离污染源的距离远于其他点）；灌溉水污染监测单元、农用固体废物污染型土壤监测单元和农用化学物质污染型土壤监测单元采用均匀布点；灌溉水污染监测单元采用按水流方向带状布点，采样点自纳污口起由密渐疏；综合污染型土壤监测单元布点采用综合放射状、均匀、带状布点法。

3. 样品采集

(1)剖面样：特定的调查研究监测需了解污染物在土壤中的垂直分布时采集土壤剖面样，采样方法同区域环境背景土壤剖面采样。

(2)混合样：一般农田土壤环境监测采集耕作层土样，种植一般农作物采0~20 cm，种植果林类农作物采0~60 cm。为了保证样品的代表性、降低监测费用，采取采集混合样的方案。每个土壤单元设3~7个采样区，单个采样区可以是自然分割的一个田块，也可以由多个田块构成,其范围以 200m×200m 左右为宜。每个采样区的样品为农田土壤混合样。混合样的采集主要有 4 种方法(图 8-6)。

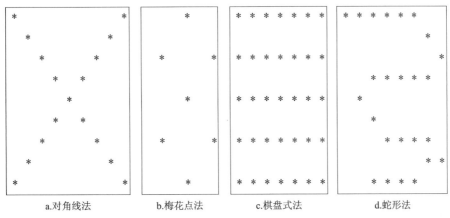

  a.对角线法   b.梅花点法   c.棋盘式法   d.蛇形法

图 8-6 混合土样采样点布设示意图

(1)对角线法:适用于污灌农田土壤,对角线分四等份,以等分点为采样分点。

(2)梅花点法:适用于面积较小,地势平坦,土壤组成和受污染程度相对比较均匀的地块,设分点有 5 个左右。

(3)棋盘式法:适宜中等面积、地势平坦、土壤不够均匀的地块,设分点 10 个左右;受污泥、垃圾等固体废物污染的土壤,分点应在 20 个以上。

(4)蛇形法:适宜于面积较大、土壤不够均匀且地势不平坦的地块,设分点 15 个左右,多用于农业污染型土壤。各分点混匀后用四分法(图 8-7)取 1kg 土样装入样品袋,多余部分弃去。样品标签和采样记录等要求同区域环境背景土壤采样。

图 8-7 四分法取样步骤示意图

四、建设项目土壤环境评价监测采样

每 100 hm² 占地不少于 5 个采样点,其中小型建设项目设 1 个柱状样采样点,大中型建设项目不少于 3 个柱状样采样点,特大型建设项目或对土壤环境影响敏感的建设项目不少于 5 个柱状样采样点。

1. 非机械干扰土

如果建设工程或生产没有翻动土层,表层土受污染的可能性最大,但不排除对中下层土壤的影响。生产或者将要生产导致的污染物,以工艺烟雾(尘)、污水、固体废物等形式污染周围土壤环境,采样点以污染源为中心放射状布设为主,在主导风向和地表水的径流方向适当增加采样点(离污染源的距离远于其他点);以水污染型为主的土壤按水流方向带状布点,采样点自纳污口起由密渐疏;综合污染型土壤监测布点采用综合放射状、均匀、带状布点法。此类监测不采混合样,混合样虽然能降低监测费用,但损失了污染物空间分布的信息,不利于掌握工程及生产对土壤影响状况。

表层土样采集深度为0~20 cm;每个柱状样取样深度都为100 cm,分取3个土样,即表层样(0~20 cm)、中层样(20~60 cm)、深层样(60~100 cm)。

2. 机械干扰土

在建设工程或生产中,土层受到翻动影响,污染物在机械干扰土纵向分布中不同于非机械干扰土。采样点布设同非机械干扰土。各点取1 kg装入样品袋,样品标签和采样记录等要求同区域环境背景土壤采样。采样总深度由实际情况而定,一般同剖面样的采样深度,确定采样深度有随机深度采样、分层随机采样、规定深度采样3种方法可供参考(图8-8)。

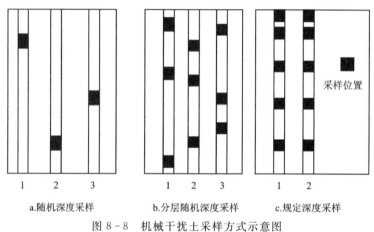

图8-8 机械干扰土采样方式示意图

(1)随机深度采样:本方法适合土壤污染物水平方向变化不大的土壤监测单元,采样深度计算公式为

$$深度 = 剖面土壤总深 \times RN \tag{8-5}$$

式中:RN为0~1之间的随机数。RN由随机数骰子法产生,随机数骰子是由均匀材料制成的正20面体,在20个面上,0~9各数字都出现两次,使用时根据需产生的随机数位数选取相应的骰子数,并规定好每种颜色的骰子各代表的位数。对于本规范用一个骰子,其出现的数字除以10即为RN,当骰子出现的数为0时规定此时的RN为1。

示例:土壤剖面深度(H)为1.2 m,用一个骰子决定随机数。

若第一次掷骰子得随机数(n_1)6,则$RN_1 = (n_1)/10 = 0.6$,采样深度(H_1) = $H \times RN_1$ = 1.2 × 0.6 m = 0.72 m,即第一个点的采样深度离地面0.72 m。

若第二次掷骰子得随机数(n_2)3,则$RN_2 = (n_2)/10 = 0.3$,采样深度(H_2) = $H \times RN_2$ = 1.2 × 0.3 m = 0.36 m,即第二个点的采样深度离地面0.36 m。

若第三次掷骰子得随机数(n_3)8,同理可得第三个点的采样深度离地面0.96 m。

若第四次掷骰子得随机数(n_4)0,则$RN_4=1$(规定当随机数为 0 时 RN 取 1),采样深度(H_4)$=H\times RN_4=1.2\times 1 m=1.2 m$,即第四个点的采样深度离地面 1.2 m。

以此类推,直至决定所有点采样深度为止。

(2)分层随机深度采样:本采样方法适合绝大多数的土壤采样,土壤纵向(深度)分成 3 层,每层采一样品,每层的采样深度计算公式为

$$深度=每层土壤深\times RN \qquad (8-6)$$

式中:RN 为 0~1 之间的随机数,取值方法同随机深度采样中的 RN 取值。

(3)规定深度采样:本采样适合预采样(为初步了解土壤污染随深度的变化,制订土壤采样方案)和挥发性有机物的监测采样,表层多采,中下层等间距采样。

五、城市土壤采样

城市土壤是城市生态的重要组成部分,虽然城市土壤不用于农业生产,但其环境质量对城市生态系统影响极大。城区内大部分土壤被道路和建筑物覆盖,只有小部分土壤栽植草木,本书中城市土壤主要是指后者,由于其复杂性分两层采样,上层(0~30 cm)可能是回填土或受人为影响大的部分,下层(30~60 cm)为人为影响相对较小部分。两层分别取样监测。

城市土壤监测点以网距 2000 m 的网格布设为主,功能区布点为辅,每个网格设一个采样点。对于专项研究和调查的采样点可适当加密。

六、污染事故监测土壤采样

污染事故不可预料,接到举报后应立即组织采样。现场调查和观察,取证土壤被污染时间,根据污染物及其对土壤的影响确定监测项目,尤其是污染事故的特征污染物是监测的重点。根据污染物的颜色、印渍和气味,结合考虑地势、风向等因素初步界定污染事故对土壤的污染范围。

如果是固体污染物抛洒污染型,等打扫后采集表层 5 cm 土样,采样点不少于 3 个。如果是液体倾翻污染型,污染物向低洼处流动的同时向深度方向渗透并向两侧横向扩散,每个点分层采样,事故发生点样品点较密,采样深度较深,离事故发生点相对远处样品点较疏,采样深度较浅。采样点不少于 5 个。如果是爆炸污染型,以放射性同心圆方式布点,采样点不少于 5 个,爆炸中心采分层样,周围采表层土(0~20 cm)。

事故土壤监测要设定 2~3 个背景对照点,各点(层)取 1 kg 土样装入样品袋,有腐蚀性或要测定挥发性化合物时,改用广口瓶装样。含易分解有机物的待测定样品,采集后置于低温(冰箱)中,直至运送、移交到分析室。

七、样品转运

1.装运前核对

在采样现场样品必须逐件与样品登记表、样品标签和采样记录进行核对,核对无误后分类装箱。

2. 运输中防损

运输过程中严防样品的损失、混淆和沾污。对光敏感的样品应有避光外包装。

3. 样品交接

由专人将土壤样品送到实验室,送样者和接样者双方同时清点核实样品,并在样品交接单上签字确认,样品交接单由双方各存一份备查。

第四节 样品制备与保存

一、制样工作室要求

制样工作室分为风干室和磨样室。风干室朝南(严防阳光直射土样),通风良好,整洁,无尘,无易挥发性化学物质。

二、制样工具及容器

风干用白色搪瓷盘及木盘;粗粉碎用木棰、木滚、木棒、有机玻璃棒、有机玻璃板、硬质木板、无色聚乙烯薄膜;磨样用玛瑙研磨机(球磨机)或玛瑙研钵、白色瓷研钵;过筛用尼龙筛,规格为2～100目;装样用具塞磨口玻璃瓶、具塞无色聚乙烯塑料瓶或特制牛皮纸袋,规格视量而定。

三、制样程序

制样者与样品管理员同时核实清点,交接样品,在样品交接单上双方签字确认。

1. 风干

在风干室将土样置于风干盘中,放在室内阴凉通风处自行干燥,摊成2～3 cm的薄层,适时压碎、翻动,拣出碎石、砂砾、植物残体等。切忌阳光直接暴晒和酸、碱、蒸气以及尘埃等污染。

2. 样品粗磨

在磨样室,将风干的样品倒在有机玻璃板上,用木棰敲打,用木滚、木棒、有机玻璃棒再次压碎,拣出杂质,混匀,通过孔径2 mm(10目)尼龙筛。过筛后的样品全部置于无色聚乙烯薄膜上,并充分搅拌混匀,再采用四分法取其两份,一份交样品库存放,另一份作样品的细磨用。粗磨样可直接用于土壤pH、阳离子交换量、元素有效态含量等项目的分析。

3. 样品细磨

用于细磨的样品再用四分法分成两份,一份研磨到全部过孔径0.25 mm(60目)筛,用于农药或土壤有机质、土壤全氮量等项目分析;另一份研磨到全部过孔径0.15 mm(100目)筛,用于土壤元素全量分析。土壤筛孔径(内径)与筛目号数对应关系见表8-6,分析项目要求过筛目号数见表8-7,制样过程见图8-9。

表 8－6　筛孔尺寸(内径)与筛目号数对照表

筛孔尺寸/mm	筛目号数	筛孔尺寸/mm	筛目号数	筛孔尺寸/mm	筛目号数
4.75	4	0.71	25	0.09	170
4	5	0.6	30	0.075	200
3.35	6	0.5	35	0.063	230
2.8	7	0.3	50	0.053	270
2.36	8	0.25	60	0.045	325
2	10	0.212	70	0.04	363
1.7	12	0.18	80	0.038	400
1.18	16	0.15	100	0.025	500
1	18	0.125	120	0.02	600
0.85	20	0.106	140		

表 8－7　分析项目要求过筛(孔径)目号数对应表

分析项目	阳离子交换量	交换性盐基总量	石灰含量	有效锰	有效锌	有效铁
粒度要求	2 mm	2 mm	2 mm	2 mm	2 mm	2 mm
分析项目	有效硅	氰(CN)	pH	有机质	腐殖质	全氮
粒度要求	2 mm	2 mm	1 mm	0.25 mm	0.25 mm	0.25 mm
分析项目	碳酸盐测定	全磷	全钾	全硫	全铁	全锰
粒度要求	0.25 mm	0.149 mm	0.149 mm	0.149 mm	0.149 mm	0.149 mm
分析项目	铅(Pb)	汞(Hg)	砷(As)	氟(F)	铬(Cr)	全锌
粒度要求	0.149 mm	0.149 mm	0.149 mm	0.149 mm	0.149 mm	0.149 mm

4. 样品分装

研磨混匀后的样品,分别装于样品袋或样品瓶,填写土壤标签一式两份,瓶内或袋内放一份,瓶外或袋外贴一份。

5. 注意事项

(1)制样过程中,采样时的土壤标签与土壤始终放在一起,严禁混错,样品名称和编码始终不变。

(2)制样工具每处理一份样后擦抹(洗)干净,严防交叉污染。

(3)分析挥发性、半挥发性有机物或可萃取有机物无需上述制样,用新鲜样按特定的方法进行样品前处理。

(4)采用四分法选取的土样要全部磨细过筛。

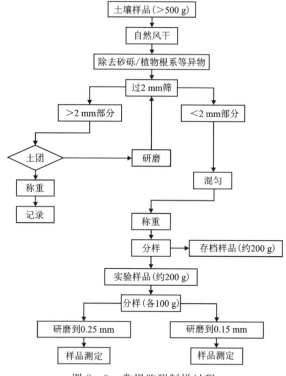

图 8-9 常规监测制样过程

四、样品保存

1. 新鲜样品保存

对于易分解或易挥发等不稳定组分的样品要采取低温保存的运输方法,并尽快送到实验室分析测试。测试项目需要新鲜样品的土样,采集后用可密封的聚乙烯或玻璃容器在4℃以下避光保存,样品要充满容器。避免用含有待测组分或对测试有干扰的材料制成的容器盛装保存样品,测定有机污染物用的土壤样品要选用玻璃容器保存。具体保存条件见表8-8。

表 8-8 新鲜样品的保存条件和保存时间

测试项目	容器材质	温度/℃	可保存时间/d	备注
金属(汞和六价铬除外)	聚乙烯、玻璃	<4	180	
汞	玻璃	<4	28	
砷	聚乙烯、玻璃	<4	180	
六价铬	聚乙烯、玻璃	<4	1	
氰化物	聚乙烯、玻璃	<4	2	
挥发性有机物	玻璃(棕色)	<4	7	采样瓶装满实并密封
半挥发性有机物	玻璃(棕色)	<4	10	采样瓶装满实并密封
难挥发性有机物	玻璃(棕色)	<4	14	

2. 预留样品保存

预留样品在样品库造册保存。

3. 分析取用后的剩余样品保存

分析取用后的剩余样品,待测定全部完成数据报出后,应移交样品库保存。

4. 保存时间

分析取用后的剩余样品一般保留半年,预留样品一般保留 2 年。特殊、珍稀、仲裁、有争议样品一般要永久保存。新鲜土样保存时间见表 8-8。

5. 样品库要求

保持干燥、通风、无阳光直射、无污染;要定期清理样品,防止霉变、鼠害及标签脱落。样品入库、领用和清理均需记录。

第五节 土壤样品预处理方法

一、全分解方法

1. 普通酸分解法

准确称取 0.5 g(准确到 0.1 mg,以下都与此相同)风干土样于聚四氟乙烯坩埚中,用几滴水润湿后,加入 10 mL HCl($\rho=1.19$ g/mL),于电热板上低温加热,蒸发至约剩 5 mL 时加入 15 mL HNO$_3$($\rho=1.42$ g/mL),继续加热蒸至近黏稠状,加入 10 mL HF($\rho=1.15$ g/mL)并继续加热,为了达到良好的除硅效果应经常摇动坩埚。最后加入 5 mL HClO$_4$($\rho=1.67$ g/mL),并加热至白烟冒尽。对于含有机质较多的土样应在加入 HClO$_4$ 之后加盖消解,土壤分解物应呈白色或淡黄色(含铁较高的土壤),倾斜坩埚时呈不流动的黏稠状。用稀酸溶液冲洗内壁及坩埚盖,温热溶解残渣,冷却后,定容至 100 mL 或 50 mL,最终体积依待测成分的含量而定。

2. 高压密闭分解法

称取 0.5 g 风干土样于内套聚四氟乙烯坩埚中,加入少许水润湿试样,再加入 HNO$_3$($\rho=1.42$ g/mL)、HClO$_4$($\rho=1.67$ g/mL)各 5 mL,摇匀后将坩埚放入不锈钢套筒中,拧紧。放在 180 ℃的烘箱中分解 2 h。取出冷却至室温后,取出坩埚,用水冲洗坩埚盖的内壁,加入 3 mL HF($\rho=1.15$ g/mL),置于电热板上,在 100~120 ℃加热除硅,待坩埚内剩下 2~3 mL 溶液时,调高温度至 150 ℃,蒸至冒浓白烟后再缓缓蒸至近干,按普通酸分解法同样操作定容后进行测定。

3. 微波炉加热分解法

微波炉加热分解法是以被分解的土样及酸的混合液作为发热体,从内部进行加热使试样受到分解的方法。目前微波炉加热分解试样的方法,有常压敞口分解和仅用厚壁聚四氟乙烯容器的密闭式分解法,也有密闭加压分解法。微波炉加热分解以聚四氟乙烯密闭容器作内筒,以能透过微波的材料如高强度聚合物树脂或聚丙烯树脂作外筒,在该密封系统内分解试样能达到良好的分解效果。微波加热分解也可分为开放系统和密闭系统两种。开放系统可分解多量试样,且可直接和流动系统相组合实现自动化,但由于要排出酸蒸气,所以分解时使用酸量较大,易受外环境污染,挥发性元素易造成损失,费时间且难以分解多数试样。密闭系统的优点较多,酸蒸气不会逸出,仅用少量酸即可,在分解少量试样时十分有效,不受外部环境的污染。在分解试样时不用观察及特殊操作,由于压力高,因此分解试样很快,不会受外筒金属的污染(因为用树脂做外筒)。可同时分解大批量试样。其缺点是需要专门的分解器具,不能分解量大的试样,如果疏忽会有发生爆炸的危险。在进行土样的微波分解时,无论使用开放系统或密闭系统,一般使用 HNO_3 - HCl - HF - $HClO_4$、HNO_3 - HF - $HClO_4$、HNO_3 - HCl - HF - H_2O_2、HNO_3 - HF - H_2O_2 等体系。当不使用 HF 时(限于测定常量元素且称样量小于 0.1 g),可将分解试样的溶液适当稀释后直接测定。若使用 HF 或 $HClO_4$ 对待测微量元素有干扰时,可将试样分解液蒸至近干,酸化后稀释定容。

4. 碱融法

(1)碳酸钠熔融法(适合测定氟、钼、钨):称取 0.500 0~1.000 0 g 风干土样放入预先用少量碳酸钠或氢氧化钠垫底的高铝坩埚中(以充满坩埚底部为宜,以防止熔融物粘底),分次加入 1.5~3.0 g 碳酸钠,并用圆头玻璃棒小心搅拌,使其与土样充分混匀,再放入 0.5~1 g 碳酸钠,平铺在混合物表面,盖好坩埚盖。移入马弗炉中,于 900~920 ℃熔融 0.5 h。自然冷却至 500 ℃左右时,可稍打开炉门(不可打开缝过大,否则高铝坩埚骤然冷却会开裂)以加速冷却,冷却至 60~80 ℃用水冲洗坩埚底部,然后放入 250 mL 烧杯中,加入 100 mL 水,在电热板上加热浸提熔融物,用水及(1∶1)盐酸溶液将坩埚及坩埚盖洗净取出,并小心用(1∶1)盐酸溶液中和、酸化(注意盖好表面皿,以免大量 CO_2 冒泡引起试样的溅失),待大量盐类溶解后,用中速滤纸过滤,用水及质量分数 5%盐酸溶液洗净滤纸及其中的不溶物,定容待测。

(2)碳酸锂-硼酸、石墨粉坩埚熔样法(适合铝、硅、钛、钙、镁等元素分析):土壤矿质全量分析中土壤样品分解常用酸溶剂,酸溶剂一般用氢氟酸加氧化性酸分解样品,其优点是酸度小,适用于仪器分析测定,但对某些难熔矿物分解不完全,特别对铝、钛的测定结果会偏低,且不能测定硅(已被除去)。

碳酸锂-硼酸在石墨粉坩埚内熔样,再用超声波提取熔块,分析土壤中的常量元素,速度快,准确度高。

在 30 mL 瓷坩埚内充满石墨粉,置于 900 ℃高温电炉中灼烧半小时,取出冷却,用乳钵棒压一空穴。准确称取 0.200 0 g 经 105 ℃烘干的土样于定量滤纸上,与 1.5 g Li_2CO_3 - H_3BO_3 (质量比 1∶2)混合试剂均匀搅拌,捏成小团,放入瓷坩埚内石墨粉洞穴中,然后将坩埚放入已升温到 950 ℃的马弗炉中,20 min 后取出,趁热将熔块投入盛有 100 mL 质量分数 4%硝酸溶液的 250 mL 烧杯中,立即于 250 W 功率清洗槽内超声(或用磁力搅拌),直到熔块完全溶解;将溶液转移到 200 mL 容量瓶中,并用质量分数 4%硝酸溶液定容。吸取 20 mL 上述样品液移入 25 mL 容量瓶中,并根据仪器的测量要求决定是否需要添加基体元素及添加浓度,最后用质量分数 4%硝酸溶液定容,用光谱仪进行多元素同时测定。

二、酸溶浸法

1. HCl‑HNO₃溶浸法

准确称取 2.000 g 风干土样,加入 15 mL 的(1∶1)盐酸溶液和 5 mL 1.42 g/mL 硝酸溶液,振荡 30 min,过滤定容至 100 mL,用 ICP 法测定 P、Ca、Mg、K、Na、Fe、Al、Ti、Cu、Zn、Cd、Ni、Cr、Pb、Co、Mn、Mo、Ba、Sr 等。

或采用下述溶浸方法:准确称取 2.000 g 风干土样于干烧杯中,加少量水润湿,加入 15 mL (1∶1)盐酸溶液和 5 mL 1.42 g/mL 硝酸溶液。盖上表面皿于电热板上加热,待蒸发至约剩 5 mL,冷却,用水冲洗烧杯和表面皿,用中速定量滤纸过滤并定容至 100 mL,用原子吸收法或 ICP 法测定。

2. HNO₃‑H₂SO₄‑HClO₄溶浸法

HNO_3‑H_2SO_4‑$HClO_4$溶浸法的特点是 H_2SO_4、$HClO_4$ 沸点较高,能使大部分元素溶出,且加热过程中液面比较平静,没有迸溅的危险。但 Pb 等易与 SO_4^{2-} 形成难溶性盐类的元素,测定结果偏低。操作步骤是:准确称取 2.500 0 g 风干土样于烧杯中,用少许水润湿,加入 12.5 mL HNO_3‑H_2SO_4‑$HClO_4$混合酸(体积比 5∶1∶20),置于电热板上加热,当开始冒白烟后缓缓加热,并经常摇动烧杯,蒸发至近干。冷却,加入 5 mL 1.42 g/mL 硝酸溶液和 10 mL 水,加热溶解可溶性盐类,用中速定量滤纸过滤,定容至 100 mL,待测。

3. HNO₃溶浸法

准确称取 2.000 0 g 风干土样于烧杯中,加少量水润湿,加入 20 mL 1.42 g/mL 硝酸溶液。盖上表面皿,置于电热板或沙浴上加热,若发生迸溅,可采用每加热 20 min 关闭电源 20 min 的间歇加热法。待蒸发至约剩 5 mL,冷却,用水冲洗烧杯壁和表面皿,经中速定量滤纸过滤,将滤液定容至 100 mL,待测。

4. Cd、Cu、As 等的 0.1 mol/L HCl 溶浸法

土壤中 Cd、Cu、As 的提取方法,其中 Cd、Cu 操作步骤是:准确称取 10.000 0 g 风干土样于 100 mL 广口瓶中,加入 50.0 mL 0.1 mol/L 盐酸溶液,在水平振荡器上振荡。振荡条件是:温度 30 ℃,振幅 5~10 cm,振荡频次 100~200 次/min,振荡 1 h。静置后,用倾斜法分离出上层清液,用定量干滤纸过滤,滤液经过适当稀释后用原子吸收法测定。

As 的操作步骤是:准确称取 10.000 0 g 风干土样于 100 mL 广口瓶中,加入 50.0 mL 0.1 mol/L 盐酸溶液,在水平振荡器上振荡。振荡条件是:温度 30 ℃,振幅 10 cm,振荡频次 100 次/min,振荡 30 min。用定量干滤纸过滤,取滤液进行测定。

0.1 mol/L HCl 除可溶浸 Cd、Cu、As 以外,还可溶浸 Ni、Zn、Fe、Mn、Co 等重金属元素。0.1 mol/L HCl 溶浸法是目前使用最多的酸溶浸方法,此外也有使用 CO_2 饱和的水、0.5 mol/L KCl‑HAc(pH=3)、0.1 mol/L $MgSO_4$‑H_2SO_4 等酸性溶浸方法。

三、形态分析样品的处理方法

1. 有效态的溶浸法

(1) DTPA浸提:DTPA(二乙三胺五乙酸)浸提液可测定有效态Cu、Zn、Fe等。

浸提液的配制:其成分为0.005 mol/L DTPA-0.01 mol/L $CaCl_2$-0.1 mol/L TEA(三乙醇胺)。称取1.967 g DTPA溶于14.92 g TEA和少量水中。再将1.47 g $CaCl_2 \cdot 2H_2O$溶于水,一并转入1000 mL容量瓶中,加水至约950 mL,用6 mol/L盐酸溶液调节pH至7.30(每升浸提液约需加8.5 mL 6 mol/L盐酸溶液),最后用水定容。储存于塑料瓶中,几个月内不会变质。浸提步骤:称取25.00 g风干过20目筛的土样放入150 mL硬质玻璃三角瓶中,加入50.0 mL DTPA浸提剂,在25 ℃用水平振荡机振荡提取2 h,干滤纸过滤,滤液用于分析。DTPA浸提剂适用于石灰性土壤和中性土壤。

(2) 0.1 mol/L盐酸溶液浸提:称取10.00 g风干过20目筛的土样放入150 mL硬质玻璃三角瓶中,加入50.0 mL 1 mol/L盐酸浸提液,用水平振荡器振荡1.5 h,干定量滤纸过滤,滤液用于分析。酸性土壤适合用0.1 mol/L盐酸溶液浸提。

(3) 水浸提:土壤中有效硼常用沸水浸提。操作步骤为:准确称取10.00 g风干过20目筛的土样于250 mL或300 mL石英锥形瓶中,加入20.0 mL无硼水。连接回流冷却器后煮沸5 min,立即停止加热并用冷却水冷却。冷却后加入4滴0.5 mol/L $CaCl_2$溶液,移入离心管中,离心分离出清液备测。关于有效态金属元素的浸提方法较多,如有效Mn用1 mol/L乙酸铵-对苯二酚溶液浸提。有效态钼用草酸-草酸铵(24.9 g草酸铵与12.6 g草酸溶解于1000 mL水中)溶液浸提,固液比为1:10。硅用pH=4.0的乙酸-乙酸钠缓冲溶液、0.02 mol/L硫酸溶液、0.025%或1%柠檬酸溶液浸提。酸性土壤中有效硫用H_3PO_4-HAc溶液浸提,中性或石灰性土壤中有效硫用0.5 mol/L $NaHCO_3$溶液(pH=8.5)浸提。用1 mol/L NH_4Ac浸提土壤中有效钙、镁、钾、钠以及用0.03 mol/L NH_4F-0.025 mol/L HCl或0.5 mol/L $NaHCO_3$浸提土壤中有效态磷等。

2. 碳酸盐结合态、铁锰氧化结合态等形态的提取

(1) 交换态:浸提方法是在1 g试样中加入8 mL $MgCl_2$溶液(1 mol/L $MgCl_2$,pH=7.0)或者乙酸钠溶液(1 mol/L NaAc,pH=8.2),室温下振荡1 h。

(2) 碳酸盐结合态:交换态浸提后的残余物在室温下用8 mL 1 mol/L NaAc浸提,在浸提前用乙酸把pH调至5.0,连续振荡,直到估计所有提取的物质全部被浸出为止(一般在8 h左右)。

(3) 铁锰氧化物结合态:在碳酸盐结合态浸提后的残余物中,加入20 mL 0.3 mol/L $Na_2S_2O_3$-0.175 mol/L柠檬酸钠-0.025 mol/L柠檬酸混合液,或者用0.04 mol/L $NH_2OH \cdot HCl$在体积分数20%乙酸中浸提。浸提温度为(96±3)℃,时间可自行估计,到完全浸提为止,一般在4 h以内。

(4) 有机结合态:在铁锰氧化物结合态浸提后的残余物中,加入3 mL 0.02 mol/L HNO_3、5 mL质量分数30% H_2O_2,然后用稀硝酸调至pH=2,将混合物加热至(85±2)℃,保温2 h,并在加热中振荡几次。再加入3 mL质量分数30% H_2O_2,用HNO_3调至pH=2,再将混合物

在 (85 ± 2) ℃加热 3 h，并间断地振荡。冷却后，加入 5 mL 3.2 mol/L 乙酸铵和 5 mL 体积分数 20% HNO_3 溶液，稀释至 20 mL，振荡 30 min。

(5)残余态：在有机结合态提取之后，残余物中将包括原生及次生的矿物，它们除了主要组成元素之外，也会在其晶格内夹杂、包藏一些痕量元素，在天然条件下这些元素短期内不会溶出。残余态主要用 $HF-HClO_4$ 分解，主要处理过程参见土壤全分解方法之普通酸分解法。

上述各形态的浸提都在 50 mL 聚乙烯离心试管中进行，以减少固态物质的损失。在互相衔接的操作之间，用 10 000 r/min(12 000 g 重力加速度)离心处理 30 min，用注射器吸出清液，分析痕量元素。残留物用 8 mL 去离子水洗涤，再离心 30 min，弃去洗涤液，洗涤水要尽量少用，以防止损失可溶性物质，特别是有机物的损失。离心效果对分离影响较大，要切实注意。

四、有机污染物的提取方法

1. 常用有机溶剂

(1)有机溶剂的选择原则：根据相似相溶的原理，尽量选择与待测物极性相近的有机溶剂作为提取剂。提取剂必须能与样品很好地分离，且不影响待测物的纯化与测定；不能与样品发生作用，毒性低，价格便宜；此外，还要求提取剂沸点范围在 45~80 ℃之间为好。另外，还要考虑溶剂对样品的渗透力，以便将土样中待测物充分提取出来。当单一溶剂不能成为理想的提取剂时，常用两种或两种以上不同极性的溶剂以不同的比例配成混合提取剂。

(2)常用有机溶剂的极性：常用有机溶剂的极性由强到弱的顺序为(水)→乙腈→甲醇→乙酸→乙醇→异丙醇→丙酮→二氧六环→正丁醇→正戊醇→乙酸乙酯→乙醚→硝基甲烷→二氯甲烷→苯→甲苯→二甲苯→四氯化碳→二硫化碳→环己烷→正己烷(石油醚)和正庚烷。

(3)溶剂的纯化：纯化溶剂多用重蒸馏法。纯化后的溶剂是否符合要求，最常用的检查方法是将纯化后的溶剂浓缩 100 倍，再用与待测物检测相同的方法进行检测，无干扰即可。

2. 有机污染物的提取

(1)振荡提取：准确称取一定量的土样(新鲜土样加 1~2 倍量的无水 Na_2SO_4 或 $MgSO_4 \cdot H_2O$ 搅匀，放置 15~30 min，固化后研成细末)，转入标准口三角瓶中加入约 2 倍体积的提取剂振荡 30 min，静置分层或抽滤、离心分出提取液，样品再分别用 1 倍体积提取液提取 2 次，分出提取液，合并，待净化。

(2)超声波提取：准确称取一定量的土样(或取 30.0 g 新鲜土样加 30~60 g 无水 Na_2SO_4 混匀)置于 400 mL 烧杯中，加入 60~100 mL 提取剂，超声振荡 3~5 min，真空过滤或离心分出提取液，固体物再用提取剂提取 2 次，分出提取液合并，待净化。

(3)索氏提取：本法适用于从土壤中提取非挥发及半挥发有机污染物。准确称取一定量土样或取新鲜土样 20.0 g 加入等量无水 Na_2SO_4 研磨均匀，转入滤纸筒中，再将滤纸筒置于索氏提取器中。在有 1~2 粒干净沸石的 150 mL 圆底烧瓶中加 100 mL 提取剂，连接索氏提取器，加热回流 16~24 h 即可。

(4)浸泡回流法：用于一些与土壤作用不大且不易挥发的有机物的提取。

(5)其他方法：近年来，吹扫蒸馏法(用于提取易挥发性有机物)、超临界提取法(SFE)都发展很快。尤其是SFE法由于具快速、高效、安全性(不需任何有机溶剂),是有很好的发展前途的提取法。

3. 提取液的净化

使待测组分与干扰物分离的过程为净化。当用有机溶剂提取样品时,一些干扰杂质可能与待测物一起被提取出,这些杂质若不除掉将会影响检测结果,甚至使定性定量无法进行,严重时还可使气相色谱的柱效减低、检测器沾污,因而提取液必须经过净化处理。净化的原则是尽量完全除去干扰物,而使待测物尽量少损失。常用的净化方法如下。

1) 液-液分配法

液-液分配的基本原理是一组互不相溶的溶剂能溶解某一溶质成分,该溶质以一定的比例分配(溶解)在溶剂的两相中。通常把溶质在两相溶剂中的分配比称为分配系数。在同一组溶剂对中,不同的物质有不同的分配系数;在不同的溶剂对中,同一物质也有着不同的分配系数。利用物质和溶剂对之间存在的分配关系,选用适当的溶剂通过反复多次分配,便可使不同的物质分离,从而达到净化的目的,这就是液-液分配净化法。采用此方法进行净化时一般可得到较好的回收率,不过分配的次数须多次才能完成。

液-液分配过程中若出现乳化现象,可采用如下方法进行破乳:①加入饱和硫酸钠水溶液,以其盐析作用而破乳;②加入(1∶1)硫酸,加入量从10 mL逐步增加,直到消除乳化层,此法只适于对酸稳定的化合物;③离心机离心分离。

液-液分配中常用的溶剂对有:乙腈-正己烷、N,N-二甲基甲酰胺(DMF)-正己烷、二甲亚砜-正己烷等。通常情况下正己烷可用廉价的石油醚(60～90 ℃)代替。

2) 化学处理法

用化学处理法净化能有效地去除脂肪、色素等杂质。常用的化学处理法有酸处理法和碱处理法。

(1) 酸处理法:采用浓硫酸或(1∶1)硫酸处理。方法为:发烟硫酸直接与提取液(酸与提取液体积比1∶10)在分液漏斗中振荡进行磺化,以除掉脂肪、色素等杂质。净化原理是:脂肪、色素中含有C—C双键,如脂肪中不饱和脂肪酸和叶绿素中含双键的叶绿醇等,这些双键与浓硫酸作用时产生加成反应,所得的磺化产物溶于硫酸,这样便使杂质与待测物分离。这种方法常用于强酸条件下稳定的有机物如有机氯农药的净化,而对于易分解的有机磷、氨基甲酸酯农药则不可使用。

(2) 碱处理法:采用一些耐碱的有机物如农药艾氏剂、狄氏剂、异狄氏剂可采用氢氧化钾-助滤剂柱代替皂化法。提取液经浓缩后通过柱净化,用石油醚洗脱,有很好的回收率。

3) 吸附柱层析法

吸附柱层析法主要有氧化铝柱、弗罗里硅土柱、活性炭柱等。

第六节 样品分析、记录与监测报告

一、样品分析

土壤与污染物种类繁多,不同的污染物在不同土壤中的样品处理方法及测定方法各异。

同时要根据不同的监测要求和监测目的,选定样品处理方法。仲裁监测必须选定土壤环境质量相关标准(如 GB 36600—2018、GB 15618—2018)中选配的分析方法中规定的样品处理方法,其他类型的监测优先使用国家土壤测定标准,土壤环境质量相关标准中没有的项目或国家土壤测定方法标准暂缺项目则可使用等效测定方法中的样品处理方法。

土壤组成的复杂性和土壤物理化学性状(pH、Eh 等)的差异,造成重金属及其他污染物在土壤环境中形态的复杂和多样性。金属具不同形态,其生理活性和毒性均有差异,其中以有效态和交换态的活性、毒性最大,残留态的活性、毒性最小,而其他结合态的活性、毒性居中。一般区域背景值调查和土壤环境质量标准中重金属测定的是土壤中的重金属全量(除特殊说明,如六价铬),其测定土壤中金属全量的方法见相应的分析方法,其等效方法也可参见"第八节土壤样品预处理方法"。测定土壤中有机物的样品处理方法见相应分析方法,原则性的处理方法也参见"第八节土壤样品预处理方法"。

二、分析记录

分析记录一般要设计成记录本格式,页码、内容齐全,用碳素墨水笔填写翔实,字迹要清楚,需要更正时,应在错误数据(文字)上画一横线,在其上方写上正确内容,并在所划横线上加盖修改者名章或者签字以示负责。

分析记录可以设计成活页,随分析报告流转和保存,便于复核审查。分析记录也可以是电子版本式的输出物(打印件)或存有其信息的磁盘、光盘等。

记录测量数据,要采用法定计量单位,只保留一位估计数字,有效数字的位数应根据计量器具的精度及分析仪器的示值确定,不得随意增添或删除。

三、结果表示

采样、运输、储存、分析失误造成的离群数据应剔除。平行样的测定结果用平均数表示,一组测定数据用 Dixon 法、Grubbs 法检验剔除离群值后以平均值报出;低于分析方法检出限的测定结果以"未检出"报出,参加统计时按 1/2 最低检出限计算。

土壤样品测定一般保留 3 位有效数字,含量较低的镉和汞保留两位有效数字,并注明检出限数值。分析结果的精密度数据,一般只取一位有效数字,当测定数据很多时,可取两位有效数字。表示分析结果的有效数字的位数不可超过方法检出限的最低位数。

四、监测报告

监测报告应包括报告名称,实验室名称,报告编号,报告每页和总页数标识,采样地点名称,采样时间、分析时间,检测方法,监测依据,评价标准,监测数据,单项评价,总体结论,监测仪器编号,检出限(未检出时需列出),采样点示意图,采样(委托)者,分析者,报告编制、复核、审核和签发者及时间等内容。

第七节 土壤环境质量评价

土壤环境质量评价涉及评价因子数量、评价标准和评价模式。评价因子数量与项目类型取决于监测目的、现实经济和技术条件。评价标准常采用国家土壤环境质量标准、区域土壤背景值或部门(专业)土壤质量标准。评价模式常用污染指数法或者与其有关的评价方法。

一、污染指数、超标率(倍数)评价

土壤环境质量评价一般以单项污染指数为主,指数小污染轻,指数大污染则重。当区域内土壤环境质量作为一个整体与外区域进行比较或与历史资料进行比较时除用单项污染指数外,还常用综合污染指数。土壤由于地区背景差异较大,用土壤污染累积指数更能反映土壤的人为污染程度。土壤污染物分担率可评价确定土壤的主要污染项目,污染物分担率由大到小排序,污染物主次也同此序。除此之外,土壤污染超标倍数、样本超标率等统计量也能反映土壤的环境状况。污染指数和超标率等计算公式为

$$土壤单项污染指数 = 土壤污染物实测值/土壤污染物质量标准 \qquad (8-7)$$

$$土壤污染累积指数 = 土壤污染物实测值/污染物背景值 \qquad (8-8)$$

$$土壤污染物分担率(\%) = (土壤某项污染指数/各项污染指数之和) \times 100\% \qquad (8-9)$$

$$土壤污染超标倍数 = (土壤某污染物实测值 - 某污染物质量标准)/某污染物质量标准 \qquad (8-10)$$

$$土壤污染样本超标率(\%) = (土壤样本超标总数/监测样本总数) \times 100\% \qquad (8-11)$$

二、内梅罗综合污染指数评价

$$内梅罗综合污染指数(P_N) = [(P_{i均} + P_{i最大})/2]^{1/2} \qquad (8-12)$$

式中:$P_{i均}$ 和 $P_{i最大}$ 分别为平均单项污染指数和最大单项污染指数。

内梅罗综合污染指数反映了各污染物对土壤的作用,同时突出了高浓度污染物对土壤环境质量的影响,可按内梅罗综合污染指数划定污染等级。内梅罗综合污染指数土壤污染评价标准见表8-9。

表8-9 土壤内梅罗综合污染指数评价标准

等级	I	II	III	IV	IV
内梅罗综合污染指数	$P_N \leqslant 0.7$	$0.7 < P_N \leqslant 1.0$	$1.0 < P_N \leqslant 2.0$	$2.0 < P_N \leqslant 3.0$	$P_N > 3.0$
污染等级	清洁(安全)	尚清洁(警戒限)	轻度污染	中度污染	重污染

三、背景值及标准偏差评价

用区域土壤环境背景值(X)95%置信度的范围($X \pm 2S$)来评价:①若土壤某元素监测值 $X_i < X - 2S$,则该元素缺乏或属于低背景土壤;②若土壤某元素监测值 $X - 2S \leqslant X_i \leqslant X + 2S$,

则该元素含量正常;③若土壤某元素监测值 $X_i > X+2S$,则土壤已受该元素污染,或属于高背景土壤。

四、综合污染指数法

综合污染指数(CPI)包含了土壤元素背景值、土壤元素标准尺度因素和价态效应综合影响,表达式为

$$CPI = X \cdot (1+RPE) + Y \cdot DDMB/(Z \cdot DDSB) \tag{8-13}$$

式中:CPI 为综合污染指数;X、Y 分别为测量值超过标准值和背景值的数目;RPE 为相对污染当量;DDMB 为元素测定浓度偏离背景值的程度;Z 为用作标准元素的数目;DDSB 为土壤标准偏离背景值的程度。计算过程如下。

(1)计算相对污染当量(RPE)。

$$RPE = \left[\sum_{i=1}^{N}(C_i/C_{is})^{1/n}\right]/N \tag{8-14}$$

式中:N 为测定元素的数目;C_i 为测定元素 i 的浓度;C_{is} 为测定元素 i 的土壤标准值;n 为测定元素 i 的氧化数。对于变价元素,应考虑价态与毒性的关系,在不同价态共存并同时用于评价时,应在计算中注意高低毒性价态的相互转换,以体现由价态不同所构成的风险差异性。

(2)计算元素测定浓度偏离背景值的程度(DDMB)。

$$DDMB = \left[\sum_{i=1}^{N}(C_i/C_{iB})^{1/n}\right]/N \tag{8-15}$$

式中:C_{iB} 为元素 i 的背景值;其余符号含义同上。

(3)计算土壤标准偏离背景值的程度(DDSB)。

$$RPE = \left[\sum_{i=1}^{N}(C_i/C_{iB})^{1/n}\right]/Z \tag{8-16}$$

式中:Z 为用于评价元素的个数;其余符号含义同上。

(4)计算综合污染指数(CPI)。

(5)用 CPI 评价土壤环境质量指标体系见表 8-10。

表 8-10 综合污染指数(CPI)评价表

X	Y	CPI	评价
0	0	0	背景状态
0	≥1	0<CPI<1	未污染状态,数值大小表示偏离背景值相对程度
≥1	≥1	≥1	污染状态,数值越大表示污染程度相对越严重

(6)污染表征公式为

$$_N T_{CPI}^x (a,b,c) \tag{8-17}$$

式中:x 为超过土壤标准的元素数目;a、b、c 为超标污染元素的名称;N 为测定元素的数目;

CPI 为综合污染指数。

第八节 质量保证和控制

质量保证和控制的目的是保证所产生的土壤环境质量监测资料具有代表性、准确性、精密性、可比性和完整性。质量控制涉及监测的全部过程。

一、采样、制样质量控制

采样、制样质量控制主要包括布点方法及样品数量、样品采集及注意事项、样品转运、样品制备与保存等，具体要求见相应部分。

二、实验室质量控制

1. 精密度控制

（1）测定率：每批样品每个项目分析时均必须做 20% 平行样品；当样品为 5 个以下时，平行样品不少于 1 个。

（2）测定方式：由分析者自行编入的明码平行样品，或由质控员在采样现场或实验室编入的密码平行样品。

2. 准确度控制

（1）使用标准物质或质控样品：例行分析中，每批要带测质控平行双样，在测定的精密度合格的前提下，质控样测定值必须落在质控样保证值（在 95% 的置信水平）范围之内，否则本批结果无效，需重新分析测定。

（2）加标回收率的测定：当选测的项目无标准物质或质控样品时，可用加标回收实验来检查测定准确度。

加标率：在一批试样中，随机抽取 10%～20% 试样进行加标回收测定。样品数不足 10 个时，适当增加加标比率。每批同类型试样中，加标试样不应小于 1 个。

加标量：加标量视被测组分含量而定，含量高的加入被测组分含量的 0.5～1.0 倍，含量低的加 2～3 倍，但加标后被测组分的总量不得超出方法的测定上限。加标浓度宜高，体积应小，不应超过原试样体积的 1%，否则需进行体积校正。

合格要求：加标回收率应在加标回收率允许范围之内。加标回收率允许范围见表 8-11。当加标回收合格率小于 70% 时，对不合格者重新进行回收率的测定，并另增加 10%～20% 的试样进行加标回收率测定，直至总合格率大于或等于 70%。

表 8-11 土壤检测平行双样最大允许相对偏差

含量范围/mg·kg^{-1}	>100	10～100	1.0～10	0.1～1.0	<0.1
最大允许相对偏差/%	±5	±10	±20	±25	±30

3. 质量控制图

必测项目应作准确度质量控制图,用质控样的保证值 X 与标准偏差 S,在 95% 的置信水平,以 X 为中心线,以 $X\pm 2S$ 为上下警告线,以 $X\pm 3S$ 为上下控制线的基本数据,绘制准确度质量控制图,用于分析质量的自控。

每批所带质控样的测定值落在中心附近、上下警告线之内,则表示分析正常,此批样品测定结果可靠;如果测定值落在上下控制线之外,表示分析失控,测定结果不可信,检查原因,纠正后重新测定;如果测定值落在上下警告线和上下控制线之间,虽分析结果可接受,但有失控倾向,应予以注意。

4. 土壤标准样品

土壤标准样品是直接用土壤样品或模拟土壤样品制得的一种固体物质。土壤标准样品具有良好的均匀性、稳定性和长期的可保存性。土壤标准物质可用于分析方法的验证和标准化,校正并标定分析测定仪器,评价测定方法的准确度和测试人员的技术水平,进行质量保证工作,实现各实验室内及实验室间,行业之间,国家之间数据的可比性和一致性。

我国已经拥有多种类的土壤标准样品,如 ESS 系列和 GSS 系列等。使用土壤标准样品时,选择合适的标样,使标样的背景结构、组分、含量水平应尽可能与待测样品一致或近似。如果与标样在化学性质和基本组成差异很大,由于基体干扰,用土壤标样作为标定或校正仪器的标准,有可能产生一定的系统误差。

5. 监测过程中受到干扰时的处理

监测过程中受到干扰时,按有关处理制度执行。一般要求为:①停水、停电、停气等,凡影响到检测质量时,全部样品重新测定;②仪器发生故障时,可用相同等级并能满足检测要求的备用仪器重新测定,无备用仪器时,将仪器修复,重新检定合格后重测。

三、实验室间质量控制

参加实验室间比对和能力验证活动,确保实验室检测能力和水平,保证出具数据的可靠性和有效性。

四、土壤环境监测误差源剖析

土壤环境监测的误差由采样误差、制样误差和分析误差三部分组成。

1. 采样误差(SE)

(1)基础误差(FE):土壤组成的不均匀性造成土壤监测的基础误差,该误差不能消除,但可通过研磨成小颗粒和混合均匀而减小。

(2)分组和分割误差(GE):分组和分割误差来自土壤分布不均匀性,它与土壤组成、分组(监测单元)因素和分割(减少样品量)因素有关。

(3)短距不均匀波动误差(CE1):此误差产生在采样时,由组成和分布不均匀复合而成,其误差呈随机和不连续性。

(4)长距不均匀波动误差(CE2):此误差有区域趋势(倾向),呈连续和非随机特性。

(5)期间不均匀波动误差(CE3):此误差呈循环和非随机性质,其绝大部分的影响来自季节性的降水。

(6)连续选择误差(CE):连续选择误差由短距不均匀波动误差、长距不均匀波动误差和循环误差组成。CE=CE1+CE2+CE3,或表示为 CE=(FE+GE)+CE2+CE3。

(7)增加分界误差(DE):来自不正确的规定样品体积的边界形状。分界基于土壤沉积或影响土壤质量的污染物的维数,零维为影响土壤的污染物样品全部取样分析(分界误差为零);一维分界定义为表层样品或减少体积后的表层样品;二维分界定义为上、下分层,上、下层间有显著差别;三维定义为纵向和横向均有差别。土壤环境采样以一维和二维采集方式为主,即采集土壤的表层样和柱状(剖面)样。三维采集在方法学上是一个难题,划分监测单元使三维问题转化成二维问题。增加分界误差是理念上的。

(8)增加抽样误差(EE):由于理念上的增加分界误差的存在,同时因实际采样时不能正确地抽样,便产生了增加抽样误差,该误差不是理念上的而是实际的。

2. 制样误差(PE)

来自研磨、筛分和储存等制样过程中的误差,如样品间的交叉污染、待测组分的挥发损失、组分价态的变化、储存样品容器对待测组分的吸附等。

3. 分析误差(AE)

此误差来自样品的再处理和实验室的测定误差。在规范管理的实验室内该误差主要是随机误差。

4. 总误差(TE)

综上所述,土壤监测误差可分为采样误差(SE)、制样误差(PE)和分析误差(AE)三类,通常情况下 SE>PE>AE,总误差(TE)可表达为:TE=SE+PE+AE 或 TE=(CE+DE+EE)+PE+AE,即 TE=[(FE+GE+CE2+CE3)+DE+EE]+PE+AE。

五、测定不确定度

一般土壤监测对测定不确定度不作要求,但如有必要仍需计算。土壤测定不确定度来源于称样、样品消化(或其他方式前处理)、样品稀释定容、稀释标准及由标准与测定仪器响应的拟合直线。对各个不确定度分量的计算合成得出被测土壤样品中测定组分的标准不确定度和扩展不确定度。测定不确定度的具体过程和方法见国家计量技术规范《测量不确定度评定与表示》(JJF 1059.1—2012)。

参考文献

第八章　土壤环境监测与质量评价	本章文献编号
第一节　采样准备	[1-11]
第二节　布点与样品数量	[1-3,5-11]
第三节　样品采集与转运	[1-3,5-12]
第四节　样品制备与保存	[1-3,5-12]
第五节　土壤样品预处理方法	[2,5-7,9-11]
第六节　样品分析、记录与监测报告	[1-11,13]
第七节　土壤环境质量评价	[1-5]
第八节　质量保证和控制	[2-3,5,7,9-10]

[1]胡慧蓉,土艳霞.土壤学实验指导教程[M].北京:中国林业出版社,2020.

[2]国家环境保护总局.土壤环境监测技术规范:HJ/T 166—2004[S].北京:中国环境科学出版社,2004.

[3]国家海洋环境监测中心.海洋监测规范　第3部分:样品采集、贮存与运输:GB 17378.3—2007[S].北京:中国标准出版社,2007.

[4]生态环境部.近岸海域环境监测技术规范　第四部分　近岸海域沉积物监测:HJ 442.4—2020[S].北京:中国环境出版集团,2020.

[5]曾巧云.环境土壤学实验教程[M].北京:中国农业大学出版社,2022.

[6]林大仪.土壤学实验指导[M].北京:中国林业出版社,2004.

[7]胡学玉.环境土壤学实验与研究方法[M].武汉:中国地质大学出版社,2011.

[8]张金波,黄涛,黄新琦,等.土壤学实验基础[M].北京:科学出版社,2022.

[9]全国农业技术推广服务中心.土壤分析技术规范[M].2版.北京:中国农业出版社,2006.

[10]土壤环境监测分析方法编委会.土壤环境监测分析方法[M].北京:中国环境出版集团,2019.

[11]鲍士旦.土壤农化分析[M].3版.北京:中国农业出版社,2000.

[12]环境保护部.土壤质量　土壤样品长期和短期保存指南:GB/T 32722—2016[S].北京:中国标准出版社,2016.

[13]国家海洋环境监测中心.海洋监测规范　第5部分:沉积物分析:GB 17378.5—2007[S].北京:中国标准出版社,2007.